U0264645

大理特色优质烟叶气候生态区划

樊在斗　李国灿　张成稳　张玉华　**主编**

气象出版社
China Meteorological Press

内容简介

本书系统地介绍了大理州地理环境及气候概况,根据特色优质烟叶对气候土壤的要求,遵循农业气候相似原理,以气候、土壤、森林植被、栽培水平相近为依据,将大理州划分为四个特色优质烟区,论述四个特色优质烟区的生态环境,生产优质烟气候优势,产量、质量与气候的关系、气象灾害和病虫害及其防御、烤烟栽培及烘烤技术、特色优质烟叶气候生态区划及规划等。内容丰富,图文并茂,文字简练,通俗易懂,具有一定的科学性、可读性和可操作性,是一本实际、实在、实用的工具书。书中还制作了大理州各县市烤烟生长期日照、积温、雨量累计查算表,为发展特色优质烟叶生产提供了气象依据。适合广大烟农、烟草科技人员、烟区镇村社干部和农校有关专业师生参考使用。

图书在版编目（CIP）数据

大理特色优质烟叶气候生态区划／樊在斗等编著. —北京：气象出版社，2012.8
ISBN 978-7-5029-5548-9

Ⅰ. ①大… Ⅱ. ①樊… Ⅲ. ①烟草 – 种植 – 生态气候 – 气候区划 – 研究 –
大理白族自治州 Ⅳ. ①S162. 227. 42

中国版本图书馆 CIP 数据核字（2012）第 191933 号

Dali Tese Youzhi Yanye Qihou Shengtai Quhua
大理特色优质烟叶气候生态区划
樊在斗　李国灿　张成稳　张玉华　主编

出版发行：气象出版社			
地　　址：北京市海淀区中关村南大街 46 号		**邮政编码**：100081	
总 编 室：010-68407112		**发 行 部**：010-68409198	
网　　址：http://www.cmp.cma.gov.cn		**E-mail**：qxcbs@cma.gov.cn	
责任编辑：白凌燕		**终　　审**：章澄昌	
封面设计：博雅思企划		**责任技编**：吴庭芳	
印　　刷：大理市印刷二厂			
开　　本：787 mm×1092 mm　1/16		**印　　张**：14.75	
字　　数：371 千字			
版　　次：2012 年 10 月第 1 版		**印　　次**：2012 年 10 月第 1 次印刷	
印　　数：1～2300		**定　　价**：170.00 元	

《大理特色优质烟叶气候生态区划》编委会

《大理特色优质烟叶气候生态区划》编写组

序

近年来，全国烟区烟叶质量越来越受到重视，注重规模、注重质量、突出特色，纷纷打造生态烟，特色烟等等。云南大理红花大金元烟叶由于质量上乘，倍受国内烟草企业欢迎和青睐。

云南省大理州是全国有名的优质烟区之一，是全国红花大金元种植的最适宜烟区。全州烤烟常年种植面积在 50 万亩①左右，上中等烟叶比例占 85%～91%。为加强与企业、科研单位的交流、合作与互动，做大做强大理州特色优质烟叶品牌。2008 年大理州烟草公司派出技术人员先后到湖南中烟、湖北中烟、青州烟科所、江苏中烟、红云红河集团、红塔集团、云南省烟草农业科学研究院考察调研发展大理特色优质烟叶的相关事宜。总体评价认为：大理烟叶重点是质量好且稳定，清香型风格突出，香气量较足、香气丰富、爆发力强；回甜感比较好、杂气种类比较单一、干燥感少、烟质细腻。其中，红花大金元烟叶很有优势，尤其是南涧、弥渡的红大烟叶优势更加明显，清香型突出，透发性好，烟气柔和细腻、飘逸，口感舒适，杂气轻，平衡度好。几家公司一致反映，大理红花大金元烟叶是黄鹤楼品牌、芙蓉王品牌、七匹狼品牌、红塔品牌、红云品牌的主要原料。

大理州地处低纬高原季风气候区，热量好、光照足、光质好，雨量适中，土地资源丰富，是全国著名的优质烟产区之一。为了做大做强大理州的烤烟产业，大理州气象局和云南省大理州烟草专卖局（公司）组织科技人员，精心搜集整理历年烤烟、气象资料，深入到全州烟区开展广泛调查，开展烟田小气候试验并进行反复分析研究，课题组遵循农业气候相似原理，以气候、土壤、森林植被、栽培水平相近为依据，将大理州划分为澜沧江流域特色优质烟区、红河源流域特色优质烟区、金沙江流域特色优质烟区、滨湖高原流域特色优质烟区；通过与国内外烤烟主产区对比分析，得出了大理州发展特色优质烟的五大

---

① 1 亩 = 1/15 公顷，下同。

气候优势，分析影响大理州烤烟产量质量的主要气象因子及关键时期、主要气象灾害、特色优质烟叶气候生态区划及规划等，编撰《大理特色优质烟叶气候生态区划》一书。该书资料详实，内容丰富，图文并茂，文字简练，通俗易懂，具有一定的科学性、可读性和可操作性。她的问世既是一项完整的基础研究成果，又是一本在烤烟生产中具有实用价值的工具书。

　　我真诚地希望，大理州乃至全省关注特色烟发展的有识志士，都来关心大理州烤烟生产的发展，共同做好大理州特色优质烟可持续发展这篇大文章。

云南省气象局局长、党组书记

2012 年 3 月 16 日

前　言

　　大理州是云南省烤烟主产区之一。烤烟是大理州财政收入重要经济来源之一，也是山区农民增收致富的主要途径。为积极响应国家烟草专卖局烟叶资源配置方式改革，全力打造大理州特色优质烟叶品牌，进一步彰显大理红花大金元清香型风格特点，努力把大理建设成全国一流、世界知名，以"红大"为主的中国最大特色优质烟叶基地。按照国家烟草专卖局"生态决定特色、品种彰显特色、技术保障特色"的要求，大理州气象局与大理州烟草专卖局（公司）立项开展大理特色优质烟叶气候生态区划研究，为促进大理州特色优质烟叶持续稳定健康发展奠定了理论基础。

　　大理州气象局、大理州烟草公司课题组全体人员，深入全州烟区进行实地调查、考察，收集历年烤烟生产、气象资料、开展小气候观测等。通过课题组全体人员的共同努力，编著了《大理特色优质烟叶气候生态区划》一书。

　　大理州种植烤烟已有60多年的历史，进入20世纪80年代发展较快，90年代以来在国家烟草专卖局"双控双提高"的烤烟生产方针指导下，生产水平明显提高。但由于地区间的气候差异和气候变化的原因，在历年烤烟生产过程中，产量、质量、效益年际间存在较大差异，地区间发展不平衡。因此，本项目遵循农业气候相似原理，以典型生态条件、烟叶质量为核心，兼顾地理位置、种烟水平和烟叶品质相近的原则，将大理州划分为澜沧江流域特色优质烟区、红河源流域特色优质烟区、金沙江流域特色优质烟区、滨湖高原流域特色优质烟区。进一步研究探讨各特色优质烟区的生态环境条件，分析影响烟叶产量质量的主要气象因子、关键时期及农业气象指标，充分利用各特色优质烟区气候资源，因地制宜、趋利避害，为大理州发展特色优质烟叶提供科学依据。

　　全书共8章，第1章介绍大理州地理环境及气候概况；第2章分析发展特色优质烟叶的生态环境；第3章阐述大理州四个特色优质烟区生态环境；第4章分析大理州烤烟产量质量形成与气候条件的关系；第5章介绍了大理州烤烟生产的气候优势；6~7章分析了烤烟气象灾害及病虫害，特色优质烟栽培及烘烤技术；第 8 章分析了大理特色优质烟叶气候生态区划及规划。本书结合烤烟生产实际、图文并茂、通俗易懂，它既是烤烟生产上的一项基础研究成果，又是一本烤烟生产的工具书，可供有关部门和领导、烟草科技人员、广大烟农参考应用。

本书在编写过程中，得到祥云县烟草分公司、南涧县烟草分公司、大理市烟草分公司、剑川县烟草分公司以及全州 12 县（市）气象局的大力支持和帮助；张建华、杨宗金、张春元 3 位专家分别撰写了土壤、林业植被、水利等相关内容，在此表示真诚的感谢。

由于时间紧，任务重，工作量大，加之编著者水平有限，书中难免错漏和不妥之处，敬请读者和专家提出宝贵意见。

编著者

2012 年 1 月

目　录

第1章 大理州地理环境及气候概况

1.1 自然地理环境

大理白族自治州辖大理市、漾濞县、祥云县、宾川县、鹤庆县、弥渡县、南涧县、巍山县、永平县、云龙县、洱源县、剑川县，共 1 市 11 县，110 个乡镇，总人口 345.6 万（2010 年）。汉族居多，有白、彝、回、傈僳等少数民族，为国内白族主要聚居区。

1.1.1 地理位置

大理州地处云南省西部，云贵高原与横断山脉南端结合部，位于 24°41′—26°42′N、98°52′—101°03′E 之间。全州国土总面积 29459 平方千米，东西最大横距 320 多千米，南北最大纵距 270 多千米，其中山地面积约占 92%，盆坝面积约占 8%。境内怒山和云岭两大山系纵贯南北，地势西北高，东南低。其中，自北向南以老君山、罗坪山、点苍山、无量山为界，把全州分成东西两大不同地貌环境：东部属高原湖盆及中低山原复合地形，其间盆坝、湖泊交错分布，四周山峦起伏；西部属横断山区，以高山峡谷、山间小盆地为主，其高山耸立、河谷深切，地形地貌复杂。境内最高点为剑川县西部的雪斑山主峰，海拔 4295.8 米；最低点为云龙县怒江边红旗坝，海拔 730 米，海拔悬殊达 3565.8 米（见图 1.1）。其间有大小河流 160 多条，分属怒江、澜沧江、金沙江、红河（元江）四大水系呈羽状遍布；有大小盆坝 108 个，其中较大的盆坝有大理、祥云、宾川、弥渡、洱源、鹤庆、巍山、剑川等坝子。主要湖泊有洱海、剑湖、茈碧湖、西湖、海西海、青海湖、草海和天池等天然湖泊。主要山脉从西向东，由南而北有志奔山、崇山、五宝山、雪斑山、老君山、罗坪山、无量山、太极顶、哀牢山、九顶山、鸡足山、五顶山等名山，环绕中部点苍山分布。

1.1.2 土　壤

大理州土壤类型丰富（见表 1.1），分布广，有亚高山草甸土、暗棕壤、棕壤、黄棕壤、黄壤、红壤、紫色土、燥红土、水稻土、潮土、沼泽土、红色石灰土、黑色石灰土 13 个土类、23 个亚类、76 个土属、236 个土种。

图例(m)
4246
792

图 1.1　大理州海拔分布图

表 1.1　大理州土壤类型分布与植被

土壤类型	分布与海拔	植　　被
亚高山草甸土	3800m 左右	高山草甸
暗棕壤	3200～3800m	石楠、山栎、冷杉
棕壤	2700～3200m	高山栎、箭竹、云南松杜鹃
黄棕壤	2400～2700m	针阔混交林
黄壤	1640～2300m	针、阔叶林
红壤	1500～2400m	松栎、次生灌丛、作物
紫色土	1500～2500m	针、阔叶林、玉米、烤烟等
燥红土	宾川、鹤庆、云龙	草地、坡柳等
红色石灰土	宾川、祥云、鹤庆等	玉米、小麦、豆类等
黑色石灰土	宾川、祥云等	玉米、小麦、豆类与蔬菜等
水稻土	2400m 以下	水稻、豆、麦、油菜、烤烟等
沼泽土	洱源、大理等地湖滨区	水稻、莲藕、茭白、慈菇等
潮土	河滩与冲积扇前缘	茶、豆麦、玉米等

耕作土壤有 8 个土类，面积 29.84 万公顷（见表 1.2），常用耕地 25.27 万公顷，其中：水田 10.93 万公顷，占 43.24%，集中分布在坝区与河谷地带，山区只有零星分布；旱地 14.34 万公顷，占 56.76%，水浇地 0.41 万公顷，占旱地面积的 2.9%，多分布在山区和半山区。

表 1.2　大理州耕地资源面积统计表

项目 县市	土地总面积 （公顷）	耕地总资源 （万公顷）	常用耕地面积（万公顷）		
			合计	水田	旱地
合计	29459	29.84	25.27	10.93	14.34
大理	1815	2.08	1.99	1.39	0.60
漾濞	1957	1.01	0.78	0.23	0.55
祥云	2498	3.20	3.08	1.83	1.25
宾川	2627	4.13	3.80	1.56	2.24
弥渡	1571	2.43	2.18	1.06	1.11
南涧	1802	2.32	2.04	0.24	1.80
巍山	2266	2.66	2.11	0.87	1.24
永平	2884	1.89	1.30	0.38	0.92
云龙	4712	2.91	1.84	0.47	1.37
洱源	2614	2.91	2.28	1.00	1.28
剑川	2318	1.80	1.60	0.90	0.70
鹤庆	2395	2.49	2.28	1.00	1.28

注：表中数字为云南省下达的国家土地第二次调查数据。

1.1.3　植　被

大理州在云南省森林水平分布带上属中亚热带半湿润常绿阔叶林区，垂直带性分布明显。海拔 3900～4247m 为各类高山杜鹃灌丛和草甸；海拔 3200～3900m 为冷杉林及次生杜鹃箭竹灌丛；海拔 2700～3200m 为以云南铁杉为主的针阔混交林，中山湿性常绿阔叶林或华山松林，破坏后为杜鹃、高山栎、箭竹等灌丛；海拔 2400～2700m 为半湿润常绿阔叶林云南松林及部分华山松人工林等；海拔 1500～2400m 主要为云南松林及次生灌木丛及灌草丛；海拔 1500m 以下以干热河谷稀树灌木草丛为主。

大理州主要森林类型有针叶林、阔叶林、竹林、灌木林 4 个森林植被类型。组成森林的主要树种有针叶树种 13 个，即：云南松、铁杉、冷杉、华山松、云杉、油杉、思茅松、高山松、柏树、落叶松、杉木、湿地松、红豆杉；阔叶树种或树种组 19 个，即：栎树、硬叶阔叶树、桤木、软叶阔叶树、其他阔叶树、桉树、旱冬瓜、杨树、桦木、山杨、木荷、柳树、樟树、楸树、麻栎、喜树、黄连木、核桃、槐树；竹子 5 种，即：箭竹、龙竹、丹竹、苦竹、实心竹。

根据森林资源调查结果，全州林地总面积 206.74 万公顷，其中，有林地面积 164.01 万公顷（在有林地面积中，乔木林地面积 163.48 万公顷，竹林面积 0.53 万公顷），疏林地面积 1.06 万公顷，灌木林地面积 31.14 万公顷，未成林造林地面积 3.94 万公顷，苗圃地面积

107 公顷，无立木林地面积 1.73 万公顷，宜林地面积 4.84 万公顷。全州活立木总蓄积量 8634.49 万立方米，净生长率 3.99%，全州森林覆盖率 58.2%，林木绿化率 68.3%，全州森林林木优势树种吸收二氧化碳 631 万吨，释放氧气 558.6 万吨，保持土壤 6674.08 万吨，碱解氮 26.88 万吨，速效磷 5.8 万吨，速效钾 35.7 万吨，蓄积雨水 195246.241 万吨，吸收二氧化硫 17.3 万吨（每立方米森林平均吸收二氧化碳 1.83 吨，释放氧气 1.62 吨，平均 2.28 吨/亩，土壤含碱解氮 137.7mg/kg、速效磷 29.7mg/kg、速效钾 183.1mg/kg 的含量，森林涵蓄降水能力平均为 100mm，相当于 66.7m³/亩；森林年吸收二氧化硫 5.91kg/m² 计算）。

1.2　大理州气候特点及成因

1.2.1　大理州气候特点

大理州地处低纬高原季风气候区，在太阳辐射、大气环流以及特定的地理、地形、地貌环境综合影响下，气候具有以下特点：

（1）气候温暖，夏无酷暑，冬无严寒，年温差小，日温差大，四季不明显。

州境最南端纬度为 24°41′N，最北端纬度为 26°42′N，较接近北回归线，太阳辐射高度角较大且变化幅度小。加之地处云南滇西高原，平均海拔高度相对较高。特殊的地理条件，形成大部分地区夏无酷暑，冬无严寒，年温差小，日温差大，四季不明显，气候较温暖的低纬高原气候特点。全州各县（市）年平均气温在 12.5～19.2℃ 之间（见图 1.2），其年际间的变化率在 2.5% 以下；最热月与最冷月平均气温差 12.0～14.4℃，气温年平均日较差达 9～15℃ 左右。最热月平均气温在 19.0～24.5℃ 之间，无候平均气温≥30℃ 的酷热期，35℃ 以上的高温日数出现甚少。最热月平均气温和极端最高气温都比我国东部同纬度地区低，最冷月平均气温均在 4.7℃ 以上，多数县都在 8～12℃，无候平均气温≤0℃ 的严寒期，最冷月平均气温和极端最低气温要比我国东部同纬度地区高，大部分地区冬夏短，春秋长，被称之为"四季如春"。尤其大理冬暖夏凉，有"四时之气，常如初春，寒止于凉，暑止于温"的史书记载。

全州各地春秋季以候平均气温 10～22℃ 计，全州大部分地方春季长达 100～135 天。秋季长达 120～160 天，比我国东部同纬度地区秋季降温早，气温也低得多。另外，秋季降温速度缓慢，秋季时间较长，因此非常适宜多种作物生长发育。

（2）降水分布不均，雨热同季，干凉同季，夏秋多雨，冬春多旱，干湿季分明。

由于受季风影响，冬半年和夏半年控制大理州的气团性质截然不同，形成雨热同季，干凉同季，夏秋多雨，冬春多旱，干湿季分明的季风气候特征。

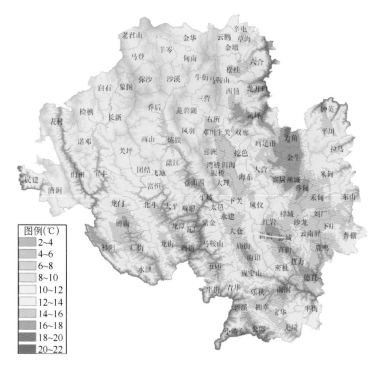

图 1.2　大理州年平均气温分布图（单位：℃）

夏半年（5—10 月）主要受热带海洋性气团控制，在其西南和东南暖湿气流影响下，气温相对较高，降雨量较多且较为集中，一般称为雨季（或湿季）。雨季降雨量占全年的85% ~95%，降雨日数约占全年的 71% ~85%，其中 6—9 月雨量最多，一般占全年的68% ~84%。

冬半年（11 月—次年 4 月）主要受热带大陆性气团控制，在南支西风气流影响下，空气性质干暖，天气晴朗，云量少，日照多，降水少，湿度小，风速大，具有明显的干季特征。降雨量仅占全年的 5% ~15%，雨日占全年的 15% ~29%。

另外，大理州年降雨量地区分布不均匀，全州各地年降雨量为 566.9 ~1058.5mm（见图 1.3），平均 837mm。其中靠苍山的大理和漾濞两县（市）年降雨量最多达 1050mm 以上，而东部宾川年降雨量最少仅 566.9mm，州内最多、最少年雨量相差近一半，宾川为全省著名的金沙江河谷干旱区之一。

（3）春早春暖，秋早秋凉；日照充足，量多质好，光能资源丰富。

全州各地春季最早的于 2 月初开始，最晚的不过 3 月底，大部分地区于 2 月中下旬开始。秋季大部分地区于 6 月下旬至 7 月上旬开始，9 月上、中旬日平均气温大都稳定下降到 17℃。

大理州地处低纬高原，大气透明度好，空气清新污染小，日照较为充足，可谓量多质好，光能资源丰富。各地年平均日照时数达 2000 ~2700h（见图 1.4），大部分地区达2300 ~

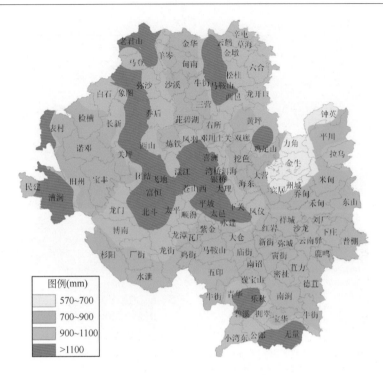

图1.3　大理州年雨量分布图（单位：mm）

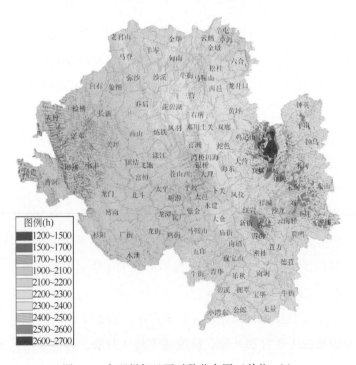

图1.4　大理州年日照时数分布图（单位：h）

2700h，为全省较多的地区。各地年太阳辐射总量达5000～6500MJ/m²，尤其苍山以东地区大都超过5800MJ/m²，仅次于西藏、青海、内蒙古等地，为全国太阳辐射较多的地区之一。

（4）气候水平分布复杂，垂直分带明显，随地形地貌类型多样，立体差异突出。

由于州内地形地貌复杂，地势海拔悬殊大，气候水平分布复杂，垂直差异显著，具有多样性和立体性特点。从低热河谷到高寒山区，随海拔高度可分为"三层六带"，即低热层、中暖层、高寒层，并有南亚热带、中亚热带、北亚热带、暖温带、中温带和寒温带（北温带）之分。相当于从桂林、韶关到黑龙江的水平气候分带。即便在一个县内，随地形地貌不同和海拔高度变化，也有多种不同类型的气候带分布。就地形气候而言，具有河谷热、坝区暖、山区凉、高山寒之别。从垂直气候看，当洱海之滨、苍山之麓已是绿树成荫、鲜花盛开的初夏时节，苍山半山腰则是春茶发芽、杜鹃含苞欲放的早春，而苍山之巅仍是白雪皑皑、呵气成冰的隆冬。从水平气候看，从南到北气温递减，南涧年平均气温为19.2℃，到剑川年平均气温仅12.5℃；当北部剑川还是水冷草枯，白霜覆盖的晚冬，而到了东南部的宾川、南涧则是百花争艳、桃红柳绿的仲春。"一山分四季，十里不同天"恰是大理州立体气候和气候多样性的真实写照。气温和降雨量的垂直分布差异很大，一般情况下气温随海拔高度增高而降低，年平均气温递减率为0.63℃/100m；雨量随海拔高度增高而增多，年平均降雨量递增率约为70mm/100m左右，具有山区比坝区多，河谷比坝区少的分布特征。因此，各地作物生长多样化，奇花名树繁多，水稻、玉米连年创高产，多数地区烤烟产量高，质量优。

（5）气象灾害种类多，分布广，危害重，连锁群发，出现频繁。

由于季风环流的不稳定性和不同天气系统的反复多重影响，加上复杂的地形、地貌等因素，州内气象灾害较为频发，并具有种类多、范围广、频率高、持续时间长、群发性突出、连锁反应的特点。气象灾害几乎年年有，群众常说"无灾不成年"，只是成灾面不等，常常交错出现，多呈插花性、局部性。常见的气象灾害有干旱、低温、洪涝、霜冻、冰雹、大风、雪害和雷暴等。东南部多干旱，中北部多低温冷害，局部地区多洪涝、冰雹、大风和雷暴；一般山区多干旱和大风，高寒地区多雪害。局部地区还会发生暴雨和大暴雨，并经常引发山洪、泥石流、滑坡和崩塌等次生灾害。长时期高温干旱或阴雨寡照，常常会导致农作物病虫害滋生暴发。这些气象灾害占各种自然灾害的75%～80%，其中制约烤烟优质高产的主要是干旱、低温、洪涝和冰雹。

1.2.2　气候成因

一个地方气候的形成，主要取决于太阳辐射、大气环流、地理环境状况（包括地理位置、地势高低、地形地貌及下垫面状况）等因素。局部地区的气候变化，还与某些人类活动（如大规模砍伐森林、毁林开荒、破坏植被，不适宜的围海围湖造田，大面积生态破坏，较大范围过量的资源开发和大气污染等）有关。

大理州较接近北回归线，太阳辐射角较大而且随季节变化小，大部分地区海拔相对较高，地面接收的辐射量较多，地面吸收的热量多，导致气温年较差小。

由于大气环流随着季节的转换有着明显的变化，冬、夏半年盛行的气流、环流形势等影响不同，其天气气候随之变化。

（1）冬半年（11月—次年4月）的环流形势及主要天气系统

冬半年大理州主要受青藏高原南部的南支西风气流所控制。气流干暖，造成大理州冬半年晴天多、降水少、气温偏暖、昼夜温差大、湿度小、风速大等干季气候特征。这也是大理州冬、春干旱严重的主要原因。

当源于极地、西伯利亚冷空气势力较强的时候，随北支西风气流南下并翻越青藏高原东部成偏西路径进入大理州，或从新疆经秦岭过四川盆地沿滇东北向西推进成偏东路径入侵，都会形成冷锋寒潮天气。在这种冷锋强寒潮天气的影响下，常常会造成大理州各地不同程度的雨雪、低温霜冻和"倒春寒"等冬春季节的灾害性天气。

冬春季节当南支槽前部西南气流经孟加拉湾从海面输送来一定的暖湿空气时，便成为大理州干季降水重要的水汽来源。因此，冬春季南支槽影响的次数和强度，决定着大理州冬春干旱的程度。

（2）夏半年（5—10月）的环流形势及主要天气系统

夏半年由于西风带北移，大理州主要受来自孟加拉湾热带低压东南部的西南暖湿气流和太平洋副热带高压西南缘东南暖湿气流所控制。空气湿度大，水汽充沛，降水量丰富、雨量相对集中，云量增多，日照减少，湿度大，气温日较差较小等湿季气候特征。5—6月是大理州干湿季转换的过渡时期，此期如果孟加拉湾低压和南支低压槽活跃，西南季风暴发北进早，则大理州雨季开始期早，其降雨量多；反之，雨季开始期迟，降雨量少，初夏干旱明显。而10—11月如果西南季风南退消失，南支西风建立早，则雨季结束早，秋旱明显；反之，雨季结束迟，有时还会发生秋涝。

夏秋季影响大理州的主要降水天气系统有冷锋、南支槽、低涡、切变线、东风波、低压环流和两高压之间的辐合区。当有较强的冷空气与之配合时，常常会形成中雨、大雨和暴雨天气。若天气系统和冷空气较强且维持时间较长，还会产生持续降水和大幅降温的低温阴雨天气，在秋季容易出现影响大春作物水稻、烤烟等的低温冷害。

第2章 发展特色优质烟叶的生态环境

烤烟适应性广，可塑性很强，在不同的环境条件下，植株的生长发育，烟叶的产量、品质有着明显的差异，特别是烟叶的质量受生态环境条件的影响更大，因此，优质烟产区有很大的地域局限性。大理州烟草公司按国家烟草专卖局提出"生态决定特色、品种彰显特色、技术保障特色"的要求。生态是指生物及其环境之间关系的整体或模式，换句话说，生态决定特色，就是烤烟生长期光、温、水匹配好，土壤适宜，有利于生产特色优质烟叶。

2.1 生产优质烟的气候条件

温度、水分和光照是影响烟草生长发育、产量、品质的重要生态因素。

2.1.1 温 度

烟草是一种喜温作物，在整个生长过程中要求比较高的温度。但不同类型的烟草，对温度的要求也有差别，如晒烟，白肋烟对温度的要求就不如烤烟严格，黄花烟更能耐冷凉气候。不同的烤烟品种对温度的要求也有差异，如州内目前推广的红花大金元、K326、云85、云87，4个良种中，红花大金元更能耐冷凉气候。

（1）苗期

烟苗正常生长要求适宜的苗床温度，当平均温度在25～28℃时，种子萌发和幼苗生长较为迅速，但在弱光和湿度大的条件下，往往易造成徒长。徒长的烟苗节间细长，组织疏松、抗逆力弱，而在18～25℃，湿度和光照又适宜的条件下，烟苗生长虽然有所减慢，但烟苗素质好，发根力强，移栽后成活率高。温度低于10℃，幼苗则生长迟滞，幼苗十字期遇35℃以上的高温或0℃以下的低温就会产生灼伤或冻害。

苗床温度与成苗时间有密切的关系。据试验，当苗床温度在14～24℃范围内，日平均温度每增加1℃，苗龄缩短2天左右。漂浮育苗能充分发挥塑料棚增温保温的优势，漂浮床对热量的缓冲性能明显优于常规土床，利于幼苗根系生长，合理调控苗床的光、热、水、气状况，培育的幼苗整体素质好，可真正实现低温季节培育烤烟壮苗的目标。

苗床温度不仅影响烟苗的形态特征，而且还影响移栽后的发育速度，低温持续的时间长则延长烤烟成苗日数，还有移栽后易出现早花现象，叶数减少。各地平均终霜日期和3月、

4月平均气温见表2.1，烤烟幼苗期温度条件显得偏低，海拔在1800～2100m种烟带，育苗期气温偏低更为突出，要想早育苗、育壮苗，采取漂浮育苗更为重要。

表2.1　大理州终霜日期及3月、4月平均温度资料（单位：月.日，℃）

项 目 \ 县（市）	大理	宾川	祥云	弥渡	巍山	南涧	永平	漾濞	云龙	剑川	洱源	鹤庆
终霜日期	3.30	3.6	3.18	3.16	3.13	2.14	3.19	3.12	3.17	4.5	4.4	4.4
3月温度	13.2	16.1	12.6	14.5	13.4	18.0	13.0	14.3	13.1	9.5	11.8	11.5
4月温度	16.0	20.1	15.5	18.3	16.9	20.8	16.4	17.3	16.3	12.3	14.7	14.5

（2）大田期

烤烟大田期生长最适宜的温度是20～28℃，最低温度为10～13℃，最高温度是35℃。烟株生长和叶片成熟要求日平均温度不低于20℃，在20～24℃比较理想。若温度超过25℃，虽然生长快，茎高叶大，但烟株生长纤弱，品质下降；若烟株生长和叶片成熟期日平均气温低于20℃，特别是低于17℃，则生育延迟，烟叶品质差，当温度降到-2～-3℃，会使正常植株死亡。据研究，生产优质烟叶要求日平均温度在20℃以上的持续天数在70天以上。

烟草为了完成自己的生命周期，需要一定的积温。烤烟在大田生长期间积温条件适合生长发育的需要，才能获得优质适产烟叶。从烤烟生育期来看，凡在平均温度高的条件下，生育期较短；反之，生育期延长。关于烤烟大田期所需总积温的多少，因地区的不同和品种间的差异不能一概而论。云贵烟区中优质烤烟区大田期一般为110～130天，≥10℃活动积温为2200～2600℃·d。

表2.2　大理州烤烟大田期（5—9月）气温资料（单位：℃）

县（市） \ 月份	5月	6月	7月	8月	9月	年平均气温	6—7月	8—9月	5—9月
剑川	16.3	19.0	18.8	18.2	16.7	12.5	18.9	17.5	17.8
洱源	18.2	20.2	19.9	19.2	17.6	14.2	20.1	18.4	19.0
鹤庆	18.0	19.6	19.1	18.4	16.8	13.7	19.4	17.6	18.4
云龙	19.6	21.7	21.5	20.9	19.6	15.6	21.6	20.2	20.7
漾濞	20.5	21.9	21.4	21.1	19.8	16.3	21.7	20.5	20.9
永平	19.9	21.6	21.3	21.0	19.7	15.8	21.5	20.4	20.7
大理	18.7	20.2	19.9	19.3	17.8	14.9	20.0	18.5	19.2
宾川	23.5	24.5	23.7	22.9	21.7	18.2	24.1	22.3	23.2
弥渡	21.2	22.0	21.5	20.9	19.6	16.5	21.7	20.3	21.0
祥云	18.8	20.0	19.5	18.9	17.7	14.7	19.8	18.3	19.0
巍山	20.1	21.5	21.1	20.6	19.3	15.8	21.3	20.0	20.5
南涧	23.3	24.2	23.8	23.4	22.1	19.2	24.0	22.8	23.4

由表 2.2 可见，大理州东部和东南部坝区，低热河谷地区种植烤烟的热量条件极为适宜。但随着海拔的升高温度降低，为了保证烟叶产量、质量，一是控制种植烤烟的海拔高度，二是加强科学栽培，适时早栽，地膜覆盖，充分利用 5—8 月"宝贵高温期"的有利天气条件。

2.1.2　水　分

（1）苗期

漂浮育苗这种无土培育的方法，是工场化生产的新形式，这种方法最大的好处就是它能够育出足、匀、齐、壮的无病虫害壮苗，能够早生快发，生长整齐一致，可以明显提高大面积生产水平。

营养液是烟苗生长的养分和水分来源。配制育苗池营养液。①水质要求 pH 值呈中性，清洁，无污染。建议使用当地自来水。②配制过程首先将水注入育苗池中（水深 14 ~ 15mm 为宜），然后计算育苗池水容量，并根据水容量计算需加入多少肥料，然后将应加入的肥料均匀溶于育苗池水中即可。计算公式：水容量(L) = 育苗池长(m) × 宽(m) × 水深(m) × 1000，需加肥料量(g) = 水容量(L) × 所需浓度(g/L)（实际生产中计算好水容量后需加肥料量按"漂浮育苗专用肥"使用说明添加即可）。漂浮育苗苗期一般约为 50 ~ 60 天（冷凉烟区以 65 天计）。确定播种期时首先确定好移栽期，确定后向前推算 50 ~ 60 天便是播种期（冷凉烟区向前推算 65 天）。

苗出齐以后施肥，按 1 吨水里施上 0.8 千克营养液专用肥的用量先把它稀释，为了保证营养液分布均匀，先在育苗盘的一侧浇上营养液水，然后拨动育苗盘，在另一侧再浇上营养液水，这样才能使烟苗长出符合生产标准的须根。

剪叶以后烟苗生长速度比较快，所以要给它们增加营养，这次施肥量为每千克水再加 80 毫克左右，要使烟苗接近自然的环境和保持较好的光照，可以把遮阳网去掉，为了避免叶片的伤口受病菌感染，湿度要保持在 60% ~ 70% 之间，湿度和温度的调节可以通过两侧和顶部的通风口来进行。

（2）大田期

烤烟大田生长期降雨量多少与分布情况直接影响烤烟的产量和质量，降雨量充沛而又分布均匀，能促使其迅速生长，叶片宽大，组织细密，蛋白质与烟碱含量较低，烤后颜色鲜黄，燃烧性强。一般认为，烤烟大田期降水量在 400 ~ 520mm 为宜，降水不仅要充足，还要分布适当。还苗至团棵期约需 80 ~ 100mm，土壤最大持水量在 50% ~ 60% 之间，这样根系发育好，地上部分生长正常，对中后期生长有利；旺长期约需 200 ~ 260mm，保持土壤最大持水量为 80%，有利于烟株茎叶生长，干物质积累多；成熟期约需 120 ~ 160mm，保持土壤最大持水量为 60%，有利于优质烟叶的形成。这也是栽培上是否对烤烟进行灌溉的依据之一。

烤烟大田生长期水分供应不足，土壤干旱，烟株矮小、早花、叶片窄长且组织紧密，成熟不一致，烟叶内蛋白质，烟碱含量相对增加，碳水化合物含量减少，在干旱缺水情况下，上部茎叶会从下部叶片中夺取水分和养料，使下部叶片过衰老变黄；严重缺水就会使萎蔫的烟株不能恢复而干枯死亡。若水分过多，根系发育差，茎叶生长脆弱，易诱发各种病害的发生。特别是烟叶成熟期雨水过多，叶片含水量增加，致使细胞间隙增大，组织疏松，烟叶芳香物质的形成受影响，烘烤后叶薄色淡，缺乏油润和弹性，香气不足，烟味淡，烟叶品质差。

大理州烤烟大田生长期正值雨季，5—9月总雨量在479.0～857.8mm（见表2.3），各月雨量多年平均值依次为：5月36.3～74.4mm、6月88.1～158.9mm、7月135.2～251.2mm、8月126.8～237.6mm、9月92.6～179.7mm，各地雨季开始期平均为5月底—6月初。大理州烤烟大田期多数年份雨量能满足要求，但雨季开始期偏晚，有一半左右的年份在最佳移栽期（5月份）雨季尚未开始。因此，立足抗旱栽烟，完善灌溉条件尤为重要。值得注意的是巍山、鹤庆、大理、永平、漾濞等县（市）6—9月的雨量稍偏多，多雨年份烤烟产量、质量不及少雨年份，烟田的选择，排涝防渍应及旱防范。

表2.3　大理州烤烟大田期（5—9月）雨量资料（单位：mm）

县（市）＼月份	5月	6月	7月	8月	9月	年降雨量	6—7月	8—9月	5—9月
剑川	45.4	110.2	176.7	156.5	119.4	740.4	286.9	275.9	605.9
洱源	47.6	105.9	153.8	151.7	120.0	717.0	259.7	271.7	579.0
鹤庆	49.1	153.9	251.2	237.6	166.0	972.7	405.1	403.6	857.8
云龙	51.2	110.6	160.5	166.8	119.6	795.5	271.1	286.4	608.7
漾濞	63.1	154.9	223.2	200.3	179.7	1030.9	378.1	380.0	821.2
永平	60.1	134.9	188.9	201.8	156.8	965.8	323.8	358.6	742.5
大理	74.4	158.9	189.2	212.2	168.2	1058.5	348.1	380.4	802.9
宾川	36.3	88.1	135.2	126.8	92.6	566.9	223.3	219.4	479.0
弥渡	61.4	131.8	140.2	152.0	117.9	781.0	272.0	269.9	603.3
祥云	57.9	134.9	147.8	166.0	122.9	812.5	282.7	288.9	629.5
巍山	60.1	122.0	149.4	149.3	116.3	809.8	271.4	265.6	597.5
南涧	58.1	111.1	134.5	140.1	101.9	747.7	245.6	242.2	545.7

2.1.3　光　照

烤烟是喜光作物，要生产优质烟叶，晴朗、多日照是必要条件。一般认为，烤烟苗期要求有充足的光照，大田期日照时数达500～700h，日照百分率达40%，成熟采烤期日照时数达 280~400h，日照百分率达 30% 以上，才能生产出品质好的烟叶。烤烟生长期如果光照不足，组织内部的细胞分裂慢，细胞间隙大，机械组织发育差，叶片组织疏松，叶大而薄，干物质积累少，香气差，油分少，品质下降。反之，光照过强叶片的栅栏组织与海绵组织加厚，结果叶片组织厚而粗糙，叶脉凸出，形成所谓"粗筋暴叶"，甚至会引起日灼等症状，在叶尖，叶缘和叶脉产生褐色的枯死斑，严重降低品质。

大理州种烟区的海拔多在 1560~2100m 之间，日照的短波辐射较强，能使烤烟健壮生长，增加干物质积累。大田期正值雨季，时晴时雨，日光时遮时射，形成和煦的日照条件，有利于促进生长和提高品质。大理州各地年总日照时数为 2052.7~2670.3h（见表2.4），日照百分率为 46%~62%，大田期间的 5—9 月日照时数为 682.7~956.1h，日照百分率为 34%~49%，成熟采烤期 8—9 月日照时数 258.5~355.4h，日照百分率为 32%~49%。通过分析，大理州烤烟主产区常年光照条件能满足生产优质烟的需求，少雨年份光照充足，多雨年份光照条件稍差。

表 2.4 大理州烤烟大田期（5—9 月）日照资料（单位：h）

县（市） 月份	5 月	6 月	7 月	8 月	9 月	年日照时数	6—7 月	8—9 月	5—9 月
剑川	205.5	146.3	120.6	138.0	130.1	2299.2	266.9	268.1	741.2
洱源	217.2	160.7	136.0	152.3	143.6	2419.6	296.7	296.0	809.9
鹤庆	201.8	140.3	123.2	138.1	122.7	2286.8	263.6	260.8	726.2
云龙	184.8	130.5	108.9	131.1	127.4	2052.7	239.3	258.5	682.7
漾濞	194.6	129.1	108.8	138.3	132.0	2200.2	237.9	270.3	702.9
永平	209.2	136.0	105.5	138.2	136.5	2209.0	241.5	274.7	725.7
大理	201.1	157.2	135.8	151.6	138.2	2246.2	293.0	289.8	783.9
宾川	242.5	194.6	163.7	176.8	178.6	2670.3	358.2	355.4	956.1
弥渡	244.8	191.4	160.3	176.1	168.8	2616.6	351.8	344.9	941.5
祥云	231.8	180.4	139.3	151.7	153.0	2475.1	319.6	304.7	856.2
巍山	210.9	132.6	103.0	132.8	134.9	2249.2	235.6	267.7	714.2
南涧	234.0	160.9	135.4	161.2	159.1	2443.0	296.3	320.3	850.6

2.2 土壤对优质烟生产的影响

烤烟对土壤的适应性较强，可以在许多土壤种类上生长发育，完成其生长周期。但是，烤烟是叶用经济作物，烟叶的产量和品质与栽培土壤的关系非常密切，在不同的土壤上种植的烤烟，其产量和品质有明显的差异，因此，选择适宜的土壤，也是获得优质适产的重要条件之一。

2.2.1 烤烟对土壤的要求

种植优质烟应选择砂壤土和壤土，这种类型的土壤层疏松，既有较好的保水保肥能力，又有一定的排水通气性能，这类土壤栽烟有利于形成大量的根系，增强吸收水、肥的能力，促进烟株正常生长发育，可以获得较高的产量和品质。过于黏重的土壤，排水不良，通气性差，土温低，养分分解释放慢，这类土壤种烟，烟苗前期生长慢，后期成熟较迟。

优质烟适宜在肥力中等，有机质和氮素含量适当，磷钾含量特别是钾素量丰富的土壤上种植，土壤有机质在0.3% ~3%，有效氮45 ~135mg/kg，有效磷大于5mg/kg，有效钾大于130mg/kg为佳。在肥力高的土壤上栽烟，烟叶肥大，含水量多、含氮化合物增加，叶色深绿，不易退色落黄，产量虽高，但烘烤后青烟多、吃味辣、品质劣。肥力过低的土壤上栽烟，由于养分缺乏，烟株瘦矮，叶小而薄，烘烤后香味淡，产量和品质差。

烤烟喜微酸性和中性土壤。土壤酸碱度pH值在4.5 ~8.5之间均能生长，最适宜的是5.5 ~6.5，过酸或过碱（pH值低于4.5，高于8.5）的土壤都不能生产出优质烟叶。

2.2.2 大理州种植烤烟土壤类型

大理州种烟土壤主要有红壤、紫色土和水稻土三个土类，其中：紫色土占31%，红壤土占27%，水稻土占41%，其他土类不足1%。烟区分布在海拔1400 ~2200m的微酸性至中性红壤、紫色土和淹育型水稻土上，山区以红壤和紫色土旱地为主，坝区以淹育型水稻土（水改旱）为主，一般土层深厚肥沃无污染，土质疏松，多为轻壤至中壤，通气透水性好，是生产优质烟叶的理想土壤。

（1）烟区土壤的分布

大理州适宜种烟的红壤，主要集中分布在金沙江流域的祥云、宾川、鹤庆和弥渡县毗雄河以东，大理市海东、挖色、双廊和洱源、剑川、云龙、永平也有分布。紫色土集中分布在澜沧江流域的南涧、永平、云龙、漾濞，元江（红河源）流域的巍山和弥渡县毗雄河以西，大理、洱源、剑川的黑惠江流域与祥云的普棚、宾川的平川也有分布。水稻土实行水改旱适宜种烟的面积主要集中分布在祥云、弥渡、宾川、巍山、洱源五县，其他县（市）也有分布，各县适宜种烟土壤面积（见表2.5）。

（2）种烟土壤养分

大理州种烟土壤养分据耕地地力质量调查和肥料试验监测结果：土壤有机质平均2.5%，全氮平均0.15%，速效氮平均130mg/kg，速效磷平均30mg/kg，速效钾平均180mg/kg，pH值5.5 ~7。中量元素：有效镁平均250mg/kg，有效硫平均20mg/kg。微量元

表 2.5　大理州适宜种烟土壤面积分布表（单位：万公顷）

县（市）	总面积	红壤与紫色土	水稻土
合计	10.00	6.73	3.27
大理	0.4	0.21	0.19
漾濞	0.4	0.35	0.05
祥云	1.67	0.8	0.87
宾川	1.13	0.53	0.61
弥渡	1.2	0.47	0.73
巍山	0.93	0.49	0.44
南涧	1.07	1.07	0.00
永平	0.87	0.85	0.02
云龙	0.6	0.59	0.01
洱源	0.73	0.53	0.2
剑川	0.47	0.36	0.11
鹤庆	0.53	0.49	0.04

素：全锌平均 95.112mg/kg，有效锌 1.25~2.12mg/kg；全硼平均 56.822mg/kg，有效硼 0.24~0.26mg/kg；全铜平均 40.21mg/kg，有效铜 2.94~2.93mg/kg；全钼平均 1.11mg/kg，有效钼 0.14~0.19mg/kg；全锰平均 542.21mg/kg，有效锰（水溶性锰、代换性锰与易还原性锰之和）126.96~200.73mg/kg；氯和重金属铅、汞、镉、铬等总体不超标，适宜优质烤烟栽培。

分土壤类型而言：

红壤：是亚热带高温多雨气候条件下形成的富铁铝性土壤。大理州有红壤旱地 7.77 万公顷，多分布于海拔 1500~2400m 的山区和坝区边缘，土层厚 >100cm，质地黏重，<0.01mm 黏粒在 45% 以上，多为黏壤土；硅铝铁率 1.4~1.7，耕作层 <20cm，土壤 pH 值 5~6.5，呈酸性至微酸性，土壤有机质平均 3.60±0.211%，速效氮在 60~140mg/kg，速效磷在 18.7~28mg/kg，速效钾在 50~200mg/kg，中微量元素钙、硫含量适中，镁、锌、硼不足。

紫色土：大理州有紫色土旱地面积 7.11 万公顷，与红壤分布在相近的高程带上，风化程度低，属幼年土。冲湖积母质发育的紫色土黏粒含量少，质地偏轻，疏松透水，多为砂壤土；坡积母质发育的紫色土通体含石砾，易受冲刷，但矿质养分丰富。种烟紫色土多为酸性紫色土，少数为中性紫色土亚类，土壤 pH 在 5.5~7，土壤有机质 1.3~

3.5%。速效氮 62~240mg/kg,速效磷 17.6~38.05mg/kg,速效钾 91.9~324.61mg/kg,<0.01mm 黏粒在 21.9%~41.69%,阳离子代换量 5.43~13.53mol/100g 土,保肥力亚于红壤,中微量元素钙、镁含量丰富,硼、钼含量低。

水稻土:是人为长期水耕熟化形成的土壤类型。大理州现有面积 11.22 万公顷,占常用耕地面积的 43.20%,分属 3 个亚类,其中:潴育型水稻土,保水保肥力强,土壤肥力较高,但通透性低,仅部分面积适宜水改旱种烟;潜育型水稻土,地下水位高,土壤通气透差,土温低,还原性有害物质多,不宜种烟;淹育型水稻土,水耕年代相对较短,地下水位适中,土壤通透性好,水、肥、气、热协调,水改旱后烤烟宜种性好,现有面积 5.73 万公顷,占水稻田面积的 51.40%,土壤 pH 值 6.0~7.5,为微酸性至中性。"水改旱"后土壤 pH 值呈下降趋势,多为酸性至微酸性,有机质 >2.5%,速效氮 125~240mg/kg,速效磷 12~40mg/kg,速效钾 83~240mg/kg,中微量元素钙、镁含量丰富,有效硼、钼含量偏低,红壤性水稻土和冲积性紫色水稻土区有效锌低,冲湖积母质发育的水稻土有效钾不足,是大理州"水改旱"生产优质烟的主要土壤类型。

（3）适宜种植特色优质烟最佳的土壤

大理州适宜种植特色优质烟最佳的土壤有:酸性与中性紫色土;其次是红壤、红黄壤及淹育型水稻土。

2.3　特色优质烟田间小气候试验研究

为了进一步弄清大理特色优质烟区烤烟生长的生态环境与产量质量的关系,科学地制定发展大理特色优质烟叶的长远规划。分别在澜沧江流域特色优质烟区、金沙江流域特色优质烟区和滨湖高原流域特色优质烟区有代表性的南涧县宝华烟站、祥云县芮家烟站和大理市湾桥烟站附近的烟田中,设置了 3 个田间自动气象站观测点,对烤烟各生育期田间小气候进行了对比试验分析。

2.3.1　试验方法

（1）试验地分别设在南涧县宝华镇石开林农户承包地上,海拔 1990m,山地烟,品种为红花大金元,面积 467.98m²;祥云县芮家村张跃明农户承包地上,海拔 1981m,田烟,品种为云 87,面积 484.64m²;大理市湾桥镇的李社农户承包田上,海拔 1992m,田烟,品种为 K326,面积 473.3m²。在烟田（地）安装自动气象站仪器,3 个观测点都采用地膜覆盖栽培。

（2）从移栽开始对 3 个观测点按照农业气象观测方法进行生育期观测。在打顶后测其株高,烟叶成熟时请烟农单独采烤,单独出售,记录每个观测点的上、中、下等烟产量和产值。

（3）分别统计出各点生育期的光、温、水资料。

2.3.2　总结与分析

（1）2011 年大理州烤烟生长期气象条件概述

2011 年气象条件对烤烟生产影响较大的就是 6—7 月上旬的干旱，由于旺长期是烤烟产量形成的关键期，所以这段时间的干旱对产量会有一定影响，其余时段的气象条件对烤烟生产较为有利。

苗期（2 月下旬—4 月）：2 月下旬至 3 月上旬，大理州天气晴好，气温偏高，日照充足，对烤烟出苗和幼苗生长极为有利。3 月中旬和下旬分别出现一次降温过程，15 日夜间—17 日出现较强降温天气过程，28—30 日出现"倒春寒"天气，由于大理州烤烟育苗采用大棚漂浮育苗，两次强降温过程对烤烟育苗影响不明显。4 月上中旬全州高温少雨的天气，有利于烤烟幼苗生长，4 月下旬出现两次降雨过程，降雨伴随着气温的小幅下降，对烤烟幼苗影响较小。其余时段光热条件有利于幼苗生长发育，烤烟幼苗发育良好。

移栽期（4 月下旬—5 月中旬）：烤烟移栽期光热条件好，4 月下旬全州降雨量为 7～33mm，对干旱有一定缓解作用。5 月上中旬大部地区高温少雨，在水利条件好的地区，对烤烟移栽利多弊少，烤烟移栽工作按计划进度顺利完成。移栽结束后 5 月下旬降雨增多，大部地区先后进入雨季，对烤烟伸根团棵十分有利，移栽后的烤烟生长良好。

团棵旺长期（6—7 月）：烤烟旺长期全州大部地区气温偏高、雨量偏少，日照充足。除了 7 月中旬降雨偏多、气温偏低外，其余各旬都是高温少雨的天气。大部地区出现轻度干旱，宾川、洱源、云龙等县的部分地区出现中度干旱，对烤烟生长有一定影响，但不严重。7 月中旬降水较多，有效解除了旱情。据大理州多年的烤烟生产实践，旺长期气温正常、雨量略少，有利于烤烟生长，旺长期烤烟气候适宜度为中等。

成熟采烤期（8—9 月）：烤烟成熟采烤期光热条件优越，降水偏少，对烤烟利大于弊。大理州烤烟成熟期主要气象灾害是涝害和低温，全年都没有出现。烤烟成熟期是质量形成的关键期，2011 年成熟期高温少雨、多日照的天气十分有利于烤烟质量的提升。

综上所述，2011 年烤烟气候年景属中等偏上，特别有利于烟叶质量的提升。根据州烟草公司提供的资料，2011 年全州烤烟总产 82411.85t，比 2010 年增产 731.85t，上中等烟比例为 91.69%，比 2010 年 79.91% 提高了 11.74%。

（2）试验点产量质量分析

从表 2.6 可知，宝华、芮家、湾桥 3 观测个点每亩产量分别为 198、224、238kg，均高于全州平均单产水平。从产量上看，湾桥的最高，宝华的稍低，芮家次之。

宝华、芮家、湾桥 3 个观测点上中等烟的比例分别为 90.8%、94.1%、85.8%。其中芮家的上中等烟比例高于全州平均水平，宝华与全州上中等烟比例相近，湾桥的相对要低一些，只有 85.8%。

产量质量综合分析可看出，南涧县宝华点的产量相对要低一些，一是品种的原因，种植红大品种的产量相应要低一些；二是宝华点是山地烟，土层没有湾桥和芮家的深厚，肥力也相应要差一些；虽然产量低些，但上等烟却比其他两个点高，达79kg。大理湾桥的产量虽高，但质量相对稍差，上等烟比例较小，只有43.1kg，中等烟和下等烟比例较大，分别达102.1kg和24kg；其主要原因大理湾桥土壤肥力较高，土层深厚，水分条件好，烤烟长势旺盛，叶片较大，同时由于品种是K326，属产量较高品种；由于试验点烤烟成熟采收期8月20日突降单点暴雨冰雹灾害性天气，对烟叶质量有一定影响。祥云县芮家点一是品种特性产量比红大高；二是土层深厚，肥力较高，所以产量也较高，质量也是最高的。

表2.6 2011年宝华、芮家、湾桥烤烟产量质量分析表

项目 试验点	品种	面积 （m²）	株高 （cm）	上等烟 产量(kg)	中等烟 产量(kg)	下等烟 产量(kg)	折合单产 （kg/亩）	上中等烟 比例（%）
宝华	红大	467.98	93	79	47	12.8	198	90.8
芮家	云87	484.64	138	70.3	82.4	9.5	224	94.1
湾桥	K326	473.3	97	43.1	102.1	24.0	238	85.8

（3）试验观测点气象条件分析

2011年南涧宝华、祥云芮家、大理湾桥3个观测点生育期观测（见表2.7）。宝华、芮家、湾桥全生育期分别为198、207、209天，大田期分别为129、130、140天。因播种到移栽是温室漂浮育苗，育苗集中，温度和水分可控性大，本节重点分析大田期的气象条件。

表2.7 2011年宝华、芮家、湾桥烤烟观测点生育期 （单位：月.日，天）

项目 试验点		品种	播种	移栽	团棵	现蕾	打顶	打脚叶	打腰叶	采收完	大田期	全生育期
宝华	日期	红大	2.24	5.4	6.15	7.5	7.14	7.18	8.18	9.10		
	天数			69	42	20	9	4	31	23	129	198
芮家	日期	云87	2.20	5.8	6.16	7.7	7.16	7.20	8.20	9.15		
	天数			77	39	21	9	4	31	26	130	207
湾桥	日期	K326	2.20	4.30	6.1	6.20	6.29	7.4	8.21	9.17		
	天数			69	32	19	9	5	48	27	140	209

移栽至团棵期：从表2.8可看出，宝华、芮家、湾桥3个观测点分别是5月4日、5月8日、4月30日移栽，最早是湾桥，最晚是芮家；移栽到团棵期分别为42、39、32天，3个观测点的日平均气温都在19.1℃以上，日照时数在162.9～243.6h之间，湾桥较少，芮家较多，宝华次之。雨量宝华最多为129.9mm，基本能满足烤烟生长，湾桥较少为50.8mm，芮家次之为75.0mm，湾桥、芮家降水虽较少，但由于湾桥水源充足，可供浇灌，芮家有水

池可供浇水。因此，此期 3 个观测点的光温水充足，烤烟长势较好。

团棵至开花打顶期：此期也是烤烟旺盛生长期，3 个观测点旺长期在 6 月—7 月 16 日之间，为 28～30 天之间，此期日平均气温均在 20.2～21.1℃之间，雨量在 116.8～133.0mm之间，日照宝华最少为 67.6h，芮家最多为 184.3h，湾桥次之为 129.6h。降水基本都能满足烤烟旺盛生长，芮家、湾桥光温充足，宝华日照略少，但因气温较高，光温互补，仍能满足烤烟旺盛生长。

成熟采烤期：烤烟从开花打顶起逐渐开始打脚叶，进入成熟采烤期，因此观测点从打顶到采收完作为成熟采烤期。3 个测点从 6 月 29 日—9 月 17 日烟叶采收完，成熟采烤期宝华最短为 58 天，湾桥最长为 80 天，芮家次之为 61 天，日平均气温宝华最低为 18.8℃，芮家和湾桥均为 19.5℃，日照时数宝华最少为 141.7h，芮家、湾桥分别为 371.0h 和 363.2h，雨量芮家最少为 167.3mm，宝华、湾桥较多分别为 418.4mm 和 416.8mm。从光温水结合采收日期综合分析，宝华气温稍低，日照偏少，降水偏多，由于品种特性，采收期短而集中；芮家降水最少，光温充足，对成熟采收极为有利，因此采烤期相对集中；湾桥光温充足，降水过多，加之土壤肥沃，采烤期较长，8 月 20 日因单点大暴雨并伴有冰雹灾害，此期正是烤烟中上部叶片进入成熟期，对烤烟中上部叶片质量有影响。

表 2.8 2011 年宝华、芮家、湾桥烤烟大田期光、温、水资料

试验点	项目	移栽—团棵	团棵—打顶	成熟采烤期	大田期
宝华	日期（月.日）	5.4—6.15	6.15—7.14	7.14—9.10	5.4—9.10
	天数（天）	42	29	58	129
	气温（℃）	19.4	20.2	18.8	19.3
	日照（h）	226.4	67.6	141.7	435.7
	雨量（mm）	130.9	116.8	418.4	666.1
芮家	日期（月.日）	5.8—6.16	6.16—7.16	7.16—9.15	5.8—9.15
	天数（天）	39	30	61	130
	气温（℃）	20.4	21.1	19.5	20.1
	日照（h）	243.6	184.3	371.0	798.9
	雨量（mm）	75.0	133.0	167.3	375.3
湾桥	日期（月.日）	4.30—6.1	6.1—6.29	6.29—9.17	4.30—9.17
	天数（天）	32	28	80	140
	气温（℃）	19.1	20.7	19.5	19.7
	日照（h）	162.9	129.6	363.2	655.7
	雨量（mm）	50.8	125.6	416.8	593.2

从表2.9可知，宝华、芮家、湾桥3个点大田期积温分别为2491.1、2615.8、2752.6℃·d，日照时数分别为435.7、798.9、655.7h，雨量分别为666.1、375.3、593.2mm；3个点全生育期积温分别为3599.3、3770.4、3778.6℃·d，日照时数分别为924.5、1361.0、1096.5h，降水分别为725.1、412.7、636.2mm。

表2.9　2011年宝华、芮家、湾桥烤烟试验点光、温、水资料

项目 试验点	大田期				全生育期			
	天数 （天）	积温 （℃·d）	日照 （h）	降雨量 （mm）	天数 （天）	积温 （℃·d）	日照 （h）	降雨量 （mm）
宝华	129	2491.1	435.7	666.1	198	3599.3	924.5	725.1
芮家	130	2615.8	798.9	375.3	207	3770.4	1361.0	412.7
湾桥	140	2752.6	655.7	593.2	209	3778.6	1096.5	636.2

综上所述，宝华种植的红大品种与云87、K326相比抗逆性、适宜性强，所需积温和日照时数也相对要少一些，加之是山地烟，土层没有田烟深厚，土壤肥力也不如田烟，虽然降水比其他2个观测点相对多些，但也是在适宜范围内，成熟采烤期短而集中一些，产量稍低，质量较好；芮家和湾桥2个观测点生育期相对要长一些，从全生育期也可明显看出2个观测点的生育期仅相差2天，积温也相对要多一些。芮家点降水量偏少，大田期仅375.3mm，由于试验点附近有水池，干旱时可浇水保苗，对烤烟生长较为有利，特别是成熟采烤期光温充足，降水适少，对烟叶成熟极为有利，因此产量较高质量好；湾桥观测点降水相对较多，采烤期降水达416.8mm，加之光温充足，土壤肥沃，采收期较长，产量最高，但因成熟期遇暴雨冰雹灾害，对质量有一定影响。

（4）小气候分析

①试验点自动站与相近气象站气温、降水对比分析

宝华自动站与宝华人工增雨防雹作业点、芮家自动站与祥云气象站、湾桥自动站与大理气象站3个试验点的烤烟生育期观测同步气温和雨量气象资料进行对比分析，以分析田间小气候对烤烟生长的影响。

宝华自动站海拔为1990m，比宝华人工增雨作业点海拔2025m低35m，从移栽到打顶期气温均比人工增雨作业点高，采烤期与人工增雨作业点相近，整个大田期气温都比人工增雨作业点平均高0.4℃。从移栽到团棵期雨量比人工增雨作业点略少，其他生育期均比人工增雨作业点多，所以整个生育期都比人工增雨作业点多123.2mm（如图2.1所示）。

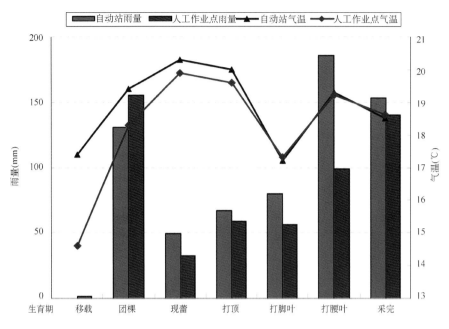

图 2.1 宝华自动站与人工增雨防雹作业点雨量、气温比较图

芮家自动站海拔为 1981m，比祥云气象站海拔 1993m 低 12m，从移栽到打脚叶期间气温均比祥云气象站高，成熟采烤期与气象站相近，整个大田期气温平均比气象站高 0.1℃。雨量除现蕾和开花打顶期比气象站少，其余生育期均比气象站多，全生育期雨量比气象站多 38.9mm（如图 2.2 所示）。

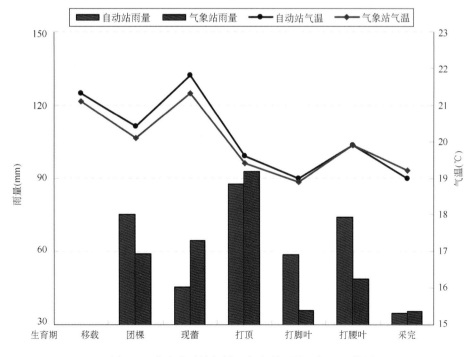

图 2.2 芮家自动站与祥云气象站雨量、气温比较图

　　湾桥自动站海拔为1992m，比大理气象站海拔1990.5m高1.5m，移栽到团棵期气温比气象站稍高，其余生育期均比气象站低，大田期气温平均比气象站低0.3℃。湾桥自动站团棵期、打顶期、采腰叶期雨量比气象站偏少，其余生育期均比气象站多，全生育期比气象站多37.1mm（如图2.3所示）。

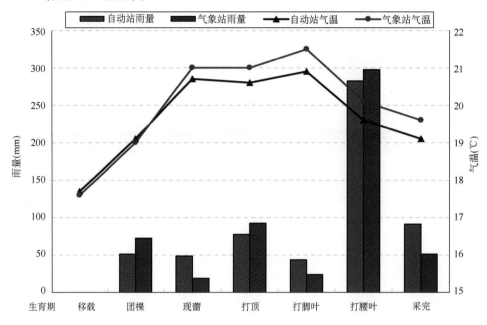

图2.3　湾桥自动站与大理气象站雨量、气温比较图

总之，从以上三个试验点分析表明：一是地膜覆盖移栽至打顶期地温和近地面层气温比对照点高。二是烟田地膜揭膜后随着烟株进入旺盛生长期，试验点与对照点气温相近或略低。三是由于地膜和地膜下表面附着水滴的反射作用，可使近地面的反射光和散射光增强，在地膜覆盖期气温比对照平均高0.3℃。四是因地理位置和海拔的差异，雨量也有差异。

　　②地膜覆盖栽培的小气候效应

　　20世纪中叶，随着塑料工业的发展，尤其是农用塑料薄膜的出现，一些工业发达的国家利用塑料薄膜覆盖地面，进行蔬菜和其他作物的生产均获得良好效果。1977年日本全国120万公顷的旱田作物（包括蔬菜），地膜覆盖面积已超过20万公顷，占旱地作物栽培面积的16%。保护地内地膜覆盖的面积占93%。美国于20世纪60年代末开始用黑色薄膜覆盖栽培棉花。前苏联主要在低温干旱季节进行薄膜地面覆盖栽培，用以提高地温，减少土地蒸发。我国于70年代初期利用废旧薄膜进行小面积的平畦覆盖，种植蔬菜，棉花等作物。1978年我国正式从国外引进了这项技术，1979年开始在华北、东北、西北及长江流域一些地区进行试验、示范、推广。随即生产出厚度为0.015~0.02mm的聚乙烯薄膜，为发展地面薄膜创造了条件。

　　烤烟采用地膜覆盖栽培后可以改善土壤和近地面的温度及水分状况，起到提高土壤温度，保持土壤水分，改善土壤性状，提高土壤养分供应状况和肥料利用率，改善中、下部烟叶的光照条件，减轻杂草和病虫危害等作用。

a. 改善土壤和近地面的温度状况

地膜覆盖栽培的最大效应是提高土壤温度，春季低温期间采用地膜覆盖，白天阳光照射后，0～10cm 深的土层内温度可提高 1～6℃，最高可达 8℃以上。同时覆盖地膜后，由于地膜阻挡垄体内土壤的长波辐射和热对流，保持了土壤中水分蒸发与地膜下水珠凝结放热的平衡，减少了热损失，具有保温、增温作用。在大理气候条件下，不仅弥补了中、高海拔烟区中间高温的不足，促进烟根发育和烟株早生快长；而且由于膜内地温和气温比膜外高，积温多、生育期缩短，成熟期相应提早，避过后期低温影响，从而保证了烟叶质量的提高。据研究，5 月中旬平均气温在 20℃的情况下，盖膜的耕作层 5cm、10cm、20cm 处的地温分别达 29.3℃、26.3℃和 22.5℃，比不盖膜的依次提高 3.0℃、2.3℃和 0.8℃，平均提高 2℃左右。根据云南省烟草公司，楚雄州气象局与姚安县烟草公司、姚安县气象局合作试验，烤烟盖膜 5cm 地温从移栽到成熟比不盖膜的平均地温升高 3.0℃左右，各种天气下盖膜的土温都比不盖膜的高，其中晴天增温最多，阴天增温较少。一天中任何时候盖膜的土温都高于不盖膜的，但以中午增温最多，凌晨增温较少。由此可见，地膜覆盖栽培能补偿露地气温不足，根据这个原理农业气象上提出"地积温"概念，而且通常用"地积温"作为一项农业气象指标。地温对气温的补偿是通过根系生理变化而起作用的，当根系活动层的地温提高，根系生长加快，又能促进地上部分的生长。大理州烤烟最佳移栽期是 5 月 1—15 日，此期海拔 1800m 以上的地区日平均气温都未达到 17℃，土壤温度也还偏低。采用地膜覆盖栽培，相当于日平均气温可达到 20℃以上，对烤烟生长发育十分有利，这就是海拔 2191m 的剑川县 5 月平均气温仅 16.3℃也能栽培烤烟的主要原因。通过地膜覆盖，使这些地区地温增高，相当于增加了日平均气温大于等于 20℃的天数。

b. 保持土壤水分，提高成活率

烟田的土壤水分，除灌溉外，主要来源于降雨。烤烟采用地膜覆盖后，一方面因地膜的阻隔使土壤水分蒸发减少，散失缓慢，并在膜内形成水珠后再落入土表，减少了土壤水分的损失，起到保蓄土壤水分的作用。据测定，移栽后 10 天根际土壤的含水量盖膜比不盖膜的提高了 6.9%。只需移栽时浇足定根水，10 天内不浇水时的成活率可达 95%以上，较不盖膜的提高 49.1%。根据 1997 年、1998 年在姚安烤烟移栽至成熟期盖膜与不盖膜 5～10cm 土壤湿度的测定结果，得出在云南气候条件下，烤烟大田期盖膜与不盖膜土壤水分的差异有 3 种形式，一是雨季开始前盖膜的土壤湿度大于不盖膜的（平均比不盖膜的高 4.9%）；二是雨季开始后一个月到 40 天多雨时段的土壤湿度反而比不盖膜的平均偏小 14%；三是后期盖膜与不盖膜的土壤湿度差异不大。初夏干旱是大理州常见的气象灾害，采用地膜覆盖栽培，起到抗旱保水的作用，提高烤烟的成活率，利于烤烟健壮生长。

　　c. 改善了土壤理化性状，促进烟株的生长发育

　　由于地膜覆盖有增温保湿的作用，因此，有利于土壤微生物的繁殖，加速腐殖质转化成无机盐，有利于作物吸收。据测定，覆盖地膜后速效性氮可增加30%～50%，钾增加10%～20%，磷增加20%～30%。地膜覆盖后可减少养分的淋溶、流失、挥发，可提高养分的利用率。地膜覆盖可以避免因灌溉或雨水冲刷而造成的土壤板结现象，使土壤疏松，通透性好。能增加土壤的总孔隙度1%～10%，降低容重0.02～0.3g·cm^{-3}，使土壤中的肥、水、气、热条件得到协调。在烤烟生产实际中，烟株大田前期早生快发对最终产量和品质的形成尤为重要。烤烟应用地膜覆盖，有利于烟株的早生快发，促进了植株的生长发育。覆膜比不覆膜的大田生育期缩短约一周左右。

　　d. 改善中、下部烟叶的光照条件

　　据测定，地膜覆盖后，中午可使植株中、下部叶片多得到12%～14%的反射光，比露地栽培增加3～4倍的光量。这样可使烤烟中下部烟叶的光照条件得到改善，光合作用加强，制造出更多的有机质，提高了中下部烟叶的产量和质量。

　　e. 减少杂草和蚜虫的危害

　　地膜覆盖可以抑制杂草生长。一般覆膜的比不覆膜的杂草减少三分之一以上，如结合施用除草剂，防除杂草的效果更明显。喷施除草剂后，盖膜的比不盖膜的杂草能减少89.4%～94.8%。地膜具有反光作用，还可以部分地驱避蚜虫、抑制蚜虫的滋生繁殖，减轻危害及病害传播。

　　f. 地膜覆盖在大理州的适用范围

　　地膜覆盖栽培可在大理州中高海拔烟区，特别是存在明显的阶段性低温、干旱等障碍因素的烤烟种植区大面积应用，可明显提高烟叶产量和质量。地膜覆盖栽培在大理州海拔较高、无霜期较短的地区应用，可使生育期提前7～20天，并将烟叶的成熟期调整到该地区最佳时段内，使烟叶的产量和品质相应得到提高。在多雨烟稻轮作的田烟区，可减少肥料淋失，还使前、后茬作物争地的矛盾得到缓解，使生产成本降低，提高经济效益。在前期干旱的烟区，可使土壤的旱情明显好转，烤烟移栽成活率大大提高，有效降低生育前期干旱胁迫的危险，促进烟株早生快发。

第3章 大理州四个特色优质烟区生态环境

大理州地处低纬高原季风气候区，气候温暖，雨量丰沛，光能资源丰富，森林覆盖率高，植被好，生态环境极佳。境内土壤种类共有亚高山草甸土、暗棕壤、棕壤、黄棕壤、燥红土、黄壤、红壤、红色石灰土、紫色土、新积土、水稻土等 13 个土类。在这 13 个土类中，紫色土、红壤和水稻土对农业生产，特别是对烤烟生产十分有利。大理州有 60 多年的烤烟种植历史，是全国烤烟种植的最适宜区和主产区之一，加之独特的立体气候，各县、市均有适宜优质烤烟种植的乡镇。近年来，经行业内外专家共同论证，认为大理"红花大金元"（简称红大）品种烟叶特色突出，风格鲜明，工业可用性强，具有优质烟叶所具备的特征和优点，是云南优质清香型烟叶的典型代表。大理州特色优质烟叶发展目标以红大为主，发展的原则是以典型生态条件、烟叶质量为核心，以满足骨干品牌对特色优质烟叶规模化需求为重点。遵循农业气候相似原理，并兼顾地理位置、种烟水平、烟叶品质相近等原则；同时根据卷烟工业企业的需求，打造大品牌，上规模、上档次的特色优质烟区，把全州划分为"澜沧江流域特色优质烟区"、"红河源流域特色优质烟区"、"金沙江流域特色优质烟区"、"滨湖高原流域特色优质烟区"四大特色优质烟区（见图 3.1）。下面分别从气候、土壤、植被、水利四个方面论述四个特色优质烟区优越的气候生态环境。

3.1 澜沧江流域特色优质烟区

3.1.1 气象条件

澜沧江流域特色优质烟区是以南涧县宝华镇的山地烟为代表的山地烟区。其中包括永平县、漾濞县、云龙县、弥渡县德苴乡、牛街乡、苴力镇、密祉镇、巍山县青华镇、五印乡、马鞍山镇、紫金乡、牛街乡、洱源县炼铁镇、乔后镇的山地烤烟区，共 46 个乡镇。烤烟主要种植区海拔高度在 1460～2060m 之间，多年年平均气温在 13.6～17.7℃之间，最热月平均气温在 17.7～23.1℃，全年日照时数在 1592.4～2552.3h 之间，辐射总量 4780.1～6245.6MJ/m² 之间，年雨量在 678.3～1105.6mm 之间（见表 3.1、图 3.2、图 3.3、图 3.4）。

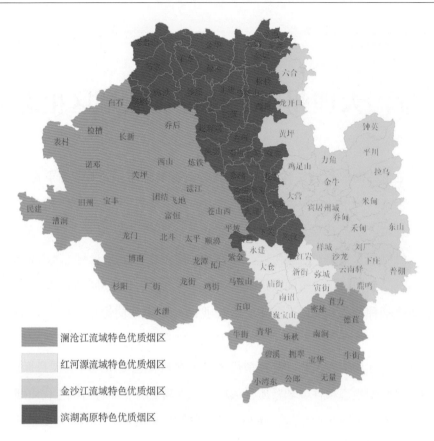

图 3.1　大理州特色优质烟区分区图

表 3.1　澜沧江流域特色优质烟区历年平均气象资料

项目 地名	海拔 （m）	年平均 气温 （℃）	最热月 气温 （℃）	日照 （h）	辐射 总量 （MJ/m²）	雨量 （mm）	无霜期 （天）	≥10℃ 积温 （℃·d）	≥10℃ 天数	≥20℃ 天数
宝华	2025	15.3	19.3	2105.3	5689.2	886.5	246	4886.2	292	12
永平	1616	15.8	21.6	2209.0	5424.2	965.8	252	5114.6	286	76
漾濞	1626	16.3	21.9	2200.2	5717.3	1030.9	257	5232.9	285	67
云龙	1665	15.6	21.7	2052.7	5433.0	795.5	244	5232.9	287	73
德苴	1460	17.3	23.1	2083.3	5551.9	773.7	279	5963.0	312	116
苴力	1660	16.3	21.6	2552.3	6245.6	678.3	257	5355.0	290	84
牛街*	1700	16.3	21.4	2010.8	5482.9	716.9	253	5234.0	286	78
密祉	1960	14.9	20.0	2058.5	5498.8	765.6	225	4444.0	258	36
青华	2060	13.6	17.7	1682.3	4900.9	1105.6	214	4140.0	247	20

续表

项目 地名	海拔 (m)	年平均 气温 (℃)	最热月 气温 (℃)	日照 (h)	辐射 总量 (MJ/m²)	雨量 (mm)	无霜期 (天)	≥10℃ 积温 (℃·d)	≥10℃ 天数	≥20℃ 天数
五印	1720	16.0	21.1	1592.4	4780.1	792.4	243	4918.0	276	74
马鞍山	1560	17.7	22.4	2050.8	5327.4	717.9	268	5659.0	301	100
紫金	1740	15.6	21.2	2263.5	5896.7	792.4	249	5112.0	282	72
牛街**	1980	14.2	19.1			792.4	222	4383.0	255	33
炼铁	2040	13.6	18.7	2419.6	6056.3	705.1	216	4201.0	249	24
乔后	1880	15.2	20.5			1010.2	233	4687.0	266	49

备注：＊弥渡县牛街乡，＊＊巍山县牛街乡。

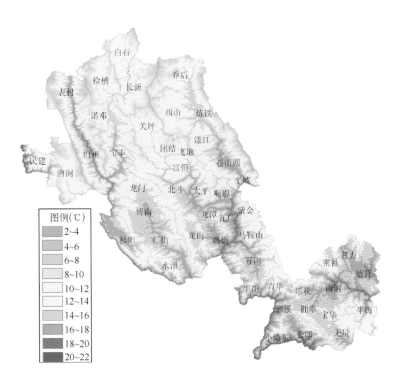

图 3.2　澜沧江流域特色优质烟区年平均气温分布图（单位:℃）

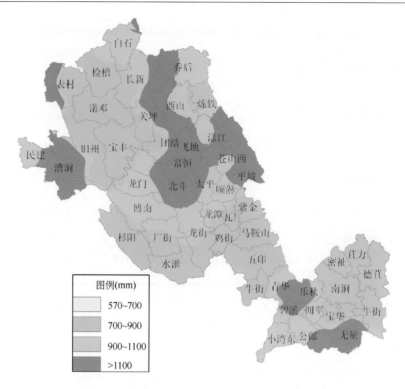

图 3.3　澜沧江流域特色优质烟区年降雨量分布图（单位：mm）

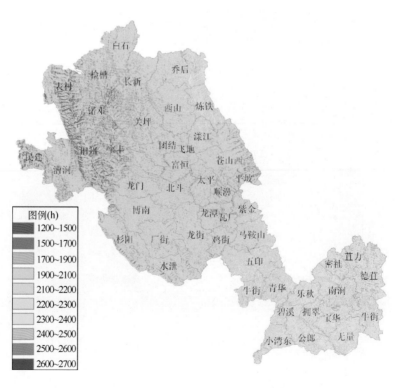

图 3.4　澜沧江流域特色优质烟区年日照时数分布图（单位：h）

　　（1）有利的气象条件

　　该区多为横断山系，山高谷深，山区面积大，烟区多分布在海拔 2000m 以下（见表 3.1）的山地上。这一区域具有典型的亚热带山地气候特征，烟区年平均气温在 13.6 ～ 17.7℃之间，最热月的月平均气温在 17.7 ～ 23.1℃，多数乡镇日平均气温 ≥20℃ 持续天数都在 70 天以上，全年无霜期长达 214 ～ 279 天，热量条件好。年雨量在 678.3mm 以上，多数乡镇在 710mm 以上，加之雨热同季，降水利用率高。全年日照时数多数乡镇在 2000h 以上，日照百分率在 47% ～55% 之间，全年辐射总量多数乡镇在 5327MJ/m² 以上，光能利用率高。拥有良好的生态植被，环境较好，烤烟都是长在云雾深山中，非常适合生产有机、绿色烟叶。正如当地烟农所说："一片森林一片烟，片片都是生态烟。"气温适宜，阳光充足，雨量丰沛，生态环境好，是大理州烟叶的重点产区，同时也是质量最好的产区之一。烟叶外观多呈金黄色，油份足，色度强且明亮，烟叶身份、大小、厚薄适中，主要化学成分协调，烟叶含糖量多属中糖水平，烟叶钾含量较高，中部烟叶的含钾量一般超过 2%。通过评吸烟叶的风格具有明显的清香型风格，甜润感较突出，质量水平较高，可划为高档卷烟调香型主料烟。这一区域是大理州清香型特色品种红花大金元的山地烟主栽区，2009 年该烟区种植红大的有 23 个乡镇，种植面积 10133 公顷，生产红大优质烟叶 20865 吨，今后可种植红大烤烟面积 11146 公顷，生产优质烟叶 26751 吨，可种植 K326 烤烟面积 7677 公顷，生产烟叶 18426 吨。

　　①苗期

　　澜沧江流域特色优质烟区烤烟苗期是 3—4 月（见表 3.2），3 月平均气温都在 11.5℃ 以上，终霜期在 2 月中旬至 3 月中旬，最迟都在 3 月中旬。由于大理州都是采用温室漂浮育苗技术，根据大理州烟科所高级农艺师单沛祥 1998 年进行的"烤烟漂浮育苗热量状况试验分析"研究，烤烟大棚内日平均气温比棚外高 1.8℃，即棚外气温 9.0℃，大棚内气温可达 10.8℃。10℃ 一般为大春喜温作物开始生长的下限温度，稳定通过 10℃ 具有 80% 保证率的日期，南涧县为 1 月 18 日、永平县为 3 月 2 日、漾濞县为 2 月 25 日、云龙县为 3 月 12 日（见图 3.5）。因此采用温室漂浮育苗在 3 月上旬进行是比较保险的，有的地区可提前到 2 月下旬播种，基本能避开重霜期。大理州烟草公司有一套成功的温室漂浮育苗科学技术，每年都能成功培育出健壮的烟苗。这一区域 3—4 月日照时数在 350.9 ～504.7h 之间，光照完全能满足培育特色优质烟幼苗的需求，加之采用温室育苗，能够有效地阻挡幼苗期较强的直射光，对幼苗生长极为有利。降水量在 20.1 ～74.0mm 之间，因采用温室漂浮育苗，多选择在有水源的地点育苗，所以苗期雨量的多少对育苗影响不大。

表 3.2　澜沧江流域特色优质烟区烤烟生育期气象资料

项目 地名	海拔 （m）	育苗期（3—4 月）					大田期（5—9 月）			
		3 月平 均气温 （℃）	4 月平 均气温 （℃）	积温 （℃·d）	日照 （h）	雨量 （mm）	积温 （℃·d）	日照 （h）	雨量 （mm）	雨季开 始期 （月.日）
宝华	2025	14.6	16.5	934.3	464.1	74.0	2865.3	644.8	634.5	5.24
永平	1616	13.0	16.4	895.0	456.3	51.2	3167.3	725.7	742.5	6.2
漾濞	1626	14.3	17.3	959.2	429.7	45.0	3201.0	702.9	821.2	6.2
云龙	1665	13.1	16.3	931.7	401.8	56.9	3240.6	682.7	608.7	6.6
德苴	1460	14.7	19.2	1031.7	445.4	39.3	3428.1	761.6	542.8	6.2
苴力	1660	14.0	18.0	974.0	504.7	25.6	3207.6	921.8	521.8	6.2
牛街*	1700	14.4	18.1	989.4	457.1	40.4	3222.8	695.2	532.9	6.2
密祉	1960	12.8	16.4	888.8	445.2	50.2	2959.5	675.3	531.4	6.2
青华	2060	11.6	15.3	818.6	350.9	54.3	2650.6	523.4	836.8	5.31
五印	1720	13.8	17.8	961.8	413.7	38.8	3146.2		599.8	5.31
马鞍山	1560	15.0	18.6	1023.0	388.6	35.3	3275.0	708.6	543.4	5.31
紫金	1740	13.2	16.9	916.2	473.8	38.8	3136.9	764.5	599.8	5.31
牛街**	1980	12.2	15.7	849.2		38.8	2827.7		599.8	5.31
炼铁	2040	11.5	14.6	794.5	476.0	20.1	2748.4	823.0	594.5	6.5
乔后	1880	13.0	16.0	883.0		38.6	3030.0		837.2	6.5

备注：＊弥渡县牛街乡，＊＊巍山县牛街乡。

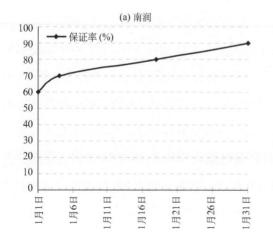

(a) 南涧

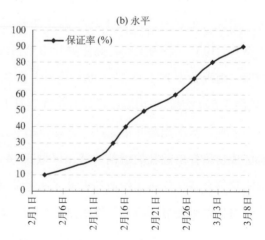

(b) 永平

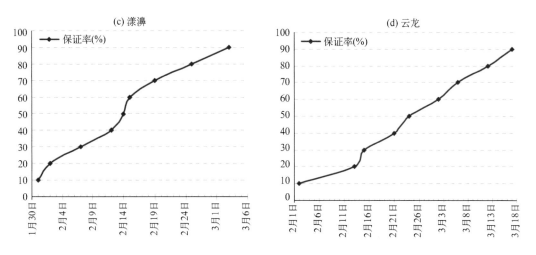

图 3.5　澜沧江流域特色优质烟区各县日平均气温稳定通过 10℃日期保证率曲线图

②大田期

气温。烤烟大田生长期是 5—9 月（见表 3.2），澜沧江流域特色优质烟区大田生长期总积温在 2650.6～3428.1℃·d 之间，而全年≥10℃积温在 4140～5963℃·d 之间（见表 3.1），≥10℃积温天数在 247～312 天之间，所有乡镇在 5 月 1 日以前日平均气温就已超过 10℃以上，晚霜冻不会再发生，所以 5 月初开始移栽烤烟是没有问题的，有的乡镇可提早到 4 月中、下旬移栽。这样便可充分利用 5—6 月光温较好的气候条件，使其早生快发，培育健壮植株，为后期提高烟叶产量和质量打下良好基础。烟株旺长和烟叶成熟期多数乡镇日平均气温≥20℃天数都在 70 天以上，且极端最高气温不超过 35℃，对培育优质烤烟极为有利。在澜沧江流域特色优质烟区中，由于海拔高度的差异和地理位置的不同，栽培特色优质烤烟的气候条件各乡镇也有所差异。从温度角度分析，较为有利的是南涧县、永平县、漾濞县、云龙县的大部分乡镇和弥渡县德苴乡、牛街乡、苴力镇、巍山县五印乡、马鞍山镇、紫金乡。这些县和乡镇烤烟种植区海拔多在 1740m 以下，全年≥10℃积温在 5112～5963℃·d 之间，≥10℃天数在 282～312 天之间，全年日平均气温≥20℃天数都在 67～116 天（见表 3.1）之间，这些地区培育特色优质烤烟最为有利。南涧县宝华、碧溪，弥渡县密祉，巍山县青华、牛街，洱源县炼铁、乔后海拔在 1880～2140m 之间，全年≥10℃积温在 4140～4687℃·d 之间，全年日平均气温≥20℃天数小于 49 天。但采用温室漂浮育苗、适当提早育苗期、适时早栽、利于早生快发，培育健壮植株。采用地膜覆盖栽培技术，保水保肥、增温效果显著，也能培育出优质烤烟。

光照。澜沧江流域特色优质烟区大田生育期日照时数都在 523.4～921.8h 之间，日照百分率大于 34%，多数乡镇大于 41%，极为有利于优质烟叶的生长发育。由于特色优质烟区多数种植在半山区，森林覆盖率高，还有微风相伴，所以极少有强烈的日光照射，不会出现所谓的"粗筋暴叶"现象，加之在栽培上采取合理密植，烤烟在适宜的光照条件下生长，叶肉厚薄适中，烟叶质量好。从光照角度分析，青华镇大田期多年平均日照时数为523.4h，但有些年份日照时数低于400h，有所不足，应采取适时早栽，合理密植、地膜覆盖、平衡施肥等技术措施，充分利用前期5—7月份光照较好的时段，使其早生快发，以提高烟叶质量。

降水。澜沧江流域特色优质烟区大田生长期内降水量在521.8～842.7mm之间，各乡镇降水量都比较适宜，都有具备生产优质特色烟叶的条件。虽然有的乡镇降水多些，由于烤烟都栽培在山地上，田间不易积水，仍然能培育出健壮优质的烟叶。

（2）不利的气象条件

澜沧江流域特色优质烟区从总体情况看气象条件较为有利。不利的气象条件主要是雨季开始期偏迟，多数乡镇多年平均在5月31日—6月2日才开始。雨季开始期具有80%保证率的日期南涧为6月19日，永平为6月10日，漾濞为6月15日，云龙为6月19日（见图3.6）。多数年份烤烟移栽时雨季还未开始，出现最晚的如南涧县（1967年和1968年）在7月8日才开始，永平县1993年8月2日才开始，云龙县1987年7月22日才开始，移栽后的烤烟易造成缺水死苗或僵苗。特别是干旱年景对烤烟生长不利，会影响产量和质量。初夏干旱较为明显，南涧县为2.4年一遇，永平县为3年一遇，漾濞、云龙县为3.2年一遇，影响烤烟适时移栽。如上述较为严重的年份初夏干旱常造成移栽后的烤烟长期僵苗不长，甚至于造成死苗。

其次是洪涝灾害常使局部地区烤烟受害。如1990年6月20—26日南涧连续7天降雨不止，20日降暴雨96.7mm，造成烤烟受灾82公顷，1998年7月2—4日漾濞县大雨暴雨天气，全县境内不同程度受害，造成粮食作物、烤烟、水利设施等严重损失，总计直接经济损失1046.9万元。另外，大风、冰雹天气也会造成局部地区烤烟受到灾害。如1990年8月3日南涧宝华、乐秋、得胜、沙乐遭受冰雹、洪涝灾害，烤烟315.9公顷受灾，8月22日得胜乡再次被冰雹袭击，5.1公顷烤烟成灾。

因此，生产上需实施烟水工程，兴修水利，建设小水窖，开展人工防雹作业等措施；同时采用地膜覆盖栽培，减少地表水分蒸发，力争在干旱年景仍能生产出优质高产的烟叶，还应采取相应的对策措施，减轻洪涝、冰雹、大风等灾害造成的损失。山地种烟区应尽量选择在海拔2000m以下，以施有机肥为主，确保烟叶优质稳产。

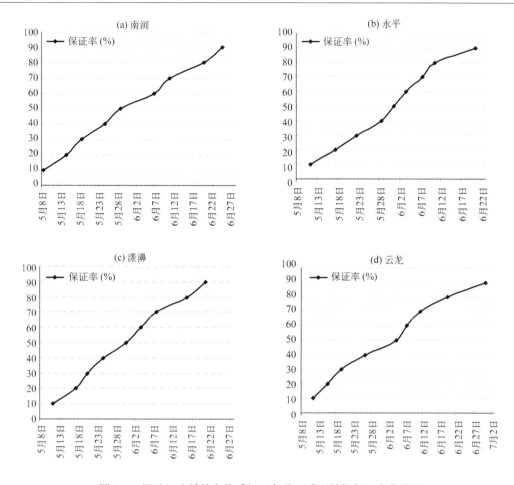

图 3.6　澜沧江流域特色优质烟区各县雨季开始期保证率曲线图

3.1.2　土　壤

澜沧江流域具有独特的地质土壤环境条件,这一地区由侏罗系、白晋系、第四系的紫色岩带和澜沧江变质岩带（片麻岩）风化发育成紫色土和红、黄壤类一直延伸至怒江边,有耕地面积 10.2 万公顷（水田 1.42 万公顷;旱地 8.8 万公顷）,其中适宜种植烤烟的紫色土类（含紫泥田）5.4 万公顷,红黄壤和山原红壤亚类（含红壤性水稻土）3.71 万公顷,经过多年土壤改良培肥和烟水工程配套,基本能满足优质烟栽培的面积有 3.7 万公顷。以南涧县为代表的紫色土、红黄壤烟区是大理州生产红花大金元品牌特色优质烟的主产区。在澜沧江流域内以南涧为核心包括弥渡县密祉、德苴、牛街,巍山县五印、青华、马鞍山、紫金和漾濞县鸡街、龙潭、瓦厂等降水量比西部的永平、云龙多,植被好,相对处于湿热状态,土壤黏粒含量适中、土层较厚、多为壤土类、水分、矿质养分保蓄性好,加之种烟区烟水"五小水利"工程基本配套,生产的烟叶产量和品质相对较高。

优点:一是种植烤烟的土壤以幼年紫色土为主,具有独特的成土条件。二是土壤风化度低，黏料含量适中，矿质养分钾、镁、钙含量丰富，土壤质地疏松通透性好。三是烟区生态环境好，森林植被覆盖率高。四是光、热资源丰富，降雨量适中；小水池窖等"五小"水利烟水工程配套率高。

存在问题：一是这一区域地处横断山脉地带，成土紫色岩类和变质岩同属透水岩层，故紫色土烟区和红、黄壤烟区同属旱区。二是坡耕地面积大、土层薄、有机质含量偏低、速效养分含量不高、干旱缺水等因素，应加以改良。

改良措施：

（1）实施坡改梯，建设水浇梯台地，采用等高线开墒，加厚耕作层防止水土流失。

（2）因地制宜兴建"五小"水利工程集雨补灌；开发利用现有水源，推广管网灌桩配套节水灌溉技术，解决干旱缺水问题。

（3）实行烤烟—豆科绿肥（蚕豆、豌豆）轮作、增施有机肥结合深耕改土、培肥地力。

（4）推广测土配方施肥，合理补施硼、锌、镁等中微量元素肥料，提高土壤供肥能力。

3.1.3　植　被

澜沧江流域在云南省植被区划中为滇西横断山暖性阔叶林、暖性针叶林亚区。位于大理、南涧一线苍山以西，地势北高南低，澜沧江干支流相间并列，由北向南贯穿全区。这一地区森林与烟区镶嵌，交替分布，形成一片森林一片烟的美丽景观，区内江河切割强烈，形成中山、高山与峡谷相间的地貌，地形崎岖，峰峦重叠，山体海拔4000m以下，只有少数山峰超过4000m。因澜沧江的强烈切割，沿江两侧坡面较为陡峻，谷底海拔在2000m以下，部分谷底海拔1500m，相对高差约1500～2000m之间。森林类型以高原暖性阔叶林、暖性针叶林为主，海拔在1600～2000m的山坡以高原滇青冈林、云南松林和暖性针叶林为主，其间尚有暖性阔叶林、暖性竹林，山上部还有少量温凉性针叶林；温凉性针叶林主要分布在海拔2300～3000m的山体上部，森林类型以华山松为主，但其面积甚小。暖性针叶林分布在海拔1500～2800m的广阔山地，主要类型有云南松及云南油杉林。暖性阔叶林主要分布在海拔1800～2800m之间，森林类型有元江栲林、滇青冈林、高山栲林，尚有麻栎林、栓皮栎林、旱冬瓜林以及蓝桉林，竹林呈零星分散分布。海拔在3300～3500m的森林类型为长苞冷杉林、苍山冷杉林、怒江冷杉林、丽江冷杉林、大果红杉林，分布的阔叶林有红桦林、白桦林。以杜鹃属树种组成高山或亚高山灌木林，分布海拔在2600～4000m，个别种则分布更低。经济林主要有核桃林、板栗林、油桐林。

根据森林资源调查结果，澜沧江流域特色优质烟区林地总面积141.67万公顷，其中，有林地面积93.82万公顷（在有林地面积中，乔木林地面积93.3万公顷，竹林面积0.52万公顷），疏林地面积0.63万公顷，灌木林地面积11.22万公顷，未成林造林地面积1.51万公顷，苗圃地面积0.007万公顷，无立木林地面积0.37万公顷，宜林地面积2.38万公顷。

这一地区活立木总蓄积量 5462.3 万立方米，优势树种蓄积净生长量 328.19 万立方米，净生长率 4.03%，全区森林覆盖率 67.3%，林木绿化率 74.6%。全区森林林木优势树种吸收二氧化碳 600.59 万吨，释放氧气 531.67 万吨，保持土壤 3592.37 万吨，碱解氮 14.47 万吨，速效磷 3.12 万吨，速效钾 19.24 万吨，蓄积雨水 105092.52 万吨，吸收二氧化硫 9.31 万吨。

由于这一区域森林覆盖率和林木绿化率较高，碳汇量、制氧量和吸尘降污染量都较大，环境质量好，空气粉尘含量低，透明度高，有利于植物光合作用和地面升温及散热，形成合理的日较差，而有利于糖分积累，这一区域较高的森林覆盖率和林木绿化率，削减了极端高温和低温，增加了空气湿度、降低了风速，使空气温度、湿度和流动速度保持在植物（烟叶）生长的最佳区域范围内，特别适合烟叶生产，为优质特色烤烟生产创造了最为有利的生态环境。

3.2　红河源流域特色优质烟区

3.2.1　气象条件

红河源流域特色优质烟区是以弥渡县坝区田烟为主的典型特色优质烟区，包括类似的巍山县温热坝区，烟田地形平坦宽阔，共 9 个乡镇。主要烤烟种植区海拔高度在 1670～1770m 之间，年平均气温在 15.1～16.4℃ 之间，最热月平均气温在 20.8～21.9℃，全年日照时数在 2316.9～2552.3h 之间，辐射总量在 5896.7～6245.6MJ/m² 之间，年雨量在 717.4～916.8mm 之间（见表 3.3、图 3.7、图 3.8、图 3.9）。

表 3.3　红河源流域特色优质烟区历年平均气象资料

项目\地名	海拔(m)	年平均气温(℃)	最热月气温(℃)	日照(h)	辐射总量(MJ/m²)	雨量(mm)	无霜期(天)	≥10℃积温(℃·d)	≥10℃天数(天)	≥20℃天数(天)
弥城	1670	16.3	21.6	2552.3	6245.6	736.3	249	5173.5	282	67
新街	1670	16.3	21.6	2552.3	6245.6	736.3	249	5173.5	282	67
红岩	1738	16.4	21.9	2382.8	6031.3	761.4	249	5118.0	282	71
寅街	1670	16.3	21.6	2552.3	6245.6	736.3	249	5173.5	282	67
南诏	1720	15.6	21.2	2316.9	5896.7	757.8	252	4918.0	276	74
巍宝山	1720	15.6	21.2	2316.9	5896.7	799.6	252	4918.0	276	74
庙街	1760	15.3	21.0	2316.9	5896.7	799.6	247	5052.0	280	68
大仓	1770	15.1	20.8			916.8	246	5021.0	279	67
永建	1760	15.1	20.8			717.4	247	5052.0	280	68

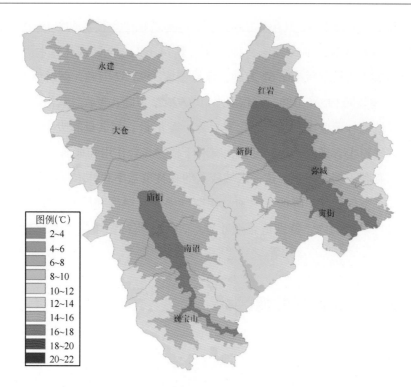

图 3.7　红河源流域特色优质烟区年平均气温分布图（单位：℃）

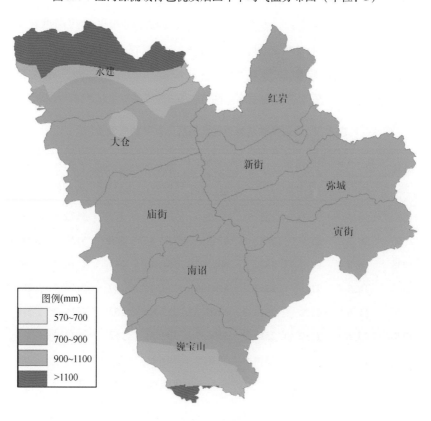

图 3.8　红河源流域特色优质烟区年降雨量分布图（单位：mm）

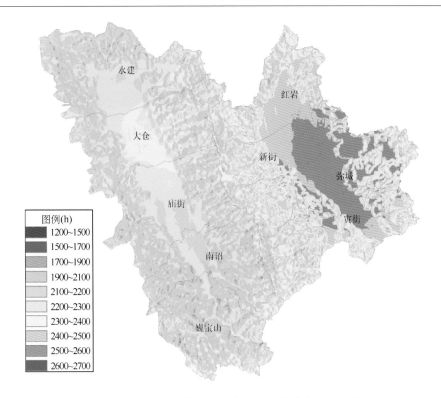

图 3.9　红河源流域特色优质烟区年日照时数分布图（单位：h）

（1）有利的气象条件

红河源流域特色优质烟区多数乡镇海拔在 1670～1770m 之间（见表 3.3），田烟分布在 1770m 以下，地形平坦宽阔。年平均气温多数乡镇在 15.1～16.4℃，气候温暖，最热月平均气温 20.8～21.9℃，全年≥20℃持续天数 67～74 天，无霜期为 246～252 天。年降水量多数乡镇在 736.3～916.8mm 之间，由于雨热同季，降水利用率高。全年日照时数多数乡镇在 2300h 以上。太阳总辐射量多数乡镇在 5896MJ/m^2 以上。这一区域热量丰富，光能资源充足，冬干夏雨，降水利用率高，烟叶化学成分比较协调，烟叶钾含量高，对烟叶品质的正效应贡献率大大增强。烟叶的清香型特点突出，质量档次大多为较好，部分属于中等，可以判定为高质量的优质主料烟产区。2009 年种植红花大金元的乡镇有 8 个，种植面积 3413.3 公顷，生产红大烟叶 8275 吨。今后适宜种植红大烟叶面积 5729 公顷，可生产优质烟叶 13750 吨。

①苗期

红河源流域特色优质烟区烤烟育苗期为 3—4 月（见表 3.4），这一区域光温条件对育苗极为有利。3 月份月平均气温所有乡镇都在 12.0℃以上，终霜期在 3 月 13—16 日，无霜期 246～252 天（见表 3.3）。日平均气温稳定通过 10℃具有 80% 保证率的日期弥渡县为 3 月 1 日，巍山县为 3 月 3 日（见图 3.10）。因此，烤烟育苗在 2 月下旬—3 月中旬，能避开重霜期，3—4 月总日照时数在 350.9～504.7h 之间。由于白天日照充足，温室内升温快，促使漂浮育苗的水温升高快，充分发挥了温室漂浮育苗的效应。加之采用温室育苗，能够有效地阻挡幼苗期较强的直射光，对幼苗生长极为有利。该区苗期多年平均降水量在 28.0 ~ 43.7mm 之间。因为是采用温室漂浮育苗，大棚多选择在有水源的地方，所以此时雨量多少对烤烟育苗影响不大。

表 3.4 红河源流域特色优质烟区烤烟生育期气象资料

项目 地名	海拔 （m）	苗期（3—4 月）					大田期（5—9 月）				
		3 月平 均气温 （℃）	4 月平 均气温 （℃）	积温 （℃·d）	日照 （h）	雨量 （mm）	积温 （℃·d）	日照 （h）	日照百 分率 （%）	雨量 （mm）	雨季开 始期 （月.日）
弥城	1670	14.0	18.0	974.0	504.7	28.0	3207.6	921.8	45	574.7	6.2
新街	1670	14.0	18.0	974.0	504.7	28.0	3207.6	921.8	45	574.7	6.2
红岩	1738	13.6	17.4	943.6	493.7	33.2	3225.9	843.2	43	577.0	6.2
寅街	1670	14.0	18.0	974.0	504.7	28.0	3207.6	921.8	45	574.7	6.2
南诏	1720	13.2	16.9	916.2	473.8	37.1	3136.9	764.5	36	553.9	5.31
巍宝	1720	13.2	16.9	916.2	473.8	43.7	3136.9	764.5	36	599.5	5.31
庙街	1760	12.6	16.5	885.6	473.8	43.7	3079.4	764.5	36	599.5	5.31
大仓	1770	12.0	16.0	870.0		42.0	3072.7			698.3	5.31
永建	1760	12.0	16.0	870.0		35.2	3072.7			543.0	5.31

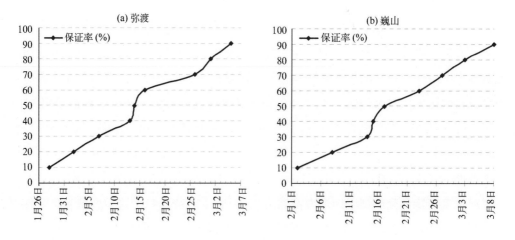

图 3.10 红河源流域特色优质烟区各县日平均气温稳定通过 10℃ 日期保证率曲线图

②大田期

气温。红河源流域特色优质烟区烤烟大田期（见表 3.4）多年平均积温在 3072.7～3225.9℃·d 之间，全年≥10℃积温在 4918.0～5173.5℃·d 之间（见表 3.3），平均初日为 2 月下旬—3 月上旬，终日 11 月中下旬，≥10℃积温天数在 276～282 天之间，≥20℃天数在 67～74 天之间。烤烟移栽期在 5 月上旬，有的乡镇可提早到 4 月下旬移栽，有利于充分利用 5—7 月较好的光温条件，促进早生快发，培育健壮植株。加之是采用地膜覆盖栽培，对培育优质烟叶极为有利。

光照。红河源流域特色优质烟区大田生育期日照时数均在 764.5～921.8h 之间，日照百分率在 36%～45% 之间。由于烤烟大田期处于夏季，云量多，多阵雨天气，日光时遮时射，形成和煦的光照条件，极有利于烤烟的生长和品质的提高。

降水。红河源流域特色优质烟区大田期多年平均降水量在 543.0～698.3mm 之间，雨季开始期多年平均在 5 月 31 日—6 月 2 日。在降水分布均匀，风调雨顺的年份，降水量完全能满足烤烟生长发育的需求，利于培育优质烟叶。但由于年际之间雨季开始时间变幅较大，常有初夏干旱发生，对烤烟适时移栽不利，生产上常采用地膜覆盖栽培，移栽时浇足定根水，栽后视干旱情况适时浇水，科学管理，多数年份都能培育出优质烟叶。

（2）不利的气象条件

红河源流域特色优质烟区总体上光、温、水气候条件较为有利于特色优质烤烟的生长发育。不利的气候条件主要是雨季开始期偏迟，雨季开始期稳定通过 80% 保证率的日期弥渡县为 6 月 19 日，巍山县为 6 月 17 日（见图 3.11）。年际之间时间变幅较大，如弥渡县 1977 年最晚，于 7 月 20 日雨季才开始，巍山县 1987 年最晚，于 7 月 30 日才开始。初夏干旱较为明显，弥渡县为 2.9 年一遇，巍山县为 3.3 年一遇，常造成烤烟不能适时移栽。如 1998 年初夏干旱严重，巍山县 5 月—6 月中旬近 50 天无一次中雨以上天气过程，雨量较历年同期偏少到特少，造成大春作物栽种进度慢，烤烟不能适时移栽，烟苗形成老苗和"高脚苗"，移栽后因水分不足导致团棵期根系发育弱、蹲苗不长和铁秆早花，并诱发多种病害。

其次是洪涝灾害常造成局部地区烤烟受害。夏季洪涝（6—8 月）巍山发生几率最大，多年平均约 4.2 年一遇，弥渡为 5.9 年一遇。如 1999 年 9 月 19 日弥渡暴雨成灾，造成近 133.3 公顷粮烟作物受灾。

另外，大风、冰雹等灾害性天气也时有发生，常造成局地烤烟受到危害。如 1986 年 7 月 12 日，弥渡自西向东遭受冰雹袭击，东边山区降雹有核桃大，烤烟、蔬菜被打烂。1992 年 8 月 5 日下午，弥渡红岩、新街、太花等乡遭受大风、冰雹灾害，烤烟受灾 579.7 公顷。1998 年 9 月 12 日下午，巍山县文华、巍宝、青华遭受大风、冰雹灾害，大春作物、烤烟受灾，损失较大，烟叶损失 400 吨。所以生产上应采取相应的对策措施，确保烤烟优质稳产。

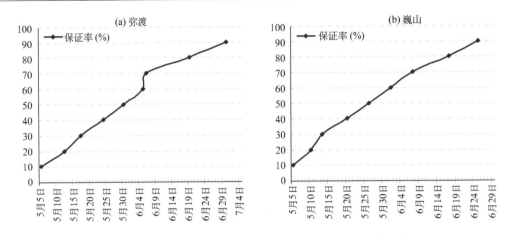

图 3.11　红河源流域特色优质烟区各县雨季开始期保证率曲线图

3.2.2　土　壤

　　红河源流域是大理州特色优质田烟主产区，仅含弥渡、巍山两个坝子，有耕地面积 18951 公顷，其中水田 15247 公顷，旱地 3706 公顷。以成土母质而言：紫色岩冲湖积母质发育的紫色土类（含紫泥田）占 82.8%，玄武岩和石灰岩风化发育而成红壤类（含红壤性水稻土）占 17.2%。以坝子划分：巍山坝子为紫色土区，有耕地 10620 公顷，其中紫色冲积性水稻土 6913 公顷，紫色旱地土 3707 公顷。弥渡坝子有耕地 9333 公顷，其中水田 8333 公顷，旱地 1000 公顷，坝子以毗雄河为界，大致毗雄河以西为紫色岩风化发育而成的紫色土区有紫色冲积性水稻土 4667 公顷，紫色（旱地）土 400 公顷，毗雄河以东为玄武岩和石灰岩风化发育而成红壤土区，有红壤性水稻土 3833 公顷，红壤旱地 600 公顷。

　　优点：一是土壤多由冲、湖积母质发育而成，土层深厚、矿质养分含量丰富，土壤熟化度高，土壤有机质 >2.5%，全氮大于 1.6%，速效氮含量 >150mg/kg，速效磷 >25mg/kg，有效钾 90~210mg/kg，中微量元素养分含量中等以上。二是除少量硝碱田外土壤多为微酸性（pH）6~6.5。三是农田水利设施基本配套，海拔在 1500~1700m 之间，光、热、水、土资源能满足优质烟栽培需求。

　　存在问题：一是土壤沿河呈地带性分布，沿河 50~100m 内土壤质地偏轻多为砂土和沙土田，保水保肥能力低，雨季易受洪涝影响；中间地带土壤质偏黏，多为鸡粪土和胶泥田，地势低易受涝渍危害；山脚地带紫色土多含砾石，石灰岩和玄武岩红壤区土壤质地黏重。二是安全水源不足，田地间灌排设施配套不完善，易受旱涝影响。三是田地间机耕道路不配套，不能满足机械化和产业化生产发展的要求。

　　改良建设措施：要结合坝区园田化建设实行土、水、田路综合治理。

　　（1）建设安全水源、配套完善田地间灌排沟渠，提高现有水源利用效率，根治旱涝危害，这是建设优质烟基地的关键所在。

（2）客土改良，对砂土掺黏土，黏土和胶泥田掺砂改良调节土壤质地，结合增施有机肥改良土壤结构，调节土壤通透性，提高土壤肥力。

（3）配套完善田间机耕道路、方便机械化作业，为促进规模化种植，发展现代烟草农业夯实基础。

（4）推广测土配方施肥和地膜覆盖栽培，对低钾沙土和缺磷红壤增施磷、钾肥和硼、锌、钼微量元素肥料，协调土壤肥、水、气、热，满足优质烟栽培需要。

3.2.3　植　被

红河源流域特色优质烟区以弥渡坝和巍山坝周围一线为主，森林植被以暖性针叶林为主，其间尚有暖性阔叶林，山上部还有少量温凉性针叶林，主要分布在海拔 2300～3000m 的山体上部。森林类型以华山松为主，但其面积甚小。暖性针叶林分布在海拔 1500～2800m 的山地，主要类型有云南松及云南油杉林。暖性阔叶林主要分布在海拔 1800～2800m 之间，森林类型有元江栲林、滇青冈林、高山栲林间尚有麻栎林、栓皮栎林、旱冬瓜林以及蓝桉林，竹林呈零星分散分布，以杜鹃属树种组成高山或亚高山灌木林，分布在海拔 2600m 以上，个别种则分布更低。经济林主要有核桃林、梨等。这一区域的特点是森林分布由坝区边缘起，由低到高森林逐渐增加，靠近坝区植被生长相对较差，蓝桉人工种植的比例较高，以高海拔地区云南松、华山松林为主的森林逐渐增加，生长相对较好，烟区主要集中在坝区和坝区周围低海拔区。

根据森林资源调查结果，红河源流域特色优质烟区林地总面积 92653 公顷，其中，有林地面积 72000 公顷（在有林地面积中，乔木林地面积 71987 公顷，竹林面积 13 公顷），疏林地面积 147 公顷，灌木林地面积 14620 公顷，未成林造林地面积 2813 公顷，苗圃地面积 6.7 公顷，无立木林地面积 693 公顷，宜林地面积 2373 公顷。该区活立木总蓄积量 277.96 万立方米，其中，乔木林地活立木蓄积量 272.83 万立方米，疏林地林木活立木蓄积量 0.12 万立方米，散生木活立木蓄积量 1.51 万立方米，四旁树活立木蓄积量 3.5 万立方米，林木优势树种蓄积净生长量 13.93 万立方米，净生长率 5.01%，全州森林覆盖率 48.3%，林木绿化率 62.5%。该区森林林木优势树种吸收二氧化碳 25.49 万吨，释放氧气 22.57 万吨，保持土壤 3296.24 万吨，碱解氮 1.19 万吨，速效磷 0.26 万吨，速效钾 1.59 万吨，蓄积雨水 8666.33 万吨，吸收二氧化硫 0.77 万吨。

由于这一区域森林覆盖率达到 48.3%，林木绿化率达到 62.5%，碳汇量、制氧量和吸尘降污染量都不低，环境质量好，空气粉尘含量低，透明度高，有利于光合作用，增加烟叶糖分积累，大大降低了极端高温，提高了极端低温，可使环境保持在植物（烟叶）生长的较好区域范围内，适合烟叶生长，给优质烟生产创造了有利的生态环境。

3.3　金沙江流域特色优质烟区

3.3.1　气象条件

金沙江流域特色优质烟区是以祥云县为代表的典型坝区，包括宾川县、鹤庆县的六合、黄坪、龙开口，是以坝区烤烟为主的23个乡镇。主要烤烟种植区海拔高度在1240～2003m之间。多年年平均气温在14.7～19.3℃之间；全年日照时数在1704.9～2681.2h之间，辐射总量4854.8～6498.5MJ/m²之间；年雨量在571.1～927.9mm之间（见表3.5、图3.12、图3.13、图3.14）。

表3.5　金沙江流域特色优质烟区历年平均气象资料

项目\地名	海拔（m）	年平均气温（℃）	最热月气温（℃）	日照（h）	辐射总量（MJ/m²）	雨量（mm）	无霜期（天）	≥10℃积温（℃·d）	≥10℃天数（天）	≥20℃天数（天）
祥云	2003	14.7	20.0	2475.1	6360.1	812.5	242	4467.6	262	18
宾川	1438	18.2	24.5	2670.3	6498.5	566.9	263	5957.4	304	121
六合	1870	15.0	21.1	1704.9	4854.8	927.9	235	4717.0	268	51
黄坪	1470	18.5	24.1	2473.4	5992.2	853.5	278	5932.0	311	115
龙开口	1240	19.3	24.7	2083.0	5442.7		303	6631.0	336	152

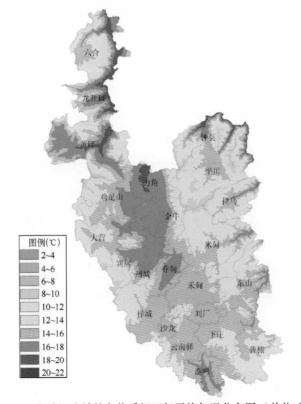

图3.12　金沙江流域特色优质烟区年平均气温分布图（单位：℃）

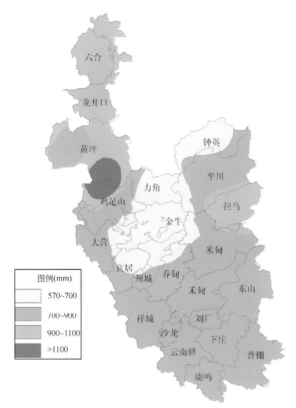

图 3.13　金沙江流域特色优质烟区年降雨量分布图（单位：mm）

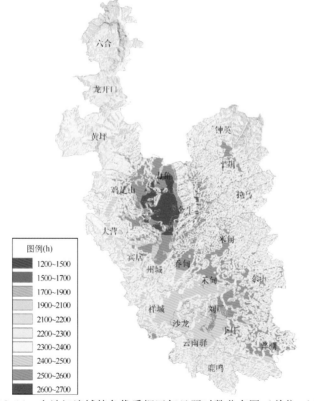

图 3.14　金沙江流域特色优质烟区年日照时数分布图（单位：h）

（1）有利的气象条件

金沙江流域特色优质烟区主要分布在海拔 2000m 以下的温热坝区（见表 3.5），这一区域介于中亚热带和北亚热带之间，年平均气温在 19.8℃ 以下，最热月平均气温在 20.0～24.7℃，全年无霜期日数为 235～303 天。全年降水量除少数乡镇在 900mm 以上外，多数乡镇在 571.1～853.5mm 之间。全年日照时数多数乡镇在 2083～2681.2h，太阳总辐射量多数乡镇在 5442.7～6498.5MJ/m² 之间。总的来说这一区域气候干热少雨，光照充足，烤烟生长前期雨量较少，进入旺长至成熟期雨量适中。生产的烟叶钾含量处于中等，化学成分总的来说比较协调，烟叶评吸质量较好，多为清香型，档次大都在较好以上，是较好的调味型主料烟区。今后可种植红大优质烤烟面积 2409 公顷，生产优质烟叶 5781 吨，可种植白肋烟面积 5813 公顷，生产烟叶 13951 吨，可种植云 87 烤烟面积 6006 公顷，生产烟叶 14414 吨。

①苗期

金沙江流域特色优质烟区苗期 3 月份平均气温都在 12.6℃ 以上（见表 3.6）。日平均气温稳定通过 10℃ 具有 80% 保证率的日期祥云县为 3 月 9 日，宾川县为 2 月 13 日，鹤庆县 3 月 19 日（见图 3.15）。各乡镇终霜期在 3 月 6—18 日。因此，烤烟育苗在 2 月下旬—3 月上旬，能避开重霜期。3—4 月总积温 870.7～1154.3℃·d，热量条件优越。月总日照时数在 340.7～504.8h 之间，光照条件好，白天温室内升温快，促使漂浮育苗的水温升高快，加之温室大棚能够有效地阻挡幼苗期较强的直射光，对幼苗生长极为有利。苗期多年平均降水量在 14.7～36.3mm 之间（见表 3.5）。因为是采用温室漂浮育苗，大棚多选择在有水源的地方，所以此时雨量多少对烤烟育苗影响不大。

表 3.6　金沙江流域特色优质烟区烤烟生育期气象资料

项目 地名	海拔 (m)	苗期(3—4月)					大田期(5—9月)				
		3月平均气温(℃)	4月平均气温(℃)	积温(℃·d)	日照(h)	雨量(mm)	积温(℃·d)	日照(h)	日照百分率(%)	雨量(mm)	雨季开始期(月.日)
祥云	2003	12.6	15.8	870.7	493.0	36.3	2907.4	856.2	45	629.5	6.3
宾川	1438	16.1	20.1	1089.8	504.8	14.7	3546.9	956.1	48	479.0	6.6
六合	1870	13.4	17.2	931.4	340.7	28.8	3097.7	488.7	36	743.5	6.7
黄坪	1470	17.3	20.6	1154.3	475.8	16.8	3574.9	808.6	36	740.8	6.7
龙开口	1240	17.2	20.5	1148.2	411.2		3648.2	682.7	36		6.7

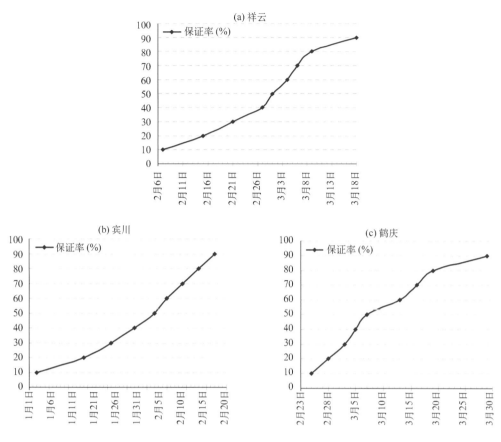

图 3.15　金沙江流域特色优质烟区各县日平均气温稳定通过 10℃ 日期保证率曲线图

②大田期

气温。金沙江流域特色优质烟区烤烟大田期（见表 3.6）多年平均积温在 2907.4 ~ 3648.2℃·d 之间，全年 ≥10℃ 积温在 4467.6 ~ 6631.0℃·d 之间（见表 3.5），平均初日为 2 月上旬—2 月下旬，终日为 11 月中、下旬，≥10℃ 积温天数在 262 ~ 336 天之间，烟株生长和烟叶成熟期日平均气温 ≥20℃ 天数祥云县及鹤庆的六合乡在 18 ~ 51 天，其余各乡镇都在 115 ~ 152 天，热量条件极为有利。虽然祥云及六合乡日平均气温 ≥20℃ 天数少一点，生产上采取适时早栽、地膜覆盖栽培等措施，能有效提高烤烟根系的土壤温度，使其正常生长，仍能培育出优质烟叶。

光照。金沙江流域特色优质烟区大田生育期间日照时数除鹤庆县的六合乡为 488.7h 外，其余都在 682.7 ~ 956.1h 之间。日照百分率大于 36%，多数乡镇大于 45%，充足的光照有利于烤烟有机质的合成，极有利于特色优质烟叶的生长发育。

降水。金沙江流域特色优质烟区大田期年平均降水量在 479.0 ~ 743.5mm 之间，雨季开始期多年平均在 6 月 3—7 日。有利方面是正常年景烤烟生长前期降水量较少，利于根系生长，旺长至成熟期雨量适宜，利于培育优质烟叶。不利方面是雨季开始期偏迟，雨量波动幅度大，干旱严重的年份，对烤烟生长极为不利，烟水工程建设显得极为重要。由于雨量偏少，洪涝灾害发生几率小。

（2）不利的气象条件

金沙江流域特色优质烟区总体上光、温条件较为有利于特色优质烤烟的生长发育。不利的气候条件主要是雨季开始期偏迟，年际之间雨量波动幅度较大，干旱年份对烤烟生长极为不利。雨季开始期具有80%保证率的日期祥云县为6月17日，宾川县为6月19日，鹤庆县是6月18日（见图3.16）。多数乡镇烤烟生长期雨量偏少，如宾川县1982年雨量仅有304.4mm，从旱情概率分布情况看，宾川县春旱（2—4月）最为严重，发生概率为65%，平均1.5年一遇；初夏干旱（5—6月）发生概率为46%，为2.2年一遇。祥云县春旱发生概率为46%，为2.2年一遇，初夏旱发生概率为35%，为2.9年一遇，发生概率比其他区域大。如1982年祥云县1—10月降水仅为508.4mm，造成全县8000公顷水稻受灾，烤烟因旱受虫灾2867公顷。

另外，祥云县烤烟生长期也时有遭受育苗期低温和成熟采烤期低温危害。该区大风、冰雹灾害也时有发生，如1987年8月22日，祥云米甸局部冰雹洪灾，烤烟、玉米受灾79公顷；1988年9月20日宾川甸尾至金甸包括2个乡18个村持续降雹12分钟，烤烟243.3公顷受灾；2000年7月15—16日、20—23日，祥云普棚、禾甸、马街受冰雹、大风袭击，915.2公顷烤烟受灾。生产上应采取抗旱、人工防雹、人工增雨等相应措施，确保烤烟优质稳产。

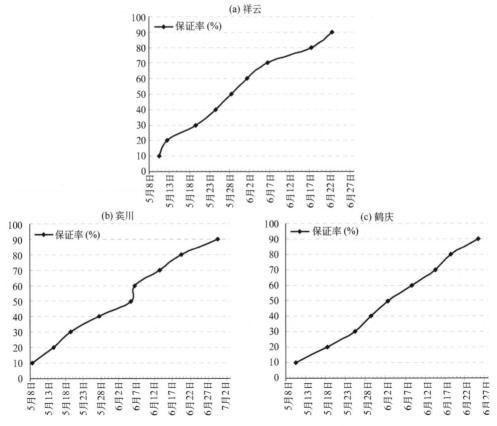

图3.16 金沙江流域特色优质烟区各县雨季开始期保证率曲线图

3.3.2　土　壤

金沙江流域具有独特的干热气候环境和适宜种植烤烟的红壤资源,既是大理州的优质烟主产区,也是特色白肋香料烟基地所在区域。有耕地资源 81747 公顷,常用耕地 77153 公顷,其中水田 37580 公顷,旱地 39573 公顷。以土壤类型而言:红壤 25867 公顷,占耕地面积的 31.6%,集中分布在坝区边缘、金沙江河谷区,具有干、黏、板的特点;紫色土 6980公顷,占耕地面积的 8.5%,多分布在祥云县的鹿鸣、东山、普棚和宾川县的平川、拉乌一线;水稻土 37580 公顷,占耕地面积的 46%,90% 集中分布在祥云、宾川两县坝区,10%分布在鹤庆县的金沙江河谷区的黄坪、龙开口 2 个乡镇。其中水改旱适宜种烟的淹育型和潴育型水稻土有 18727 公顷,占水稻土面积的 49.7%。

优点:一是适宜种植烤烟的土壤资源丰富,有 51573 公顷。二是土层深厚,保水保肥性强,光热资源充足,潜在肥力高。三是耕作层土壤中微量元素钙含量丰富,镁、硫含量适中,锌、硼含量较低,适宜烤烟种植。四是老烟区烟水工程基本配套,有 3.3 万公顷适宜优质烟栽培。

限制因素:一是干旱缺水,有效灌溉水资源不足。二是土壤有机质含量偏低,质地黏重通透差。三是部分旱地耕作层浅,速效氮偏低,有效磷、钾不足,有效锌、硼缺乏。

改良措施:围绕协调土壤水、肥、气、热,为优质烟栽培创造稳、匀、足、适的土壤肥力环境。

(1) 依托洱海大型灌区建设,增加有效灌溉水源,配套完善田地间灌排设施和推广烤烟膜下滴灌节水技术,增强抗御旱灾能力。

(2) 增施有机肥、客土改良土壤质地,结合深耕加厚耕作层。

(3) 对低肥力种烟坡耕地进行土地平整和配套烟水工程与地力培肥适应现代烟草农业发展的需要。

(4) 推广测土配方施肥,合理施用氮肥,适量补施磷、钾肥和锌、硼微量元素肥料,协调土壤供肥能力,满足优质烟栽培的营养需求。

3.3.3　植　被

金沙江流域特色优质烟区森林植被主要以暖性针叶林为主,其间有暖性阔叶林、暖性竹林,山体上部还有少量温凉性针叶林,在海拔 1500~2800m 的山地分布,主要类型有云南松及云南油杉林。在 1100~2800m 山地间的阴坡、沟谷主要分布暖性阔叶林,其山顶部或山体上部阳坡地段则有温凉性针叶林分布,少数山体的上部还分布有温凉性针叶林、温凉性阔叶林和寒温性针叶林片段,在海拔 2300~3000m 的山体上部,森林类型以华山松为主,但其面积甚小。海拔 2600m 以上为由杜鹃属树种组成亚高山灌木林,而在海拔 1500m 以下的河谷多为稀树草坡和零星分布的暖性竹林。海拔在 1600～2000m 的森林植被以云南松为主，因气候干燥，降雨量相对较少，云南松林分质量相对较差，扭曲云南松或地盘松占的比例大。

云南松是这一区域最主要的用材树种，也是主要的针叶林，耐旱耐瘠薄，分布最广，海拔 1200～3100m 之间均有分布，林木组成单纯，林相整齐，为典型的单层林，天然更新能力强，能飞籽成林，林分疏密度小，单位面积蓄积量不高，0～10 年的幼林期生长缓慢，以后逐年加快，40 年后生长迅速递减。主要的森林类型有云南松纯林、云南松—栎类混交林、华山松—云南松林、云南松—旱冬瓜林、云南油杉—云南松林。华山松在这一区域主要分布在海拔 2500m 以上，其天然更新的能力差，林分结构简单，以人工林为主。经济林主要有核桃林、柑橘为主。

根据森林资源调查结果，金沙江流域特色优质烟区林地总面积 41.53 万公顷，其中，有林地面积 30.49 万公顷（在有林地面积中，乔木林地面积 30.48 万公顷，竹林面积 80 公顷），疏林地面积 2000 公顷，灌木林地面积 8.82 万公顷，未成林造林地面积 8973 公顷，苗圃地面积 27 公顷，无立木林地面积 3920 公顷，宜林地面积 1247 公顷。全区活立木总蓄积量 123.94 万立方米，林木优势树种蓄积净生长量 62.65 万立方米，净生长率 5.06%，森林覆盖率 52.4%，林木绿化率 65.5%，森林林木优势树种吸收二氧化碳 114.65 万吨，释放氧气 101.49 万吨，保持土壤 1344.47 万吨，碱解氮 5.42 万吨，速效磷 1.17 万吨，速效钾 7.2 万吨，蓄积雨水 39331.66 万吨，吸收二氧化硫 3.49 万吨。

这一区域烟林相间，森林覆盖率和林木绿化率超过 50%，碳汇量、制氧量和吸尘降污染量都较大，环境质量好，空气粉尘含量低，透明度高，森林覆盖率和林木绿化率高，给优质烟生产创造了有利的生态环境。

3.4 滨湖高原流域特色优质烟区

3.4.1 气象条件

滨湖高原流域特色优质烟区是以大理坝区田烟为主的典型特色优质烟区，包括洱源县、剑川县、鹤庆县西邑、松桂、云鹤、草海、金墩、辛屯共 32 个乡镇的坝区。主要烤烟种植区海拔高度 1870～2200m 之间（见表 3.7），年平均气温在 12.5～16.6℃之间，全年日照时数在 1704.9～2484.7h 之间，辐射总量 4854.8～6098.4MJ/m²，年雨量在 730.8～1188.5mm 之间（见图 3.17、图 3.18、图 3.19）。

表 3.7　滨湖高原流域特色优质烟区历年平均气象资料

项目 地名	海拔 （m）	年平均 气温 （℃）	最热月 气温 （℃）	日照 （h）	辐射 总量 （MJ/m²）	雨量 （mm）	无霜期 （天）	≥10℃ 积温 （℃·d）	≥10℃ 天数 （天）	≥20℃ 天数 （天）
大理	1990	14.9	20.2	2246.2	5875.8	1058.5	230	4560.8	268	20
剑川	2191	12.5	19.0	2299.2	6015.9	740.4	194	3484.5	214	7
牛街	2120	13.8	19.4			819.6	208	3958.0	241	11
双廊	1970	15.6	20.9	2484.7	6098.4	758.4	224	4414.0	257	34
上关	1970	15.6	20.9	2484.7	6098.4	1188.5	224	4414.0	257	34
凤羽	2200	14.1	20.0	2097.9	5481.4	1007.9	199	3715.0	232	2
茈碧湖	2090	13.9	19.4	2443.3	6056.3	762.4	211	4049.0	244	15
右所	1970	15.6	20.9	2484.7	6098.4	758.4	224	4414.0	257	34
三营	2110	13.8	19.8			730.8	209	3988.0	242	12
邓川	2000	15.6	20.9	2484.7	6098.4	824.0	221	4323.0	254	30
云鹤	2196	13.5	19.3	2320.6	5834.3	962.9	200	3727.0	233	13
西邑	1870	16.6	22.4	1704.9	4854.8	927.9	235	4717.0	268	50
草海	2196	13.5	19.3	2320.6	5834.3	962.9	200	3727.0	233	13
金墩	2100	13.5	19.3			996.3	210	4019.0	243	14
松桂	1920	15.0	21.6	2157.8	5491.3	1039.9	230	4566.0	263	42
辛屯	2197	13.5	19.3	2320.6	5834.3	962.9	200	3724.0	233	2

注：西邑镇用原北衙镇的资料，因西邑镇烤烟主要种植在北衙。

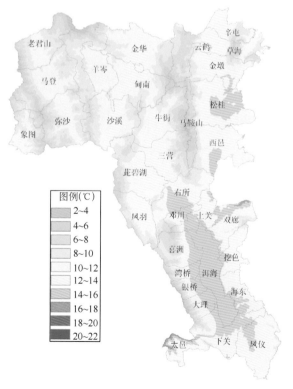

图 3.17　滨湖高原流域特色优质烟区年平均气温分布图（单位：℃）

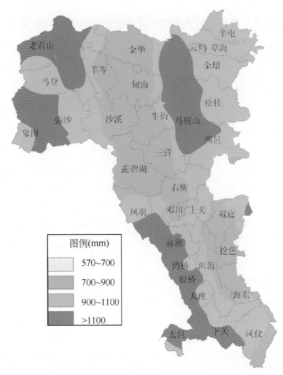

图 3.18　滨湖高原流域特色优质烟区年降雨量分布图（单位：mm）

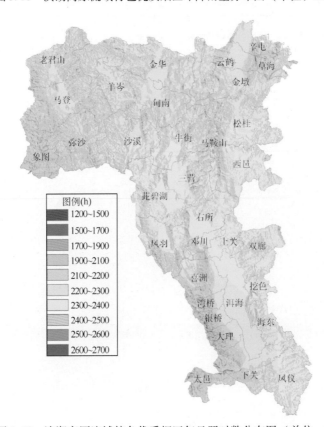

图 3.19　滨湖高原流域特色优质烟区年日照时数分布图（单位：h）

（1）有利的气象条件

滨湖高原流域特色优质烟区海拔多数乡镇在 1900～2200m（见表 3.7），田烟主要分布在 2000m 左右，地形平坦宽阔。这一区域主要属于暖温带，年平均气温多数乡镇在 13.5～15.6℃之间，最热月平均气温 19.0～22.4℃，多数乡镇在 20℃以上，全年日平均气温≥20℃天数多数乡镇在 20～50 天，全年无霜期日数为 194～235 天。全年日照时数多数乡镇在 2200h 以上，日照百分率为 52%～55%，辐射总量多数乡镇在 5481～6098MJ/m² 之间，年雨量多数乡镇在 819mm 以上。这一区域气候温暖湿润和温凉湿润，降水丰沛，日照充足。气温虽然略有偏低，但因日照时数多，光能资源丰富，光温互补，加之特色烤烟种植区土壤肥沃，耕作层土壤有机质含量高，水利条件好，生产技术含量高，利于培育优质烟叶。生产的烟叶品吸质量多属于中等，烟叶突出特点多为清香型，可作为卷烟原料中的主料烟使用。今后可种植红大烤烟面积 6406 公顷，生产优质烟叶 15373 吨，种植云 87、K326 烤烟面积 3487 公顷，生产烟叶 8368 吨。

①苗期

滨湖高原流域特色优质烟区烤烟育苗期是 3—4 月（见表 3.8），3 月平均气温除剑川县外多数乡镇都在 11.3℃以上，苗期积温在 660.3～974.3℃·d 之间。日平均气温稳定通过 10℃具有 80% 保证率的日期大理在 3 月 6 日，剑川在 4 月 8 日，洱源在 3 月 17 日（图 3.20）。多数乡镇终霜期在 3 月下旬—4 月上旬，无霜期为 194～235 天（见表 3.7）。日照时数在 340.7～588.1h 之间，多数乡镇在 421.5h 以上。采用温室漂浮育苗可在 2 月下旬—3 月上旬进行。因光照条件优越，白天充足的阳光使温室升温快，促使漂浮育苗的水温快速升高；夜间气温下降，温室内由于水的热容大，仍能保持较高的水温，因而仍能促进幼苗的正常生长；同时大棚又能有效地阻挡幼苗期较强的直射光，有利于培育出健壮的烟苗。

表 3.8　滨湖高原流域特色优质烟区烤烟生育期气象资料

项目　地名	海拔(m)	苗期(3—4 月)				大田期(5—9 月)			
		3 月平均气温(℃)	4 月平均气温(℃)	积温(℃·d)	日照(h)	雨量(mm)	积温(℃·d)	日照(h)	雨量(mm)	雨季开始期(月.日)
大理	1990	13.2	16.0	889.1	432.8	64.8	2944.2	783.9	802.9	6.3
剑川	2191	9.5	12.3	660.3	438.4	49.9	2720.3	741.2	605.9	6.5
牛街	2120	11.3	14.0	770.3	——	18.2	2837.1	——	712.2	6.5
双廊	1970	13.8	16.5	922.8	588.1	20.8	3051.3	739.7	620.7	6.5
上关	1970	13.8	16.5	922.8	588.1	35.1	3051.3	739.7	1004.4	6.5
凤羽	2200	11.8	14.3	794.8	471.8	90.9	2848.7	620.8	751.6	6.5
茈碧	2090	11.6	14.6	797.6	476.0	25.8	2843.4	823.0	632.9	6.5

续表

项　目　　　地　名	海拔（m）	苗期（3—4月）					大田期（5—9月）			
		3月平均气温（℃）	4月平均气温（℃）	积温（℃·d）	日照（h）	雨量（mm）	积温（℃·d）	日照（h）	雨量（mm）	雨季开始期（月.日）
右所	1970	13.8	16.5	922.8	588.1	20.8	3051.3	739.7	620.7	6.5
三营	2110	11.6	14.5	794.6	——	22.6	2864.7	——	602.4	6.5
邓川	2000	13.8	16.5	922.8	588.1	17.1	3051.3	739.7	696.3	6.5
云鹤	2196	11.4	14.3	782.4	460.1	18.7	2803.7	748.3	854.5	6.7
西邑	1870	14.3	17.7	974.3	340.7	28.8	3277.9	488.7	743.5	6.7
草海	2196	11.4	14.3	782.4	460.1	18.7	2803.7	748.3	854.5	6.7
金墩	2100	11.4		782.4	——	15.7	2803.7	——	877.0	6.7
松桂	1920	13.2	16.5	904.2	421.5	9.0	3043.5	669.1	923.3	6.7
辛屯	2197	11.4	14.3	782.4	460.1	18.7	2803.7	748.3	854.5	6.7

注：西邑镇用原北衙镇的资料，因西邑镇烤烟主要种植在北衙。

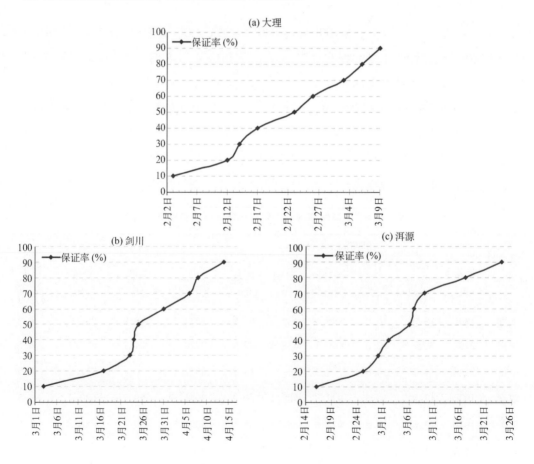

图 3.20　滨湖高原流域特色优质烟区各县日平均气温稳定通过 10℃ 日期保证率曲线图

②大田期

气温。滨湖高原流域特色优质烟区烤烟大田期（见表 3.8）多年平均积温在 2720.3～3051.3℃·d 之间,全年≥10℃积温 3484.5～4717.0℃·d（见表 3.7）,平均初日为 2 月下旬—3 月下旬,≥10℃积温天数在 214～268 天之间。烟株生长和烟叶成熟期日平均气温≥20℃天数多数乡镇都在 11～42 天。热量条件略有不足,充分利用 5—8 月"宝贵高温期",生产上采用适时早栽、地膜覆盖、早促早管等栽培措施,能有效提高烤烟根系的土壤温度,使其正常生长,利于培育优质烟叶。

光照。滨湖高原流域特色优质烟区大田生育期间日照时数除鹤庆县西邑镇为 488.7h 外,其余都在 620.8～823.0h 之间,多数乡镇大于 739.7h,日照百分率在 35%～41% 之间。充足的光照有利于烤烟有机质的合成,利于特色优质烟叶的生长发育。大田生长期虽然热量条件略有不足,但因光照充足,光温互补,加之地膜覆盖栽培提高了土壤温度,烤烟根系生长旺盛,促使地上部分植株健壮生长,对培育优质烟叶较为有利。

降水。滨湖高原流域特色优质烟区大田期多年平均降水量在 602.4～1004.4mm 之间,雨季开始期多年平均在 6 月 3—7 日,丰沛的降水量完全能满足烤烟的生长发育。虽雨季开始期略有偏迟,由于这一区域水利条件较好,移栽后通过浇灌能确保全苗,加之烤烟生长前期降水量适中,利于根系生长,旺长至成熟期雨量适宜,利于培育优质烟叶。

（2）不利的气象条件

滨湖高原流域特色优质烟区总体上光照和降水条件较为有利。不利的气候条件主要是烤烟生长期常有"两头低温"天气危害。即育苗期常有"倒春寒"天气,烤烟成熟期低温天气也时有发生。生产上要采取温室漂浮育苗,遇有倒春寒天气温室内还应采取保温措施,为了避开成熟期低温,应适时早栽,移栽时采用地膜覆盖栽培,早促早管等生产技术措施。

①"倒春寒":农业生产上一般认为日平均气温稳定通过 12℃,大春作物在露地才能安全育苗。如果日平均气温低于 12℃,大春粮食作物、烤烟等经济作物播种育苗就会造成烂种、烂芽、死苗现象。日平均气温稳定通过 12℃ 具有 80% 保证率的日期大理为 4 月 1 日,剑川为 4 月 27 日,洱源为 4 月 14 日,鹤庆为 4 月 14 日（见图 3.21）,都比较偏晚。大理州以 3 月份旬平均气温低于 11℃ 或最低气温在 0℃ 以下为"倒春寒"标准,大理州出现几率为 36%,平均约 2～3 年一遇。如 1996 年 3 月 25—29 日,由于受冷空气影响,大理、剑川、鹤庆、洱源等县（市）日平均气温连续 5 天小于 11℃,出现了严重的"倒春寒"天气,对烤烟育苗均有较大影响。

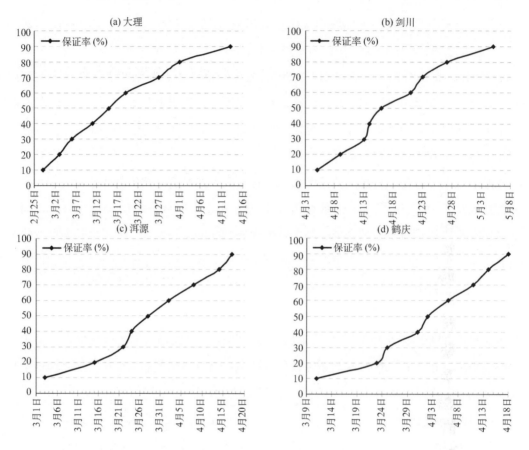

图 3.21 滨湖高原流域特色优质烟区各县日平均气温稳定通过 12℃日期保证率曲线图

②烤烟成熟期低温：指 8 月—9 月中旬，烤烟产量质量形成的关键期，出现较长时间的低温阴雨天气，日平均气温降至作物生长发育的临界温度以下，使作物受到伤害。烤烟在成熟期候平均气温低于 17℃时，植株的生长也会显著地受到阻碍，生育期延迟，成熟度差，甚至遭受低温冷害，并降低其对病害的抵抗能力。≥17℃终止日期稳定通过 80％的保证率大理为 8 月 24 日，剑川为 8 月 3 日，洱源为 8 月 23 日，鹤庆为 8 月 3 日（见图 3.22），这一区域≥17℃终止日期比其他地区出现得早。大理州把 8 月—9 月中旬候平均气温低于 17℃为烤烟成熟期的低温指标，经统计出现几率为 32％，大致 3 年一遇，这一区域出现烤烟成熟期低温的几率比其他地区高。另外，洪涝、冰雹、大风、干旱等灾害性天气也时有发生。生产上一定要不断总结经验，采取行之有效的措施，力争烤烟优质稳产。

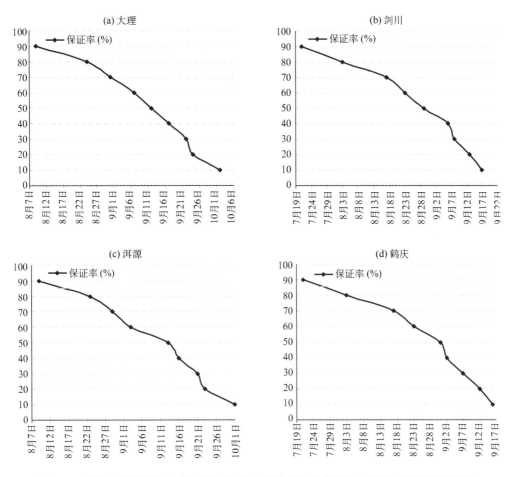

图 3.22　滨湖高原流域特色优质烟区各县日平均气温稳定通过 17℃ 终日保证率曲线图

3.4.2　土　壤

滨湖高原流域地处大理州中北部，现有耕地资源 8.43 万公顷，常用耕地 7.31 万公顷，其中水田 3.91 万公顷，旱地 3.40 万公顷。适宜种植烤烟的耕作土壤主要有红壤性水稻土 1.18 万公顷，红壤类旱作土 1.85 万公顷，集中分布在大理市海东、挖色、双廊，洱源县右所、三营、牛街、茈碧湖，剑川县甸南、金华，鹤庆县西邑、松桂、六合等乡镇。紫色土 6660 公顷，主要分布在大理市的西洱河以南，凤仪 320 国道以西和剑川县的沙溪、羊岑、象图、弥沙等地。

这一区域耕作土壤 pH 值 5.5 ~ 7.0，有机质 1.20% ~ 5.63%，全氮平均 > 0.2%，速效氮 60 ~ 280mg/kg，速效磷 17 ~ 58mg/kg，速效钾 28 ~ 199mg/kg，中微量元素钙、镁含量适中，有效锌、硼含量偏低。

存在问题：一是水改旱种烟水稻土地下水位高，易受涝渍危害，有效钾不足，缺锌面积大。二是红壤土瘦、黏、板，多属中低产田地。三是紫色土多为坡耕地，质地轻、肥力低，种烟前期发苗慢，后期脱肥突出。

改造措施：

（1）配套完善种烟田间灌排渠系和加强烤烟中后期中耕排水管理工作，防止涝渍危害。

（2）对低产红壤和紫色土进行增施有机肥和氮、磷、钾肥，结合深耕改良土壤结构培肥地力。

（3）合理施用氮、磷化肥，注重增施钾肥、补施锌、硼微量元素化肥，推广测土配方施肥和增温保墒地膜覆盖栽培技术，为烤烟栽培创造稳、匀、足、适的土壤水、肥、气、热环境条件。

（4）压缩高海拔次适宜区种植面积，加大适宜区宜种土类的规模化种植，确保特色优质烟区的产量和品质。

3.4.3　植　被

滨湖高原流域特色优质烟区植被以暖性针叶林为主，其间尚有暖性阔叶林、暖性竹林，山体上部还有少量温凉性针叶林，海拔 2000～2800m 主要分布的是暖性针叶林和暖性阔叶林，在其间的山地分布有小面积的温凉性针叶林和温凉性阔叶林；2300～3000m 的山体上部，森林类型以华山松为主，但其面积甚小；在海拔 2700m 以上则有寒温性针叶林、寒温性阔叶林以及寒温性竹林。以杜鹃属树种组成高山或亚高山灌木林，分布在海拔 2600～4000m，个别种则分布更低。以湖泊西部森林分布多，森林生长较好，树种以云南松、华山松和暖性阔叶林的栎类为主，东部森林分布少，生长相对差，以车桑子等灌木林为主。

根据森林资源调查结果，滨湖高原流域特色优质烟区林地总面积 46 万公顷，其中有林地面积 32.49 万公顷（在有林地面积中，乔木林地面积 32.49 万公顷，竹林面积 40 公顷），疏林地面积 2087 公顷，灌木林地面积 9.64 万公顷，未成林造林地面积 1.25 万公顷，苗圃地面积 40 公顷，无立木林地面积 9027 公顷，宜林地面积 1.5 万公顷。这一区域活立木总蓄积量 1654.85 万立方米，其中，乔木林地活立木蓄积量 1628.35 万立方米，疏林地林木活立木蓄积量 2.82 万立方米，散生木活立木蓄积量 5.91 万立方米，四旁树活立木蓄积量 17.77 万立方米，全区林木优势树种蓄积净生长量 72.16 万立方米，净生长率 4.36%，全区森林覆盖率 50.8%，林木绿化率 63.8%。全区森林林木优势树种吸收二氧化碳 132.05 万吨，释放氧气 116.90 万吨，保持土壤 1440.91 万吨，碱解氮 5.80 万吨，速效磷 1.25 万吨，速效钾 7.72 万吨，蓄积雨水 42153.07 万吨，吸收二氧化硫 3.74 万吨。

这一区域烟田主要集中在滨湖周围和部分山区乡镇，森林覆盖率和林木绿化率超过50%，碳汇量、制氧量和吸尘降污染量都较大，环境质量好，空气粉尘含量低，透明度高，有利于优质烟生产。

3.5　大理州发展特色优质烟区的水利条件

3.5.1　水利概况

大理州境内主要河流属金沙江、澜沧江、怒江、红河（元江）四大水系，有大小河流170 多条，呈羽状遍布全州。金沙江、澜沧江、怒江均发源于青海省经西藏流入云南过大理州境；红河发源于州境巍山（阳瓜江）。主要一、二级支流有漾濞江、顺漾河、西洱河、弥苴河、漾弓河、落漏河、泚江、银江、大西河、乐秋河、桑园河等 49 条。

湖泊主要分布在海拔 1900～2200m 的盆地内，有洱海、剑湖、茈碧湖、海西海、西湖、母屯海，还有在海拔 2800m 高山上凹地的云龙天池，均属淡水湖泊，这些湖泊兼备渔、航、电、灌、工业和生活供水之利，洱海是云南省第二大内陆淡水湖泊，素有"高原明珠"之称，为国家级重点风景名胜区之一。

全州水资源地表径流量 105.92 亿立方米，地下径流量 32.32 亿立方米，按照 2010 年人口计算，人均占有水量 3065 立方米，大理州自然降水时空分布不均，年际变化大，地区之间差异大，年内冬春少雨，夏秋多雨。

据 2009 年统计（见表 3.9），全州已建成中型水库 16 座，小型水库 415 座，其中小型（一）水库 53 座，小型（二）水库 362 座，坝塘 8486 座；引水工程 5756 件（见表 3.10）（其中 0.3 秒立方米以上的 271 件）；已配套机电井 1164 眼，装机容量 21.56 千千瓦，取水泵站工程处数 812，装机容量 57.6 千千瓦。有效灌溉面积 142.7 千公顷（见表 3.11）。其中境内东南部祥云、弥渡、宾川、巍山、南涧五县属历史重旱区，总人口 165.42 万人，耕地90.9 千公顷，灌溉需水量大而集中，蓄水工程分布最多，共分布中型水库 11 座，小（一）型水库 36 座，小型（二）水库 274 座，塘坝 7102 座，总库容 4.48 多亿立方米。五个县的水利建设情况是：

祥云县建成中型水库 5 座，小（一）型水库 11 座，小（二）型及以下库塘 2426 座，总库容 1.61 多亿立方米。2010 年由国家烟草专卖局（公司）投资 3.44 亿元，对祥云青海湖水库、品甸海水库、中河等骨干水源工程进行加固扩容，于 2011 年 4 月底完工投入使用，新增蓄水量 2400 万立方米以上，受益农田 2 万公顷，受益人口达 38 万人。

宾川县建成中型水库 3 座，小（一）型水库 10 座，小（二）型及以下库塘 870 座，总库容 1.56 亿立方米。宾川、炼洞、乔甸均有骨干蓄水工程分布。随着"引洱入宾"水利工程贯通及引水渠延伸，宾川水利条件得到明显改善。

弥渡县建成中型水库 1 座，小（一）型水库 9 座，小（二）型及以下库塘 874 座，总库容 6127 万立方米，蓄水工程掌控弥渡坝子工、农业及生活用水。

巍山县建成中型水库 2 座，小（一）型水库 3 座，小（二）型及以下库塘 3080 座，总库容 8952 万立方米，巍山坝子拥有全部骨干水库和大部小型蓄水工程。

南涧县建成小（一）型水库 3 座，小（二）型以下库塘 222 座，总库容 1100 万立方米。由于地形条件限制，南涧县小水窖、小水池等"五小"水利工程居多，效益较好，在 2010 年特大干旱中发挥了重要的作用。

北部大理市、洱源、剑川、鹤庆四县市，总人口 136.24 万人，耕地 66.32 千公顷，除剑川外，均为有十万亩以上连片耕地的坝区大县（市）。水资源丰富，水源较多，已建蓄水工程量次于东南部。区内共分布中型水库 4 座，小（一）型水库 13 座，小（二）型及以下库塘 1023 座，总库容 2.47 亿立方米。四个县（市）的水利建设情况是：

洱源县建成中型水库 2 座，小（一）型水库 1 座，小（二）型以下库塘 142 座，总库容 1.595 亿立方米。

剑川县建成中型水库 1 座，小（一）型水库 4 座，小（二）型以下库塘 407 座，总库容 2901 万立方米。

鹤庆县境内的鹤庆坝子，为全州七个十万亩以上坝子之一，为鹤庆县农业主产区，坝区周边"龙潭"水源多。黄坪坝子规模次之，水源中等。目前鹤庆县已建成中型水库 1 座，有小（一）型水库 5 座，小（二）型以下库塘 340 座，总库容 3660 万立方米，蓄水工程正处发展时期。

大理市的农田灌溉以引苍山溪水和洱海提灌为主，是州内水利条件较好的市。现仅有小（一）型水库 3 座，小（二）型以下库塘 134 座，总库容 2046 万立方米。

西部漾濞、永平、云龙三县为丰水区，均属山区县。总人口 49.14 万人，耕地 39.13 千公顷。农田以引灌、提灌为主，蓄灌为辅。建库受耕地分散零星及地形等条件制约，水库空白或甚少，共分布中型水库 1 座，小（一）型水库 4 座，小（二）型以下库塘 12 座，塘坝 435 座，总库容 2957 万立方米。三个县的水利建设情况是：

云龙县有中型水库 1 座（天池），小（一）型水库 1 座，小（二）型以下库塘 200 座，总库容 1486 万立方米。

永平有小（一）型水库 2 座，小（二）型以下库塘 156 座，总库容 1260 万立方米。

漾濞县有小（一）型水库 1 座，小（二）型以下库塘 91 座，总库容 211 万立方米，辅助引水、提水工程灌田。

全州水利工程分布不均，坝区分布多，山区分布少，州内东南部多，北部次之，西部最少。各县有效灌溉面积占其总耕地面积的比重，高低悬殊。所占比重最大的洱源县 90.7%，大理市 90.3%，鹤庆县 88.5%，祥云县 84.9%，弥渡县 82.6%，宾川县 78.9%，剑川县 73.0%，巍山县 71.6%，永平县 65.5%，漾濞县 63.3%，南涧县 56.9%，云龙县 38.1%。2009 年全州有效灌溉面积（142.7 千公顷）占总耕地面积（190.745 千公顷）的 74.8%。

总之，大理州水利化程度逐年改善，但地区之间不平衡，差异较大，灌溉工程亟待进一步发展。现有农田灌溉工程，抗灾能力不足，每当大雨、干旱年份，洪、旱灾害仍难遏制，早期兴建的工程渐趋老化，效益锐减。为满足大理州农业生产和工业需水要求，今后水利建设与管理任务仍然十分繁重。

表3.9　大理州水利工程设施能力统计表（水库）　　2009 年度统计资料

县（市）	已建成水库座数	中型水库	小型水库	小（一）型	小（二）型	已建成水库总库容能力（万立方米）	中型水库	小型水库	小（一）型	小（二）型	年设计供水（万立方米）	中型水库	小型水库	小（一）型	小（二）型
大理州	431	16	415	53	362	67748	43428	24320	16204	8116	52551	29466	23085	15243	7842
大理市	31		31	3	28	1826		1826	1151	675	1792		1792	1132	660
漾濞县	2		2	1	1	116		116	105	11	225		225	194	31
祥云县	143	5	138	11	127	14528	7672	6856	4147	2709	8910	4600	4310	2236	2074
宾川县	46	3	43	10	33	14617	11276	3341	2494	847	10695	8044	2651	1975	676
弥渡县	56	1	55	9	46	5043	1555	3488	2580	908	5042	1555	3487	2580	907
南涧县	7		7	3	4	966		966	886	80	870		870	805	65
巍山县	69	2	67	3	64	6636	3723	2913	1490	1423	6636	3723	2913	1490	1423
永平县	7		7	2	5	1105		1105	987	118	1012		1012	908	104
云龙县	8	1	7	1	6	1342	1090	252	108	144	708	514	194	101	93
洱源县	13	2	11	1	10	15903	15507	396	135	261	7579	7300	279	93	186
剑川县	18	1	17	4	13	2301	1065	1236	936	300	3041	1400	1641	1150	491
鹤庆县	31	1	30	5	25	3365	1540	1825	1185	640	6041	2330	3711	2579	1132

表3.10　大理州水利工程设施能力统计表（其他水利工程）

2009 年度统计资料

县（市）	塘坝座数	塘坝总库容（万立方米）	塘坝设计供水能力（万立方米）	引水工程处数	引水工程0.3方/秒以上	引水工程年设计供水能力（万立方米）	引水工程0.3方/秒以上	已配套机电井眼数	装机容量（千千瓦）	设计供水能力（万立方米）	取水泵站工程处数	取水泵站装机容量（千千瓦）	取水泵站设计供水能力（万立方米）
大理州	8486	7578	7578	5756	271	69005	23904	1164	21.56	3983	812	57.6	16845
大理市	106	220	220	149	27	4906	1600	36	0.60	85	120	20.1	10785
漾濞县	90	95	95	576	12	8191	3497				23	1.76	914
祥云县	2299	1529	1529	122	15	2895	2409	214	2.72	279	248	16.5	529
宾川县	743	955	955	94	45	10728	9158	417	5.45	2073	36	1.31	438
弥渡县	828	1084	1084	330	11	1584	500	266	3.71	617	43	1.23	100
南涧县	218	134	134	1231	16	6618	640	27	0.2			0.17	
巍山县	3016	2316	2316	426	18	3634	810	155	2.13	774	141	3.93	25
永平县	151	155	155	700	17	5025	399						
云龙县	194	144	144	1094	27	6548	456						
洱源县	132	51	51	578	14	7130	630	32	6.58	155	91	6.2	2404
剑川县	394	600	600	257	15	2846	520				38	1.53	700
鹤庆县	315	295	295	163	54	8900	3285	17	0.17		72	4.84	950

表3.11　大理州灌溉面积发展情况统计表（单位：千hm²）　2009 年度统计资料

县(市)	2009 年总耕地面积	有效灌溉面积	水田	水浇地	林地灌溉面积	园地灌溉面积	牧草地灌溉面积	其他灌溉面积	有效实灌面积	旱涝保收面积	机电排灌面积	有效灌溉 %
大理州	190.745	142.70	89.80	52.90	0.58	2.57	0.19	1.11	123.81	79.82	26.33	74.8
大理市	12.614	11.39	9.64	1.57	0.06	0.43		0.03	11.17	10.56	8.14	90.3
漾濞县	7.798	4.94	1.89	3.05	0.42	0.08			3.99	1.92	0.32	63.3
祥云县	20.965	17.79	10.46	7.33		0.01			12.51	7.31	3.48	84.9
宾川县	24.486	19.33	13.78	5.55					17.03	7.78	3.00	78.9
弥渡县	14.78	12.21	6.89	5.32	0.05	0.01		0.65	11.42	6.74	1.94	82.6
南涧县	14.086	8.01	1.61	6.40					5.46	3.45	0.04	56.9
巍山县	19.021	13.61	9.69	3.92					11.98	9.43	3.20	71.6
永平县	13.091	8.58	3.71	4.87		0.01	0.08		8.12	4.79		65.5
云龙县	16.023	6.11	4.24	1.87		0.16	0.04		5.80	3.74		38.1
洱源县	18.234	16.53	10.65	5.88		1.39	0.07	0.43	15.1	10.88	4.10	90.7
剑川县	13.197	9.64	7.02	2.62	0.01	0.25			8.66	5.75	0.70	73.0
鹤庆县	16.45	14.56	10.22	4.34	0.04	0.23			12.57	7.47	1.41	88.5

3.5.2　烟水工程

大理州烟水工程建设，多年来得到省、州党委、政府高度重视，1978 年大理州政府就成立了烟水办。

1988—2004 年全州累计投入烟水工程建设资金 3.1 亿元，建成小水窖 53285 个，水池 22449 个，工程 4398 件，其中硬化沟渠 678.08 万米，埋设塑料管 1310.70 万米，架设钢管 53.32 万米，建库塘 433.89 万立方米，抽水站装机 4691.64 千瓦，受益面积 21313.3 公顷。

2005—2009 年国家烟草专卖局加大对烟叶生产基础设施建设投入的第一个五年规划里，全州共投入烟叶生产基础设施（烟水、机耕路、烤房等）建设资金 79741.57 万元，其中国家烟草专卖局补贴 2969.67 万元，地方烟草公司补贴 22119.55 万元，政府投入和烟农投劳折资 23095.46 万元，烟水、机耕路工程投资 60088.82 万元，其中国家烟草专卖局补贴 22119.55 万元，地方烟草公司补贴 19616.78 万元，政府投入和烟农投劳折资 18352.49 万元，建成烟水工程 107045 件。其中标准化小水窖 104885 个，沟渠 1275 条，总长 1297.24 千米，水池 727 个，容量 165918 立方米，管网 115 件，管长 1805.99 千米，泵站 4 个，机井 5 眼，倒虹吸 4 件，小坝塘整治 30 件，机耕路 199 条，长度 149.84 千米。累计受益农户 1.74 万户，受益面积 6786.7 公顷。

这一时期的烟水工程建设在全州全面铺开，不仅为烟农解决了"种烟难"的问题，还改善了烟区的生产生活条件，成为解决"三农"问题、建设社会主义新农村的重要"推手"，实现了烟农多年、甚至是跨世纪的梦想，彰显"利国惠民、至爱大成"的核心价值理念。如投资 835 万元、总长 34.6 千米的宾川中英朵背箐大沟，被宾川人称之为"宾川的红旗渠"，实现了当地几代人的夙愿。

2010 年大理州按照"整体规划、系统设计、综合配套、分布实施、创新发展"的原则，加强建设项目落实，从科学性和实用性出发，实施过程中对部分项目进行了变更。全年共投入烟叶生产基础设施（烟水、机耕路、烤房等）建设资金 26371.7572 万元，其中申请国家烟草专卖局补贴 15288.3495 万元，地方烟草部门补贴 10192.233 万元，烟农及政府投入 891.1748 万元。建成烟水工程 833 件，其中沟渠 604 条，总长 291.95 千米；水池 206 个，容量 33404 立方米；管网 12 件，管长 750.06 千米，小坝塘整治 11 件，容量 22740 立方米，受益面积 10420 公顷。2010 年底祥云县青海湖水库改造工程立项，为大理州历史上水库建设投资最大的一个项目。

3.6　综　述

（1）由上述分析可见，大理州四个特色优质烟区生态条件都适宜产优质烟叶。澜沧江流域为山地烟，土壤含钾量高，土质疏松，森林覆盖率高，阳光充足而和煦，气温适宜，雨量丰沛，是红大优质烟叶的主产区。红河源流域以温热坝区田烟为主，光、热资源充足，雨热同季，降水利用率高，土壤矿物质丰富，熟化度高，栽培的红大烤烟株高叶大，是产量质量较高的红大烟叶生产基地。金沙江流域气候干热少雨，光照充足，烤烟旺长至成熟期雨量适中，土壤保肥保水性强，有丰富的红壤和紫色土土壤资源，既是红大、云87等优质烟叶主产区，又是白肋烟生产基地。滨湖高原流域坝区田烟气候温和湿润，自然水资源条件好，光能资源丰富，光温互补，土壤肥沃，土质疏松，有机质含量高，主要种植红大品种，其次是云87、云85、K326优质烟叶。

（2）不利气象条件，澜沧江流域、红河源流域、金沙江流域3个烟区主要是初夏干旱，其次是洪涝、冰雹、大风等灾害性天气，其中，金沙江流域初夏干旱更为严重一些。滨湖高原流域主要是"两头低温"天气对烤烟生长发育影响较大。

（3）针对各烟区生态特点及主要气象灾害，提出了不同的主要生产管理措施，以利更加种植好各特色优质烟区优质烤烟，为进一步发展大理州特色优质烟叶打好基础（见表3.12）。

表 3.12　大理州四大特色优质烟区生态特点及主要生产措施

项目	澜沧江流域特色优质烟区	红河源流域特色优质烟区	金沙江流域特色优质烟区	滨湖高原流域特色优质烟区
气候特点	具有典型的亚热带山地气候特征。无霜期长，热量丰富，雨热同季，降水利用率高。不利的是雨季开始期偏迟，初夏干旱较重。	烟区主要分布在海拔1770m以下，以田烟为主，地形平坦宽阔。热量丰富，光能资源充足，冬干夏雨，降水利用率高。不利的是雨季开始期偏迟，初夏干旱明显；洪涝灾害常造成局部地区烤烟受害。	烟区主要分布在海拔2000m以下的温热坝区。气候干热少雨，光照充足。烤烟生长前期雨量较少，进入旺长至成熟期雨量适中。不利的是年平均降雨量偏少，初夏干旱发生几率比其他烟区大。	田烟主要分布在海拔2000～2200m左右，地形平坦宽阔。主要属于暖温带，气候温暖湿润和温凉湿润，降水丰沛，日照充足。加之生产技术含量高，利于培育优质烟叶。不利的是常有"两头低温"危害。
土壤植被	紫色土、红黄壤；森林覆盖率和林木绿化率高，碳汇量和制氧量都较大，环境质量好，空气透明度高，空气、土壤无污染，是天然的生态烟区。	紫色土（含紫色冲积性水稻土）、红壤土（含红壤性水稻土），土层深厚、矿质养分含量丰富，土壤熟化度高；森林覆盖率和绿化率较高，环境质量好。	红壤、水稻土，土层深厚，保水保肥性强，潜在肥力高；森林覆盖率和林木绿化率均超过50%，空气透明度高，有利于光合作用和地面升温及散热。	红壤、红壤性水稻土、紫色土，土层深厚，土壤肥沃；森林覆盖率和林木绿化率均超过50%，环境质量好；水利条件好。
品种	红大　K326	红大	白肋烟　红大　云87	红大　云87＋K326
产量（吨）	26751　18426	13750	13951　25781　14414	15373　8368

续表

项目	澜沧江流域特色优质烟区	红河源流域特色优质烟区	金沙江流域特色优质烟区	滨湖高原流域特色优质烟区
品质特色	钾含量较高,烟叶的风格以清香型为主,可被用来做卷烟的高档原料。	烟叶化学成分比较协调,钾含量高,清香型特点突出。是高质量的优质主料烟产区。	烟叶钾含量处于中等,化学成分总的来说比较协调。烟叶评吸质量较好,多为清香型,档次大都在较好以上,是较好的调味型主料烟区。	烟叶评吸质量多属于中等,烟叶突出特点多为清香型,可作为卷烟原料中的主料烟使用。
主要气象灾害	初夏干旱较重	初夏干旱、洪涝	初夏干旱发生频率比其他烟区高,诱发虫害。	育苗期"倒春寒"天气和成熟期低温
主要生产措施	加强以小水窖为主的山区水源建设,确保移栽及保苗用水;等高线开墒,减少水土流失,改善土壤墒情,充分发挥肥效;以施有机肥为主;山地种烟区尽量选择在海拔2000m以下地区。	加强水利设施建设;深沟高垄,切实做到长田短墒,以利排水;控制含氮肥料施用量,增施钾肥和有机肥,合理施用镁肥。	完善田地间排灌设施和推广烤烟膜下滴灌节水技术,增强抗御旱灾能力。加强病虫害防御。增施有机肥、改良土壤,培肥地力;防止含氮肥料施用过量,适当增施磷、钾肥。	遇有"倒春寒"天气,棚内应采取保温措施;适时早栽,适时揭地膜,促其早熟,力争避过后期低温。严格控制含氮肥料施用量和提早追肥,增施磷、钾肥。

第 4 章　大理州烤烟产量质量与气候

大理州从 1947 年开始种植烤烟，1952—1955 年州内仅有零星分散种植，1956 年祥云县发展烤烟生产，当年种植烤烟 3893 公顷，收购烟叶 1872.75 吨，1958—1960 年种植面积保持 2000 公顷左右，平均每亩产 30 ~ 50 千克；1962—1974 年种植面积仅在 480 ~ 2146.7 公顷之间，烟叶收购量仅 485.4 ~ 3009.9 吨；1975—1983 年全州种植面积从 3240 公顷增加到 5593.1 公顷，收购量从 5081.25 吨增加到 12646.6 吨。1984—1997 年，种植面积从 6533.3 公顷扩大到 40600 公顷，烟叶收购量从 28500 吨增加到 96850 吨。自实行国家"双控"政策以来，1998—2003 年全州种烟面积稳定在 24666.7 公顷左右。到 2010 年，全州种植烤烟 36141.5 公顷，收购烟叶 81680 吨。

烤烟是叶用经济作物，优质适产才能获得显著的经济效益。中上等烟叶特别是上等烟叶所占的比例高低是衡量烟叶品质优劣的重要指标。

大理州烤烟的品质与产量一样，随着生产条件的不断改善、科学种烟水平的不断提高、良种的推广应用以及烘烤技术的改进，中上等烟叶的比例有了很大的提高。根据已有资料统计，全州烤烟质量中上等烟比例从 1979 年的 45.12% 提高到 2009 年的 85.63%。

4.1　大理州烤烟生育期气象条件

大理州的烤烟主要种植在海拔 1200 ~ 2200m 的地带。其中澜沧江流域特色优质烟区海拔在 1460 ~ 2060m 之间，以山地烟区为主，大面积种植多在 1900m 以下；红河源流域特色优质烟区多数乡镇海拔在 1670 ~ 1770m 之间，以田烟为主，多种植在 1700m 左右；金沙江流域特色优质烟区海拔在 1200 ~ 2003m 之间，烟区主要分布在 2000m 以下的温热坝区；滨湖高原流域特色优质烟区海拔在 1870 ~ 2200m 之间，以田烟为主，多分布在 2000m 左右。全州常年多在 2 月下旬—3 月上旬播种，4 月下旬—5 月中旬移栽，5 月底—6 月上旬进入旺长期，7 月下旬—8 月上旬开始成熟采烤，多数地区在 9 月下旬采烤结束。各烟区根据热量条件播种 ~ 成熟采烤日期略有出入。烤烟苗期一般在 60 ~ 70 天，大田期 120 ~ 130 天，全生育期 190 ~ 200 天。各特色优质烟区因温度的高低有所不同，烤烟的生育期长短也有所差异，温度高的生育期相对短些，温度低的生育期相对要长一些。

从全州四个特色优质烟区烤烟生长期多年光、温、水各月变化图可知（图 4.1 ~ 4.4），大理州烤烟从播种到采烤完毕，经历春、夏、秋三个季节的气候变化，四个特色优质烟区共同的特点是：气温从低到高又逐渐降低，降水由少到多又减少，日照时数由多到少又增多。

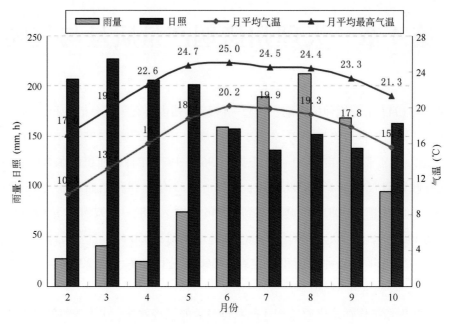

图4.1　滨湖高原流域大理市历年平均各月雨量、日照、气温变化图

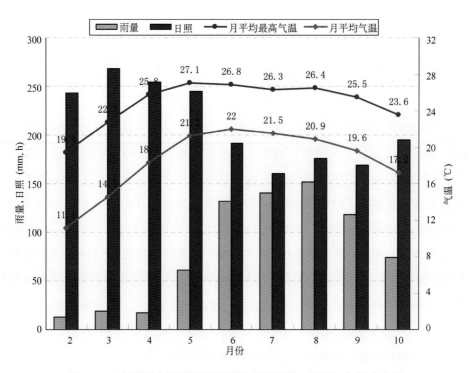

图4.2　红河源流域弥渡县历年平均各月雨量、日照、气温变化图

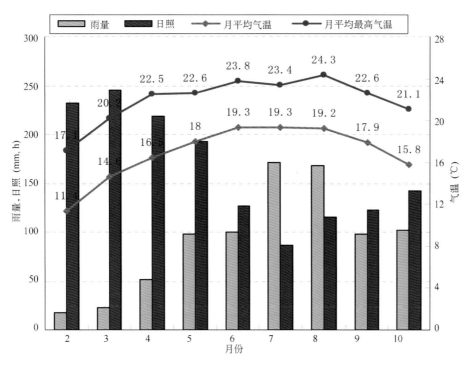

图 4.3 澜沧江流域南涧县宝华镇历年平均各月雨量、日照、气温变化图

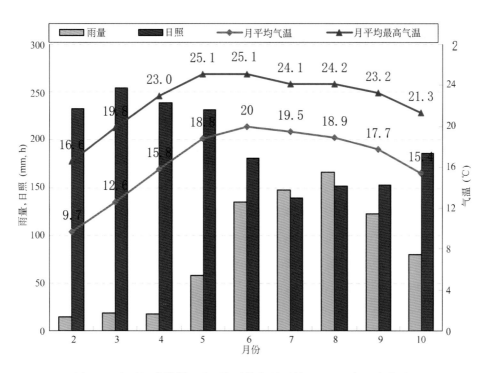

图 4.4 金沙江流域祥云县历年平均各月雨量、日照、气温变化图

4.1.1　苗　期

烤烟育苗期正是全州春季少雨时期，常年 3—4 月总雨量不足 100mm。各特色优质烟区 2—3 月升温较快，3 月份气温澜沧江流域特色优质烟区南涧县的宝华镇由 2 月份的 11.4℃ 上升到 14.6℃，红河源流域特色优质烟区弥渡县由 2 月份的 11.1℃ 上升到 14.5℃，金沙江流域特色优质烟区祥云县由 2 月份的 9.7℃ 上升到 12.6℃，滨湖高原流域特色优质烟区大理市由 2 月份的 10.3℃ 上升到 13.2℃，各月的日照时数均在 200 小时以上。降水少，由于采用温室漂浮育苗，多选择在有水源的地方，光、温条件优越，对培育优质烟苗极为有利。

4.1.2　移栽至团棵期

全州烤烟移栽至团棵期多在 5—6 月，此期光、温条件好，影响较大的是降水状况。因常年雨季在 5 月底—6 月上旬才开始，烤烟移栽多数年份处于干季，必须浇水保苗，加之雨季开始期年际变化很大，有的年份最迟到 7 月中、下旬才开始。为了避免这一弊端，夺取烤烟优质高产，搞好烟水配套工程建设极为重要。

4.1.3　旺长至现蕾期

烤烟旺长至现蕾期（7 月）是需水量最多的时期，大理州常年此期雨季已经开始，各特色优质烟区雨量多在 130mm 以上。如澜沧江流域特色优质烟区南涧县的宝华镇为 170.7mm，红河源流域特色优质烟区弥渡县为 140.2mm，金沙江流域特色优质烟区祥云县为 147.8mm，滨湖高原流域特色优质烟区大理市为 189.2mm，完全可满足烤烟生长发育对水分的要求。此期也是大理州的相对高温时段，各特色优质烟区多数乡镇日平均气温都在 19.0℃ 以上，平均最高气温在 23℃ 以上，如澜沧江流域特色优质烟区南涧县的宝华镇此期月平均气温为 19.3℃，月平均最高气温为 23.4℃；红河源流域特色优质烟区弥渡县月平均气温为 21.5℃，月平均最高气温为 26.3℃；金沙江流域特色优质烟区祥云县月平均气温为 19.5℃，月平均最高气温为 24.1℃；滨湖高原流域特色优质烟区大理市月平均气温为 19.9℃，月平均最高气温为 24.5℃，属于烤烟最适宜的温度范围。此期由于降水日数增多，日照时数有所减少，但正常年份平均每天也在 5h 以上，加之高温时期的光温互补性，仍能满足烤烟旺长的需求。此期温度变化平稳，光合生长期长，加之雨热同季，正好满足了烤烟旺长期对光、温、水的需求，烟株生长旺盛，营养体丰满，是培育优质烟叶的有利条件。

4.1.4　成熟采烤期

大理州烤烟进入成熟采烤期（8—9 月），8—9 月平均气温南涧宝华分别为 19.2、17.9℃，弥渡分别为 20.9、19.6℃，祥云分别为 18.9、17.7℃，大理分别为 19.3、17.8℃。

表4.1　大理州四个特色优质烟区代表点烤烟生育期气象条件一览表（单位：气温℃，雨量 mm，日照 h）

地区	要素	2月			3月			4月			5月			6月			7月			8月			9月		
		上	中	下	上	中	下	上	中	下	上	中	下	上	中	下	上	中	下	上	中	下	上	中	下
宝华	气温	10.3	11.2	13.0	13.1	15.2	15.4	15.8	16.7	17.0	17.0	18.1	19.0	19.2	19.3	19.5	19.3	19.6	18.9	19.4	19.3	19.0	18.3	17.6	17.8
	雨量	7.5	7.4	2.5	9.4	1.6	11.4	12.7	18.7	20.2	9.9	60.7	26.9	24.4	41.4	34.7	29.3	70.8	69.8	57.2	57.1	53.8	29.7	34.4	33.6
	日照	75.8	82.1	74.5	81.9	86.1	77.1	70.2	74.6	73.9	76.6	43.0	72.9	50.1	40.2	36.3	29.6	25.9	31.7	38.0	37.1	40.8	37.9	42.1	42.9
弥渡	气温	10.3	11.3	12.0	13.0	14.7	15.8	17.1	18.3	19.5	20.3	21.1	22.0	21.9	22.0	22.1	22.0	21.4	21.2	21.2	20.9	20.6	20.2	19.7	18.9
	雨量	4.8	3.3	4.8	6.9	4.0	7.8	5.0	5.4	7.1	8.9	21.3	31.1	42.3	46.7	42.3	35.2	47.3	57.7	51.6	50.1	50.3	47.7	35.8	34.5
	日照	83.9	87.2	71.9	86.9	89.7	91.7	85.8	83.7	85.0	80.4	79.0	85.5	68.7	63.9	58.3	56.6	50.1	53.6	61.3	56.1	58.8	46.3	44.1	44.5
祥云	气温	8.9	9.8	10.6	11.3	12.9	13.6	14.7	15.8	17.0	17.7	18.8	19.9	19.8	20.1	20.2	20.1	19.5	19.1	19.2	19.0	18.7	18.3	17.8	16.9
	雨量	5.5	3.2	5.5	6.2	4.2	8.4	5.8	6.2	5.5	9.9	21.7	26.3	36.5	50.8	47.6	34.1	49.7	64.0	53.0	53.1	59.9	48.7	33.3	41.0
	日照	80.2	83.6	68.6	82.9	85.0	86.5	80.5	78.0	80.2	75.8	75.5	80.5	64.5	60.9	55.0	51.0	43.1	43.2	53.2	47.5	51.1	58.9	55.6	54.4
大理	气温	9.5	10.4	11.3	12.0	13.5	14.2	15.2	15.9	16.9	17.5	18.6	19.8	19.9	20.2	20.4	20.4	19.7	19.6	19.6	19.3	19.0	18.5	17.9	17.0
	雨量	9.9	8.9	8.9	12.6	10.4	17.1	7.2	9.4	8.1	13.6	29.1	31.8	47.0	59.9	52.0	43.1	68.4	77.7	75.6	66.2	70.5	57.0	57.9	53.2
	日照	71.8	73.7	61.4	74.3	76.4	76.6	69.4	67.9	68.2	65.4	64.9	70.8	54.8	52.4	50.0	46.7	42.5	46.6	54.6	46.7	50.2	48.1	45.6	44.5
节令		立春、雨水			惊蛰、春分			清明、谷雨			立夏、小满			芒种、夏至			小暑、大暑			立秋、处暑			白露、秋分		
生育期		播种			出苗、小十字			成苗			移栽			团棵旺长期			始花、下部叶成熟			成熟			后期成熟		
有利气象条件		1. 极端最低气温不低于-1℃；有适量降水。 2. 日平均气温稳定通过10~12℃。			1. 无大范围低温霜冻，有适量降水。 2. 日平均气温稳定通过10~12℃。			1. 日平均气温高于12℃。 2. 日照充足，空气湿润，有适量降水。			1. 天气晴朗，日照充足； 2. 日平均气温稳定通过15℃； 3. 各旬有适量降水，雨季开始正常。			1. 雨量充沛，日照充足；气温偏高。			1. 高温、高湿、日照充足； 2. 平均气温20℃以上； 3. 雨量适中，分布均匀。			1. 日照充足，雨量适中，多阵性降水； 2. 日平均气温高于18℃； 3. 最低气温高于15℃。			1. 天气晴朗，日照充足。 2. 雨量适中，无洪涝灾害。		
不利气象条件		1. 最低气温低于-1.5℃的重霜冻； 2. 雪灾。			1. 雪灾，极端最低气温低于-1.5℃； 2. 下旬有倒春寒天气。			1. 日平均气温低于12℃，有倒春寒； 2. 高温干旱。			1. 初夏干旱。			1. 低温阴雨，光照不足； 2. 干旱。			1. 低温寡照，持续大雨，有洪涝灾害； 2. 病虫害发生蔓延。			1. 低温阴雨，光照不足； 2. 连续5日以上气温低于17℃。			1. 候平均气温持续低于17℃； 2. 持续阴雨； 3. 洪涝。		
应注意的气象灾害		霜冻、雪灾			晚霜冻、倒春寒			倒春寒、干旱			干旱			大（暴）雨、洪涝、干旱			持续大（暴）雨、洪涝、大风、冰雹			低温阴雨、洪涝、大风、冰雹			连阴雨、洪涝、大风、冰雹		
生产管理		播种育苗，采用塑料大棚、漂浮育苗。			做好棚内幼苗管理，中午注意通风降温，夜间注意棚内保温，防止霜冻。			做好棚内幼苗管理，中午注意通风降温，科学剪叶。			做好烤烟移栽准备工作，施足底肥，开畦起垄，采用地膜覆盖栽培，浇足定根水。			视苗情状况及时浇水，及时防治病虫害。			做好田间管理工作，及时防治病虫害、摘除花蕾，脚水、开沟排水防洪涝。			抓住晴好天气及时采收成熟烟叶。			抓住晴好天气及时采收成熟烟叶。		

雨量南涧宝华为 265.8mm，弥渡为 269.9mm，祥云为 288.9mm，大理市为 380.4mm。日照时数南涧宝华为 238.8h，弥渡为 344.9h，祥云为 304.7h，大理市为 289.8h。此期月平均气温从高逐渐降低，雨量从多到少变化，日照较为平稳，平均每天近 5h，正常年景均能满足烤烟正常成熟采烤。

4.2 烟叶产量丰歉年景的气象条件

4.2.1 大理州烤烟产量年际变化和年景划分

大理州烤烟单位面积产量的高低，受生产水平、栽培技术、良种推广、政策调控等诸多因素的综合影响。全州在 1985 年以前只有 4 个县种植烤烟，随着优良品种的推广、生产条件的改善和栽培管理技术的提高，1985 年以来多数县（市）都已种植烤烟。种植面积和产量都有逐年增加的趋势，1979 年全州种植面积 3586.4 公顷，平均单产仅 1920 千克/公顷，2010 年全州种植面积已达 36141.5 公顷，平均单产达 2265 千克/公顷。

为了便于分析和减少非气候因素的影响，利用 1985—2010 年全州烤烟单产（亩，下同）资料进行分析。虽然 1985—2000 年大理烤烟单产波动较大，但产量波动趋势在一条水平线上，2000—2010 年产量变化上升趋势明显，并呈直线上升趋势（如图 4.5、4.6）。为此将 1985—2000 年这 16 年烤烟单产的平均值（121 千克）来代表这一段时期的社会生产水平产量，各年实际单产与生产水平产量的差值，即为气候影响产量。如果烤烟单产高于 126 千克为丰年，低于 116 千克为歉年，则丰年有 1988、1991、1992、1997 年，歉年有 1985、1986、1994、1998、1999 年（见表 4.2）。将 2001—2010 年作直线回归处理得出方程式为 $y = 5.8061x - 11506$，由此得出 2001—2010 年趋势产量（见表 4.3），它与实产的差值即为气候产量。如果实际产量比趋势产量多 5 千克以上为丰产年，比趋势产量少 5 千克以上为歉产年，则丰产年有 2001、2009 年，歉产年有 2004、2010 年（见表 4.3）。

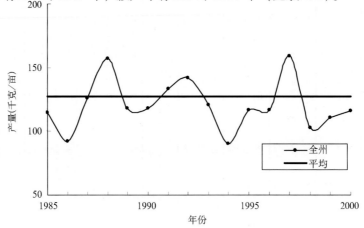

图 4.5 1985—2000 年大理州烤烟产量趋势图

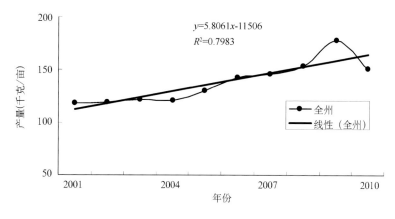

图 4.6　2001—2010 年大理州烤烟产量趋势图

表 4.2　1985—2000 年大理州烤烟产量年景划分表

年份	1985	1986	1987	1988	1989	1990	1991	1992
单产（千克/亩）	115	92	126	157	118	118	133	142
气候产量	−6	−29	5	36	−3	−3	12	21
年景	歉	歉	平	丰	平	平	丰	丰
年份	1993	1994	1995	1996	1997	1998	1999	2000
单产（千克/亩）	121	90	117	117	159	103	111	116
气候产量	0	−31	−4	−4	38	−18	−10	−5
年景	平	歉	平	平	丰	歉	歉	平

表 4.3　2001—2010 年大理州烤烟产量年景划分表

年份	2001	2002	2003	2004	2005	2006	2007	2008	2009	2010
单产（千克/亩）	116	119	122	121	130	143	146	154	178	151
趋势产量	112	118	124	129	135	141	147	153	158	164
气候产量	6	1	−2	−8	−5	2	−1	1	20	−13
年景	丰	平	平	歉	平	平	平	平	丰	歉

　　因为大理州烤烟总产量是由全州各县（市）构成，全州每年平均单产也是由各县（市）的平均单产均衡而定，把全州烤烟丰、歉年与各县（市）的丰、歉状况进行对比分析（见表 4.4），从表 4.4 可看出大多数县（市）丰、歉年与全州的情况基本一致，但也有一些年份出入较大。把丰（歉）年 ≥50% 的县（市）确定为丰（歉）年，则丰产年有 1988、1991、1992、1997、2009 年共 5 年，歉产年有 1985、1986、1994、1998、2010 年共 5 年，丰歉年各占 19%，平产年有 16 年，占 62%。

表 4.4　大理州各县（市）烤烟产量丰歉年统计表

全州	丰产年						歉产年						
	1988	1991	1992	1997	2001	2009	1985	1986	1994	1998	1999	2004	2010
大理	丰	丰	丰	丰	丰	丰	歉	歉	歉	丰	丰	歉	歉
漾濞				丰	丰	丰			歉	歉	歉	平	歉
祥云	丰	丰	丰	丰	歉	丰	歉	歉	丰	歉	歉	歉	歉
宾川	丰	丰	丰	丰	丰	丰	歉	歉	歉	丰	歉	平	歉
弥渡	丰	丰	丰	丰	丰	丰	歉	歉	歉	歉	歉	平	歉
南涧	丰	丰	丰	平	丰	丰	歉	歉	歉	歉	歉	歉	歉
巍山	丰	歉	丰	平	平	丰	平	歉	歉	平	平	歉	歉
永平	丰	丰	歉	丰	丰	丰	歉	歉	歉	歉	平	歉	歉
云龙				丰	歉	丰			歉	平	歉	歉	歉
洱源	丰	平		丰	平	丰	歉	歉	歉	歉	歉	平	歉
剑川			丰	丰	平	丰			歉	丰	歉	歉	歉
鹤庆	歉	平	平	丰	平	丰	丰		歉	歉	歉	歉	歉
丰歉（%）	89	67	80	100	42	100	78	100	92	50	33	42	100

备注：表中没有标丰歉的县为当年没有种植烤烟。

4.2.2　影响烤烟产量丰歉年景的气象条件

利用上述几个丰产年和歉产年与四大特色优质烟区代表县（市）的对应年份气象资料进行对比分析，结果表明大理州光温水气候条件对烤烟产量的丰歉影响较大。

（1）大田生长期积温对烤烟产量的影响。从表 4.5 可看出，烤烟大田生长期的积温丰产年和歉产年都比较多，但是从平均状况看丰产年积温没有歉产年多，丰产年积温平均偏多 26.0～129.3℃·d，歉产年积温平均偏多 41.8～167.3℃·d。这说明烤烟烟叶生长成熟需要有一定的积温，积温适当增多则烤烟大田期日平均气温适高，在其他条件满足的情况下生长健壮，易获得高产。但是积温过多，一方面说明烤烟大田期气温较高，烤烟生长快且成熟老化也快，不利于产量和质量的提高；另一方面光、温、水是相互制约的因子，气温过高的年份往往伴随干旱，特别是初夏干旱，高温伴随初夏干旱常常导致土壤蒸发大，失墒快，致使刚移栽的烤烟因缺水死亡或僵苗不长，已成活的烤烟因蒸发量大，水分不足导致叶片小而薄，成熟老化快，最终影响产量和质量。如南涧县宝华镇 2009 年烤烟移栽至团棵期 5 月、6

月平均气温分别比历年同期偏高 0.4、0.1℃，雨量分别为 94.3、112.5mm，与历年同期平均值相近，适宜的降水与适高的气温相配合，烤烟移栽后成活快，生长健壮，加之后期光温水适宜，最终获得了高产；而 2010 年 5 月、6 月平均气温分别比历年同期偏高 1.6、0.2℃，雨量分别为 31.6、40.7mm，分别比历年同期偏少 65.9mm、59.8mm，高温伴随严重的初夏干旱，烤烟移栽后成活生长缓慢，最终导致减产。

表 4.5　大理州烤烟产量丰、歉年大田期积温差异分析表（单位：℃·d）

丰歉	年份	大理		祥云		弥渡		南涧县宝华镇	
		5—9 月	与历年平均比	5—9 月	与历年平均比	5—9 月	与历年平均比	5—9 月	与历年平均比
丰产年	1988	2996.2	169.8	2953.0	48.8	3271.4	110.7	2946.7	94.1
	1991	2931.1	104.7	2925.1	20.9	3216.0	55.3	2879.4	26.8
	1992	2915.9	89.5	2878.5	−25.7	3191.0	30.3	2884.3	31.7
	1997	2855.8	29.4	2837.4	−66.8	3140.7	−20.0	2807.0	−45.6
	2009	3079.5	253.1	3057.0	152.8	3366.2	205.5	2925.4	72.8
	平均	2955.7	129.3	2930.2	26.0	3237.06	76.4	2888.56	36.0
歉产年	1985	2898.3	71.9	2871.2	−33.0	3158.7	−2.0	2773.2	−79.4
	1986	2954.7	128.3	2940.3	36.1	3237.4	76.7	2891.1	38.5
	1994	3017.1	190.7	2950.1	45.9	3262.4	101.7	2907.6	55.0
	1998	3000.5	174.1	2974.9	70.7	3274.9	114.2	2934.6	82.0
	2010	3097.8	271.4	3088.4	184.2	3406.3	245.8	2965.5	112.9
	平均	2993.7	167.3	2965.0	60.8	3268.0	107.3	2894.4	41.8

（2）降水量对产量的影响。从表 4.6 可以看出，烤烟丰歉年景在大田生长期的雨量也有明显差异。烤烟 5 个丰产年景中，1988、1992、1997 年 4 个县（市）在烤烟大田生长期雨量都是适当偏少，2009 年除大理市雨量适当偏多外，其他 3 个县都是雨量适当偏少。在 5 个减产年中，1985、1986 年 4 个县（市）都是降水偏多，1994 年除大理市雨量稍偏少外，其他 3 个县都是雨量偏多。由于烤烟主要是采收叶片的经济作物，产量的高低和质量的优劣都取决于叶片。而烤烟在生长过程中，根系的生长、植株的健壮与否对烟叶影响很大。大田期雨量适中，植株生长茂盛，叶片大而厚薄适中，烤烟易获丰产，质量也好。反之，烤烟在大田生长期中的雨量过多，常造成植株糟根，整株萎蔫，叶片发黄，叶片含水量重，降水冲刷使烟叶内在质量下降，难以烘烤，从而影响产量和质量。同时大田期降水偏多的年份往往洪涝灾害较多，如 1985 年全州先后有 11 个县（市）遭受严重的洪涝灾害，全州烤烟损失 1234 万千克；1986 年全州 11 个县遭受严重洪涝灾害，

属历史罕见，也是造成烤烟减产的主要原因。另外，在减产的 5 年中有 2 年（1998、2010 年）雨量较少，这 2 年主要是因多数乡镇初夏干旱严重，导致烤烟不能按时移栽，移栽后因较长时间土壤水分不足，导致团棵期根系发育弱，造成蹲塘不长，小老头和铁秆早花，并诱发多种病害。最终造成减产。

表 4.6　大理州烤烟产量丰、歉年大田期雨量差异分析表（单位：mm）

丰歉	年份	大理		祥云		弥渡		南涧县宝华镇	
		5—9 月	与历年平均比	5—9 月	与历年平均比	5—9 月	与历年平均比	5—9 月	与历年平均比
丰产年	1988	532.6	−270.3	383.2	−246.3	402.0	−201.3	450.1	−226.2
	1991	884.5	81.6	681.9	52.4	782.4	179.1	648.5	−27.8
	1992	517.3	−285.6	580.0	−49.5	463.3	−140.0	529.7	−146.6
	1997	740.7	−62.2	521.7	−107.8	507.8	−95.5	646.0	−30.3
	2009	926.4	123.5	595.2	−34.3	498.0	−105.3	573.9	−102.4
	平均	720.3	−82.6	552.4	−77.1	530.7	−72.6	569.6	−106.7
歉产年	1985	894.1	91.2	825.7	196.2	791.0	187.7	834.5	158.2
	1986	900.7	97.8	802.6	173.1	732.1	128.8	787.6	111.3
	1994	749.1	−53.8	702.3	72.8	679.5	76.2	828.4	152.1
	1998	686.6	−116.3	539.5	−90.0	444.7	−158.6	519.9	−156.4
	2010	588.7	−214.2	535.3	−94.2	656.0	52.7	546.9	−129.4
	平均	763.8	−39.1	681.1	51.6	660.7	57.4	703.5	27.2

（3）光照条件对产量的影响。从表 4.7 可以看出，烤烟丰歉年景在大田生长期的日照时数也有明显差异，特别是 5—6 月的日照时数影响较大。在 5 个丰产年中，大理市 4 年日照偏多，南涧宝华镇 5 年日照时数均偏多，祥云、弥渡有 3 年偏多，2009 年接近正常。在 5 个歉产年中，祥云、弥渡和南涧宝华日照时数有 3 年偏少，大理有 2 年偏少，其中 1998 年 4 个县（市）接近平均值，为正常。此期正是烤烟移栽至团棵旺长期，土壤水分适宜，日照充足的年份有利于烤烟根系生长，植株和叶片生长健壮，叶片多且大；反之，日照时数少，阴雨寡照天气多，土温低，不利于植株根系生长，植株矮小，叶片少而小，最终影响产量。歉产年中 1986 年日照偏多，1998 年为正常，这 2 年均伴随较为严重的初夏干旱。

表 4.7　大理州烤烟产量丰、歉年大田期日照时数差异分析表（单位：h）

丰歉	年份	大理		祥云		弥渡		南涧县宝华镇	
		5—6月	与历年平均比	5—6月	与历年平均比	5—6月	与历年平均比	5—6月	与历年平均比
丰产年	1988	397.2	38.9	445.1	32.9	439.1	2.9	365.4	46.5
	1991	302.6	−55.7	297.8	−114.4	408.1	−28.1	339.2	20.3
	1992	417.7	59.4	450.7	38.5	499.3	63.1	427.7	108.8
	1997	368.3	10.0	419.4	7.2	501.3	65.1	410.0	91.1
	2009	426.7	68.4	390.9	−21.3	435.1	−0.7	347.5	28.6
	平均	382.5	24.2	400.8	−11.4	456.7	20.5	378.0	59.1
歉产年	1985	306.0	−52.3	391.5	−20.7	402.2	−34.0	317.2	−1.7
	1986	504.9	146.6	547.0	134.8	543.8	107.6	457.4	138.5
	1994	390.1	31.8	328.6	−83.6	379.9	−56.3	309.9	−9.0
	1998	365.6	7.3	421.6	9.4	460.4	24.2	308.2	−10.7
	2010	299.8	−58.5	366.1	−46.1	420.0	−16.2	385.4	66.9
	平均	373.3	15.0	411.0	−1.2	441.3	5.1	355.7	36.8

（4）光、温、水资源对烤烟产量的综合影响。农业气候资源具有相互依存和相互制约以及不可替代性的特点。从上述分析中就可看出，烤烟也同其他农作物一样，光、温、水三要素之间相互配合与否，往往直接影响到烤烟的产量和质量。当烤烟大田生长期气温适当偏高，降水适中，移栽到团棵期日照充足，降水适宜的年份便获得高产。当大田生长期气温偏高，特别是移栽到团棵期气温偏高、降水偏少，日照偏多，初夏干旱较为严重的年份易造成减产。当大田生长期气温偏低，日照偏少，降水偏多，洪涝灾害频繁的年份易造成减产。

4.3　烟叶质量优劣年景的气象条件

4.3.1　优质烟叶对质量的要求

烟叶质量是一个复杂的综合性概念，是由多方面组成的，不能单纯强调某一方面而忽视其他方面。因此，评价烟叶质量既要分项目进行，又要综合平衡，既要定性又要定量，只有综合考虑才能找准各个质量方面的平衡协调关系，建立多元的量化的烟叶质量评价指标体系。

　　一般认为，优质烟外观特征指标要求烟叶成熟度好，颜色橘黄，光泽强，色度均匀，弹性好，油分足，组织结构疏松，水分适中。根据《云南省地方标准大理优质烤烟综合标准》（DB53/T251.1～36—2008）中的对优质烟叶质量要求规定，优质烤烟主要化学成分含量见表4.8。优质烟叶评吸指标要求烟叶香气质好，香气量足，杂气轻，浓度劲头适中，刺激性小，余味醇和舒适，燃烧性强，灰色白，烟叶的可用性和安全性强。

　　烟叶的外观质量、内在质量、化学成分、物理特性和安全性各种指标之间又是相互密切相关的，在常规的烤烟收购过程中，主要以烟叶的外观质量（包括形状、大小、部位、颜色、组织、油分、弹性、成熟度以及破损程度等）为评判依据，分为上、中、下三等来评判烟叶质量的优劣。一个地方烤烟的发展前景，很大程度上取决于所产烟叶的品质，上中等烟叶特别是上等烟叶所占的比例，是衡量烟叶品质优劣的重要指标。

表4.8　大理优质烤烟主要化学成分含量

部分	烟碱（%）	总糖（%）	还原糖（%）	K_2O（%）	总氮（%）	蛋白质（%）
上部叶	2.5～3.8	25～30	17～26	>1.5	1.8～2.2	6～10
中部叶	1.5～3.0	26～32	22～28	>1.8	1.5～1.8	6～10
下部叶	1.2～2.0	24～31	18～26	>1.8	1.5～1.8	6～10

部分	糖碱比	氮碱比	淀粉	两糖差	氯（%）
上部叶	6～10	0.6～0.7			
中部叶	8～12	0.7～0.8	≤4.0%	<5	0.3～0.8
下部叶	8～13	0.9～1.0			

4.3.2　大理四个特色优质烟区烟叶品质特征

　　针对大理州烟叶主产区烟叶质量和品质类型现状，按照品质区划的原则和要求，采用"自然生态类型＋品质优势共同点"的分析方法，大理州四个特色优质烤烟种植区的品质特征分析如下（见表4.9和表4.10）。

　　（1）澜沧江流域特色优质烟区烟叶质量

　　澜沧江流域特色优质烟区主要指南涧、永平、漾濞、云龙及弥渡、巍山的山区，是大理州烟叶的重点产区，同时也是烟叶质量最好的产区之一。烟叶外观多呈金黄色，油分足，色度强，身份适中；化学成分的综合结果表明，糖含量大多属于中糖，尤其是钾含量较高，中部烟叶的含量一般超过2%；烟叶的风格以清香型为主，质量档次大多属于较好～好，在卷烟生产上可被用来做高档原料。但个别地方烟叶淀粉和烟碱含量高。如南涧、永平，烟叶（见表4.9）钾含量在2.28%～2.46%之间，钾含量大于2%，为富钾优质烟区；总糖含量在26.26%～27.22%之间，接近适宜范围；烟碱含量在2.15%～3.45%之间，略有偏高；总氮含量在1.99%～2.18%之间；糖碱比在7.60～12.64之间，在适中到稍高之间。这一区域烟叶质量的提高可以开展以品种和施肥技术为重点的综合技术研究，合理调整烟叶碳氮代谢，在烟碱含量不超标的前提下，降低烟叶含糖量。南涧县要注意控制氮肥用量，降低个别乡镇烟叶烟碱含量。

表4.9 大理州各县烟叶主要化学成分平均值的比较

地点	总糖（%）	烟碱（%）	总氮（%）	氧化钾（%）	糖碱比	样品个数	年度
祥云	27.73	2.26	1.84	1.51	12.27	48	4
宾川	26.47	2.55	2.05	1.93	10.37	89	4
弥渡	28.24	2.47	1.94	1.98	11.42	38	3
南涧	26.26	3.45	2.18	2.28	7.60	42	3
巍山	28.63	2.83	2.02	1.85	10.13	90	5
永平	27.22	2.15	1.99	2.46	12.64	14	2
洱源	24.35	2.96	2.19	1.48	8.23	40	4
鹤庆	29.68	1.17	1.58	1.84	25.37	2	1
剑川	23.93	3.06	2.04	1.99	7.82	6	2
云龙	19.63	3.71	2.18	2.15	5.29	1	1
漾濞	23.58	2.62	2.20	2.73	8.99	7	2
大理	28.01	2.29	1.81	2.05	12.25	6	2

（2）红河源流域特色优质烟区烟叶质量

红河流域特色优质烟区主要指弥渡、巍山的坝区。这一区域烟叶化学成分比较协调，烟叶钾含量高，对烟叶品质的正效应贡献大，不足的是糖含量较高，个别地方烟叶淀粉和烟碱含量高。烟叶的清香型特点突出，质量档次大多为较好，部分属于中等，基本可以判定为高质量的优质主料烟产区。这一区域种植的烟叶含钾量在1.85%～1.98%之间，接近2%，钾含量适中；总糖含量在28.24%～28.63%之间，接近适宜范围；烟碱含量2.47%～2.83%之间，比较适中；总氮含量在1.94%～2.02%之间；糖碱比在10.13～11.42之间，在适中到稍高之间。提高烟叶质量的措施主要是合理调整烟叶碳氮代谢，在烟碱含量不超标的前提下，降低烟叶含糖量。改良土壤，增施有机肥，注意控制氮肥用量。在沙性大，淋溶强的地区，建议在试验的基础上，适当增加含氯肥料。

表4.10　大理州四个特色优质烟区烟叶品质特点

品质区域	分布区域	烟叶质量特点
澜沧江流域山地富钾特色优质主料烟区	南涧、云龙、永平、漾濞、弥渡、巍山的山区	烟叶外观多呈金黄色，油分足，色度强，身份适中；化学成分的综合结果表明，糖含量大多属于中糖，尤其是钾含量较高，中部烟叶的含量一般超过2%；烟叶的风格以清香型为主，质量档次大多属于较好或好，在卷烟生产上可被用来做高档原料。但个别地方烟叶淀粉和烟碱含量高。
红河源流域富钾优质主料烟区	弥渡、巍山的坝区	烟叶化学成分比较协调，烟叶钾含量高，对烟叶品质的正效应贡献大，但不足的是糖含量较高，个别地方烟叶淀粉和烟碱含量高。烟叶的清香型特点突出，质量档次大多为较好，部分属于中等，基本可以判定为高质量的优质主料烟产区。
金沙江流域优质主料烟区	温凉高原：祥云及宾川、鹤庆的部分区域	烟叶一般糖含量较高，钾含量处于中等或低，但中部叶不乏有个别超过2%的样品存在，化学成分总的来说比较协调。该区烟叶评吸质量较好，香型多为清香型，档次大都在较好以上，是较好的香味型主料。
	干热河谷：宾川的河谷及坝区乡镇	烟叶评吸质量较好，是较好的香味型主料。香型多为清香型。含糖量年度分布不均匀，有中糖含量的特征与潜力。钾含量由低到高均有分布，普遍表现为中钾、低钾，但有高钾的潜力，有的样品含量高达2.54%。
滨湖高原主料烟区	洱源、大理、剑川	烟叶含糖量较高，钾含量较低，评吸质量多属于中等，个别为较好，属于烟叶质量一般区，在全州内烟叶质量不占优势，但烟叶可作为卷烟原料中的主料烟使用。

（3）金沙江流域特色优质烟区烟叶质量

金沙江流域温凉高原特色优质烟区：主要是祥云县和宾川、鹤庆县的部分区域。烟叶一般糖含量较高，钾含量处于中等或低，但中部叶不乏有个别超过2%的样品存在，化学成分总的来说比较协调。这一区域种植的烟叶评吸质量较好，香型多为清香型，档次大都在较好以上，是较好的香味型主料。如祥云、鹤庆含钾量在1.51%～1.84%之间，相对偏低到适中；总糖含量在 27.73% ~ 29.68% 之间，接近适宜范围；烟碱含量 1.17% ~ 2.26% 之间，偏低到适中范围；总氮含量在 1.58% ~ 1.84% 之间；糖碱比在 12.27 ~ 25.37 之间，在稍高到偏高之间。在这一区域种植烟叶提高质量的措施主要是开展以品种和施肥技术为重点的综合技术研究，合理调整烟叶碳氮代谢，在烟碱含量不超标的前提下，降低烟叶含糖量，提高烟叶钾含量，降低上部叶片厚度。深化保护地栽培技术研究，采取措施促使烟苗前期早发。

金沙江流域干热河谷特色优质烟区：分布于金沙江低热河谷地带，烟区主要包括宾川坝区的全部和乔甸区。这一区域烟叶评吸质量较好，是较好的香味型主料，香型多为清香型。含糖量年度分布不均匀，有中糖含量的特征。钾含量由低到高均有分布，普遍表现为中钾低钾，但有高钾的潜力，有的样品含量高达 2.54%。化学成分分析烟叶钾含量平均为 1.93%，钾含量适中；总糖含量 26.47%，接近适宜范围；烟碱含量 2.55%，比较适中；总氮含量 2.05%；糖碱比 10.37，比较适中。提高烟叶质量的措施主要是合理调整烟叶碳氮代谢，在烟碱含量不超标的前提下，降低烟叶含糖量，提高烟叶钾含量，降低上部叶片厚度。

（4）滨湖高原特色优质烟区烟叶质量

滨湖高原特色优质烟区主要指大理、洱源、剑川，分析的样品主要来自洱源的双廊，邓川，大理的挖色。最突出的特点是烟叶含糖量较高，钾含量较低到适中，评吸质量多属于中等，个别为较好，属于烟叶质量一般区，但烟叶可作为卷烟原料中的主料烟使用。大理、洱源烟叶含钾量在 1.48% ~ 2.05% 之间，钾含量偏低到适中；总糖含量在 24.35% ~ 28.01% 之间，略有偏低；烟碱含量在 2.29% ~ 2.96% 之间，比较适中；总氮含量在 1.81% ~ 2.19% 之间；糖碱比在 8.23 ~ 12.25 之间，在适中到稍高之间。提高烟叶质量的措施主要是合理调整烟叶碳氮代谢，在烟碱含量不超标的前提下，降低含糖量。增施有机肥，改良土壤。

4.3.3　烟叶质量年际变化和优、低质年景划分

烟叶质量的年际变化除了受到品种、栽培措施、烟田等因素影响外还与气象条件有着密切的关系。随着烤烟政策和生产条件的不断改善，烤烟种植水平得到不断提高，烟叶质量有显著提高。进入 2000 年以后，烤烟种植水平趋于稳定，烟叶质量主要是受自然因素的影响，其中影响最大的就是气象条件。对上中等烟比例的历史数据进行气候质量趋势处理，剔除人为因素的影响后，就能较好地反映出气象条件对烟叶质量的影响。

同前面的产量分析一样，为了便于分析和减少非气候因素的影响，利用 1985—2010 年全州烤烟上中等烟叶比例资料进行分析。全州实际上中等烟叶比例变化如图 4.7 所示，从图上可以看出，全州上中等烟比例 1985—1990 年处于一个稳定水平，在 2000 年大幅升高后趋于稳定。全州上中等烟叶比例最低值为 1993 年的 61.99%，最高值为 2001 年的 94.45%。对 2000 年以前和 2000 年以后的上中等烟比例分别进行平均处理得到图 4.8 的趋势质量距平

值，把距平值大于6%的年份划分为优质年，距平值小于－6%的年份划分为低质年，则全州烟叶质量优质年有1988、1996、2000、2001年4年，占统计年份的15%；烟叶质量低质年有1986、1989、1993、1998、2009、2010年6年，占统计年份的23%。平年有16年，占62%。

图4.7　大理州上中等烟叶比例变化图

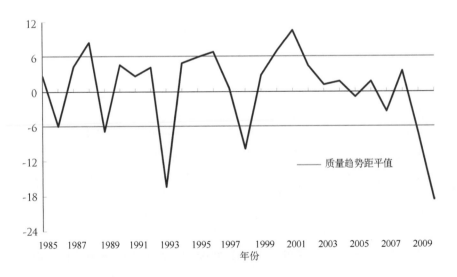

图4.8　大理州烟叶质量年景划分图

　　澜沧江流域特色优质烟区选取南涧为代表，南涧县实际上中等烟叶比例变化如图 4.9 所示。南涧县上中等烟叶比例 1985—2000 年处于一个相对稳定的水平，2001 年大幅升高后趋于稳定。南涧上中等烟叶比例最低值 1998 年为 61.29%，最高值 2001 年为 94.33%。对南涧县上中等烟叶比例进行质量趋势法处理得到图 4.10 的结果。烟叶质量优质年有 1988、1995、1996、2000、2001 年 5 年，占统计年份的 19%；烟叶质量低质年有 1989、1993、1998、2010 年 4 年，占统计年份的 15%。

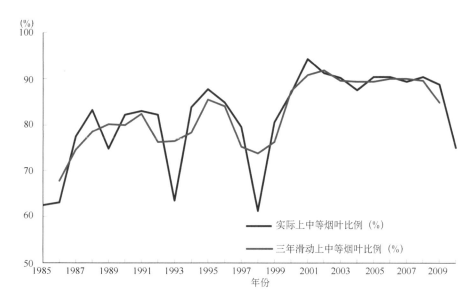

图 4.9　南涧县上中等烟叶比例变化图

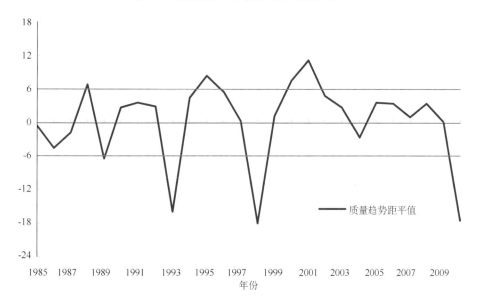

图 4.10　南涧县烟叶质量年景划分图

红河源流域特色优质烟区选取弥渡为代表，弥渡县实际上中等烟叶比例变化如图4.11所示，弥渡县上中等烟叶比例1985—1990年处于一个稳定水平，2000年大幅升高后趋于稳定。上中等烟叶比例1998年最低为58.44%，2000年最高为99.89%。对弥渡县上中等烟叶比例进行质量趋势法处理得到图4.12的结果：1988、1990、1995、1996、2000、2001年6年为烟叶质量优质年，占统计年份的23%；1986、1989、1993、1998、2005、2010年6年为烟叶质量低质年，占统计年份的23%。

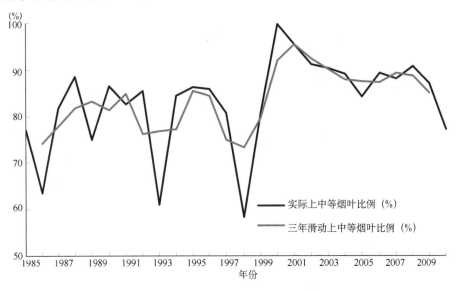

图4.11　弥渡县上中等烟叶比例变化图

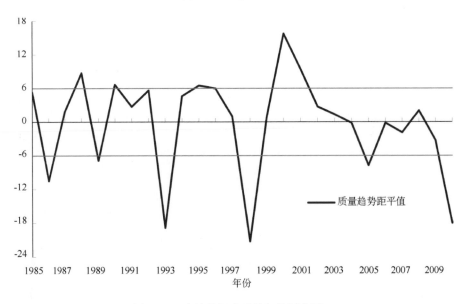

图4.12　弥渡县烟叶质量年景划分图

金沙江流域特色优质烟区选取祥云为代表，祥云县实际上中等烟叶比例变化如图4.13所示。祥云县上中等烟叶比例也是1985年到20世纪90年代末处于一个稳定水平，2000年大幅升高后趋于稳定。祥云上中等烟叶比例最低值为 1993 年 60.15%，最高值为 2000 年 99.61%。烟叶质量优质年、低质年分布如图 4.14 所示，1987、1988、1996、2000、2001、2004 年 6 年为烟叶质量优质年，占统计年份的 23%；1986、1989、1993、1998、2009、2010 年 6 年为烟叶质量低质年，占统计年份的 23%。

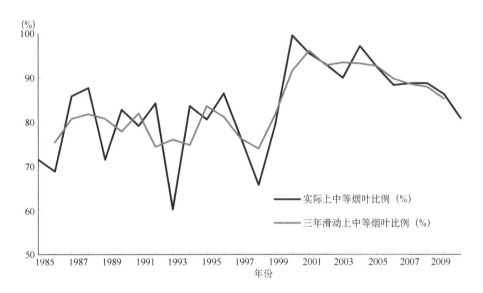

图 4.13　祥云县上中等烟叶比例变化图

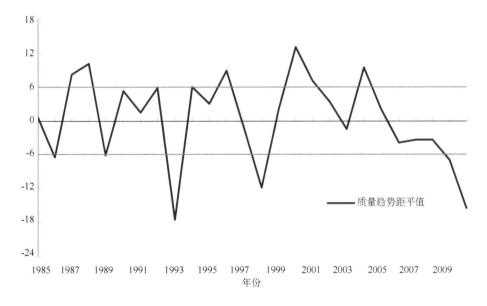

图 4.14　祥云县烟叶质量年景划分图

　　滨湖高原流域特色优质烟区选取大理为代表，大理市上中等烟叶比例变化如图 4.15 所示。大理上中等烟叶比例变化趋势和南涧一致，从 1985—2000 年处于一个相对稳定的水平，2001 年大幅升高后趋于稳定。最低值出现在 1989 年为 40.75%，这个值为 1985 年以来全州范围内出现的最小值，最高值出现在2001年为94.93%。烟叶质量优质年、低质年分布如图4.16所示，1988、1990、1994、1995、1996、2001、2008年7年为烟叶质量优质年，占统计年份的27%；1989、1993、1998、2003年4年为烟叶质量低质年，占统计年份的15%。

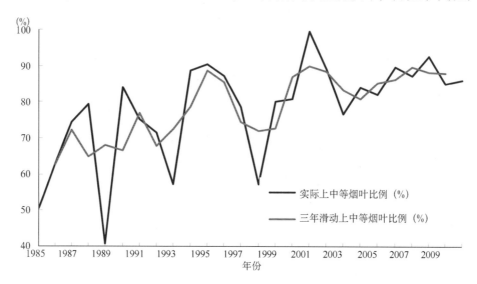

图4.15　大理市上中等烟叶比例变化图

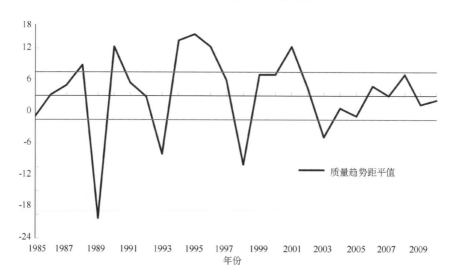

图4.16　大理市烟叶质量年景划分图

从以上分析可以看出，全州平均数据和4个代表站的上中等烟叶比例变化趋势基本一致。上中等烟叶比例全州平均和弥渡、祥云都是在1985—1999年处于一个稳定阶段，2000年上升后趋于稳定；南涧和大理在1985—2000年处于一个稳定阶段，2001年上升后趋于稳定。1985—2010年在所统计的代表站中祥云的上中等烟叶比例最高为83.3%，弥渡次之为83.1%，全州平均为82.9%，祥云和弥渡的比例高于全州平均值，南涧和大理的比例低于全州平均值，分别为81.7%、78.1%。比例低的原因主要是除受到气候环境因素的影响外，还受到生产技术和政策因素的影响。祥云和弥渡是大理传统的烤烟种植大县，1985 年以后烤烟种植技术和相关政策已经趋于成熟稳定，最近 10 年的统计数据祥云上中等烟叶比例依然最高为 90.1%，南涧次之为 88.7%，弥渡为 88.3%，大理为 87.2%。从以上数据看出在生产技术和相关政策趋于稳定后，南涧优质烟比例上升明显，近 10 年的上中等烟叶比例已经超越了弥渡，虽然大理仍然为最低的，但与祥云、弥渡的差距已经明显缩小。

　　各代表站及全州平均的优质、低质年分布见表 4.11、表 4.12。4 个代表站优质年和低质年的分布有很大的共性，也有一定的差异。1988、1996 和 2001 年全州平均和 4 个站全部都为优质年，2000 年除大理外都为优质年，全州平均和 4 个代表站上中等烟叶比例最高值都出现在 2000 和 2001 年，1988、1996、2000 和 2001 年是大理州典型的烟叶质量优质年。

表 4.11　大理州烟叶质量优质年统计表

优质年	1987	1988	1990	1994	1995	1996	2000	2001	2004	2008
全州		√				√	√	√		
南涧		√			√	√	√	√		
弥渡		√	√			√	√			
祥云	√	√				√			√	
大理		√	√	√		√		√		√

表 4.12　大理州烟叶质量低质年统计表

低质年	1986	1989	1993	1998	2003	2005	2009	2010
全州	√	√	√	√			√	√
南涧		√	√	√				√
弥渡	√	√	√	√		√		√
祥云	√	√	√	√		√		
大理		√	√	√	√			

　　低质年的分布相对较为集中，1989、1993、1998 年 4 个代表站和全州平均都为低质年，且偏低幅度很大，全州平均和 4 个代表站上中等烟叶比例最低值都出现在这 3 年。2010 年除大理外其余站点都为低质年，1989、1993、1998 和 2010 年是大理州典型的烟叶质量低质年。

4.3.4　影响烤烟优质、低质年景的气象条件

　　为进一步探讨气象因子对烤烟质量的影响，找出影响烤烟质量的关键气象因子，对各代表站优质年和低质年的气候条件进行详细分析，分析结果表明优质年和低质年的气候条件有

显著差异。南涧县由于其优质烟主产区宝华镇的气象条件与南涧县气象站的气象条件差异较大，所以在对南涧烟叶质量年景的气象条件分析时采用宝华气象哨资料。

（1）气温对烟叶质量的影响。表4.13统计了代表站优质年和低质年烤烟大田期的平均气温，从表中可以看出烤烟优质、低质年大田期的气温存在明显的差异。优质年大田期的气温低于多年平均值，低质年的大田期气温高于多年平均值。4个代表站的烤烟大田期平均气温在18.7～21℃，虽然与国内的大多数烤烟主产区相比气温较低，但仍能满足优质烟生产要求。即使是气温最低的宝华，大田期平均气温也与世界优质烟区巴西相近（偏低0.1℃），同时生产实践也证明气温较低的宝华非常适合于优质烟的种植。

表4.13 大理州烤烟优质、低质年景5—9月平均气温统计表（单位：℃）

优低质年	年份	南涧宝华		弥渡		祥云		大理	
		5—9月	与历年比	5—9月	与历年比	5—9月	与历年比	5—9月	与历年比
优质年	1988	19.3	+0.6	21.4	+0.3	19.3	+0.3	19.6	+0.4
	1996	18.4	-0.2	20.7	-0.3	18.6	-0.4	18.9	-0.2
	2000	18.1	-0.6	20.5	-0.5	18.7	-0.3	18.9	-0.3
	2001	18.1	-0.6	20.6	-0.4	18.5	-0.5	19.0	-0.2
	平均	18.5	-0.2	20.8	-0.2	18.8	-0.2	19.1	-0.1
低质年	1989	19.4	+0.7	21.2	+0.2	19.2	+0.2	19.4	+0.2
	1993	18.8	+0.1	21.0	-0.1	18.9	-0.1	19.1	-0.1
	1998	19.2	+0.5	21.4	+0.4	19.4	+0.5	19.6	+0.5
	2010	19.4	+0.7	22.2	+1.2	22.2	+3.2	22.2	+3.1
	平均	19.2	+0.5	21.5	+0.4	19.9	+0.9	20.1	+0.9

大田期气温偏高烟叶质量反而下降的原因主要是因为4个典型低质年的高温都伴随着严重的初夏干旱或盛夏干旱。严重的初夏干旱除了对烤烟移栽成活率和根系的生长发育有较大影响外，往往还推迟了烤烟的移栽，从而延后了烤烟生育期，这样在成熟后期容易遇到低温天气，影响烟叶质量。同时长期的干旱使得烟株木质化、发育快、生长慢，造成烤烟叶片短小、烟叶内在化学成分比例失衡，对烟叶质量有很大的影响。1988年属于典型的优质年，其大田期气温也明显偏高，6月—7月中旬雨量也偏少，但由于期间雨量分布均匀，没有出现严重的干旱，对烤烟质量影响不大。

烤烟优质年大田期气温适低，但不是特别明显，没有出现明显的低温冷害天气，如果气温偏低明显则对优质烟的形成不利。1993年大田期气温略低，但在8月底—9月上旬出现大范围的低温冷害天气，致使烟叶质量下降，是典型的低质年。大田期气温偏低的年份极少出现大范围的严重干旱,水分条件较好,对烤烟正常生长发育有利;同时气温略偏低、雨量充沛、光照和煦的温和气候对烟叶致香物质的积累和各化学成分的平衡很有利,十分有利于烤烟质量的提高。综合以上分析看出大理州烤烟大田期气温略低有利于烟叶质量提升,而气温过高往往伴随干旱,烟叶质量下降。

(2)降雨量对烟叶质量的影响。大田期降雨量对烤烟生长的影响除了直观的体现在自然降水能否满足烤烟生长的水分需求外,降雨还间接地通过影响气温、日照、相对湿度等气象因子来影响烤烟的生长发育。从表 4.14 和表 4.15 中可以看出烤烟移栽期至旺长期降雨量对烟叶质量的作用规律:5 月—6 月中旬优质年份的降雨量偏多,低质年份的降雨量偏少;6 月下旬—7 月则优质年份降雨量偏少,低质年份降雨量偏多;8 月以后降雨量的变化对烟叶质量的影响没有明显的规律性。

5 月—6 月中旬雨量偏多的年份烟叶质量较好,雨量偏少的年份烟叶质量较差。这主要是由于大理州雨季开始期的多年平均值为 6 月 3 日,初夏干旱的发生概率很大,由于春季是大理州典型的干季,春旱发生的概率极高,常年到烤烟移栽的时期,库塘、水窖蓄水已不是很充足,一旦发生严重的初夏干旱则对烤烟移栽有较大影响,同时对移栽后的烤烟生长发育不利,最终导致当年烟叶质量较差。而即使在雨量较多的年份,5 月—6 月中旬还属于汛前期,田间的土壤持水量较低,不易形成涝害,即使遇到强降水天气过程形成涝害的概率也较小,充沛的雨量对烤烟的生长发育有利。综合而言,大理州初夏充沛的降雨对烤烟烟叶质量的影响利大于弊。

表 4.14 大理州烤烟优质、低质年景 5—6 月中旬雨量统计表 (单位:mm)

优低质年	年份	南涧宝华		弥渡		祥云		大理	
		5 月—6 月中旬	与历年比	5 月—6 月中旬	与历年比	5 月—6 月中旬	与历年比	5 月—6 月中旬	与历年比
优质年	1988	100	-75	110	-41	69	-76	109	-73
	1996	223	+48	197	+46	162	+17	169	-12
	2000	252	+77	139	-12	121	-24	199	+17
	2001	350	+175	306	+155	325	+179	317	+135
	平均	231	+56	188	+37	169	+24	198	+17
低质年	1989	147	-28	173	+22	96	-49	91	-90
	1993	201	+26	143	-8	55	-91	97	-84
	1998	85	-90	91	-60	103	-42	185	+4
	2010	59	-116	37	-114	41	-104	74	-107
	平均	123	-52	111	-40	74	-72	112	-69

表 4.15　大理州烤烟优质、低质年景 6 月下旬—7 月下旬雨量统计表（单位：mm）

优低质年	年份	南涧宝华		弥渡		祥云		大理	
		6 月下旬—7 月	与历年比	6 月下旬—7 月	与历年比	6 月下旬—7 月	与历年比	6 月下旬—7 月	与历年比
优质年	1988	109	−95	100	−83	100	−95	123	−118
	1996	136	−68	108	−75	144	−51	257	+16
	2000	297	+93	268	+85	293	+98	322	+81
	2001	205	+1	243	+60	204	+9	279	+38
	平均	187	−17	180	−3	185	−10	245	+4
低质年	1989	206	+2	224	+41	218	+23	269	+28
	1993	125	−79	174	−9	175	−21	178	−64
	1998	305	+101	221	+38	294	+99	338	+97
	2010	259	+55	262	+79	203	+7	259	+17
	平均	224	+20	220	+37	222	+27	261	+20

　　6 月下旬—7 月雨量正常略少年份烟叶质量较好，雨量偏多的年份烟叶质量较差。6 月下旬—7 月烤烟正处于旺长期，烤烟生长需水量较大，如果降雨偏少，出现严重的盛夏干旱则会对烟叶质量有较大的负面影响，如 1993 年严重的盛夏干旱，导致当年烟叶质量严重下滑。但是 6 月下旬—7 月是大理州的主汛期，降雨充沛，大多数年份的自然降雨都能满足烤烟生长的水分需求，这一时期常年雨季已经开始一个多月，土壤持水量较高，降雨量偏多很容易形成涝害，涝害除了直接造成土壤氧气不足、地温下降外，往往还伴随着高湿、寡照的天气，导致烤烟根系发育不良、病害偏重发生，甚至脱肥烟叶发黄，最终导致烟叶质量下降。据研究烤烟处于旺长期叶片在 12～13 片时受涝对烤烟品质的影响最大，所以旺长期雨量偏多对烤烟质量的提高不利。反之在降雨正常略少的年份，既无涝害又无干旱发生则十分有利于烤烟旺长，对烟叶质量的提高有利。

　　8 月以后大理州烤烟进入成熟采烤期，这一时期的烤烟根系更加发达，抗旱、抗涝能力更强，对水分变化的响应没有旺长期敏感。

　　（3）相对湿度对烟叶质量的影响。相对湿度的大小主要与气温和降水有关，气温低、降水多则相对湿度大，气温高、降水少则相对湿度较小。相对湿度对烤烟质量的影响在 5 月—6 月中旬这段时间比较明显，从表 4.16 中可以看出优质年份 5 月—6 月中旬的相对湿度要大于常年，低质年份的相对湿度小于常年。这一时期相对湿度对烤烟质量的影响是气温和降雨对烤烟影响的综合反映，前面已经分析过这一时期气温适当低、多雨、湿度大的天气有利于刚移栽的烤烟成活，生长健壮，从而有利于提高烤烟质量；反之高温、少雨的天气不利于烤烟生长发育，不利于烤烟质量的提高。

表 4.16　大理州烤烟优质、低质年景 5 月—6 月中旬相对湿度统计表（单位：%）

优低质年	年份	南涧[*]		弥渡		祥云		大理	
		5 月—6 月中旬	与历年比	5 月—6 月中旬	与历年比	5 月—6 月中旬	与历年比	5 月—6 月中旬	与历年比
优质年	1988	70	0	66	+2	65	0	73	+5
	1996	73	+4	66	+2	67	+2	69	+1
	2000	77	+8	71	+7	71	+6	74	+5
	2001	81	+11	73	+9	76	+11	77	+9
	平均	75	+6	69	+5	70	+5	73	+5
低质年	1989	65	-5	61	-3	62	-3	66	-3
	1993	69	0	63	-1	65	0	67	-1
	1998	64	-6	60	-4	63	-2	69	0
	2010	65	-4	54	-9	57	-8	61	-7
	平均	66	-4	59	-4	62	-3	66	-3

[*] 因南涧县宝华镇无相对湿度资料，故用南涧县气象站的资料分析

（4）日照时数对烟叶质量的影响。表 4.17 统计了优质年和低质年烤烟移栽期（4 月下旬—5 月中旬）的日照时数，从表中可以看出烤烟移栽期优质年份的日照时数少于常年，而低质年份的日照时数多于常年。因为刚移栽的烟苗根系还不能正常吸收土壤水分以供给植株生长，较长时间的强日照使烟苗水分散失，造成植株萎蔫，难以成活。另外强日照往往伴随高温干旱天气，即使已成活的幼苗因水分不足也难以正常生长，最终影响产量和质量。所以

表 4.17　大理州烤烟优质、低质年景 4 月下旬—5 月中旬日照时数统计表（单位：h）

优低质年	年份	南涧宝华		弥渡		祥云		大理	
		4 月下旬—5 月中旬	与历年比	4 月下旬—5 月中旬	与历年比	4 月下旬—5 月中旬	与历年比	4 月下旬—5 月中旬	与历年比
优质年	1988	172	-36	185	-59	194	-38	157	-42
	1996	211	3	225	-19	222	-9	185	-13
	2000	174	-34	212	-32	194	-38	162	-36
	2001	158	-50	151	-93	152	-79	149	-50
	平均	179	-29	193	-51	191	-41	163	-35
低质年	1989	236	+28	260	+16	245	+13	200	+2
	1993	228	+20	257	+13	249	+17	211	+13
	1998	256	+48	309	+64	309	+78	270	+71
	2010	242	+34	257	+12	237	+5	191	-8
	平均	241	+33	271	+26	260	+28	218	+19

移栽期日照时数较常年适当偏少，雨量正常偏多的年份烟苗生长健壮，质量优；日照时数较常年偏多，雨量偏少，发生干旱的年份烟苗难以成活，已成活的烟苗也生长发育较差，常造成产量低，质量差。

表4.18统计了优质年和低质年烤烟成熟期（7月下旬—9月上旬）的日照时数，从中可以看出烤烟成熟期的日照时数优质年份基本属正常，低质年份则明显偏少。烤烟是喜光作物，要求充足而不强烈的光照，成熟采烤期是烟叶质量形成关键期，如果日照时数过少，就会对光合作用有较大影响，从而影响干物质的积累，对烟叶质量的提高不利。所以成熟采烤期时遮时射，阳光和煦，日照时数正常则有利于烟叶质量的提高。

表4.18　大理州烤烟优质、低质年景7月下旬—9月上旬日照时数统计表（单位：h）

优低质年	年份	南涧宝华		弥渡		祥云		大理	
		7月下旬—9月上旬	与历年比	7月下旬—9月上旬	与历年比	7月下旬—9月上旬	与历年比	7月下旬—9月上旬	与历年比
优质年	1988	184	−13	259	−29	270	+24	231	−15
	1996	239	+42	270	−19	235	−11	263	+17
	2000	205	+8	284	−5	216	−31	248	+2
	2001	221	+24	306	+17	254	+8	273	+27
	平均	212	+15	280	−9	244	−2	254	+8
低质年	1989	229	+32	285	−4	293	+47	206	−40
	1993	92	−105	131	−157	104	−142	115	−131
	1998	123	−74	271	−18	224	−22	191	−55
	2010	242	+45	302	+13	185	−61	186	−60
	平均	172	−26	247	−41	202	−44	175	−72

（5）光、热、水资源对烟叶质量的综合影响。光、热、水资源是相互影响制约的一个整体，一个因子的变动必将引起另外两个因子的变动。光、热、水资源对于烤烟生长发育的影响也是相互制约的，如果其中一种资源不能满足烤烟生长发育的需要，则同时制约了烤烟对另外两种资源的有效利用。烤烟生长要求光、热、水的协调变化与不同生育期的要求配合一致。

烤烟苗期大理州的天气相对稳定，绝大多数年份都是天气晴朗，气温正常，恰好对烤烟育苗十分有利。由于天气条件好，加之近年来烤烟育苗采用大棚集中、工场化漂浮育苗，抵御灾害性天气的能力增强，所以大理州苗期的天气变化对烟叶质量的影响不大，常年的气候条件就能满足培育优质幼苗的要求。烤烟移栽期大理州雨季尚未开始，干旱是烤烟适时移栽的主要制约因子，此期降雨量偏多、日照时数适当偏少、气温适宜利于烤烟移栽成活，对最终烟叶质量的提高有利。烤烟旺长期正值大理州雨季中期，降雨较多，多发洪涝灾害，较少出现盛夏干旱，涝害是影响烟叶质量的主要因素，旺长期降雨正常偏少，日照偏多，气温适当偏高有利于烟叶质量的提高；烤烟成熟采烤期对光照比较敏感，雨量适当偏少，气温适宜，和煦而充裕的日照对烟叶质量的提高有利，反之，日照时数偏少，降雨量偏多，气温偏低对烟叶质量有较大影响。

总之，气象灾害是影响大理州烟叶质量的主要因素，气候正常年份大理州烤烟主产区光、热、水三要素匹配协调较好，能较好地满足优质烟各阶段生长发育的要求，烤烟质量较好。

4.4　影响烤烟产量、质量关键期的气象因子

4.4.1　烤烟产量和质量的相互关系

烤烟的产量与质量是同一事物的两个方面，在一定的环境条件下和产量范围内，随着产量的增加品质相应地提高；超过一定的产量限度，环境条件就不能同时满足两个方面的要求，随着产量的增加则品质逐渐下降。因此，生产上应采取合理的农业技术措施，把产量和质量的两个最高点统一在一个水平上，达到适产而优质的目的，片面追求烟叶高产，会导致烟叶质量显著降低。

从大理州的烤烟生产实践中也发现烤烟的产量和质量在一定条件下是能够统一的，即质量随产量的增加而提高。但是，产量超过一定限度时，质量随产量的增加而降低。图 4.17 是大理州 1985—2010 年烤烟产量对质量的模拟曲线，从曲线方程中可以算出当每亩产量为 128 千克时烤烟质量最高，上中等烟叶比例为 88%。全州 4 个烤烟典型优质年份的平均产量为 127 千克/亩，和模型模拟的结果十分接近。当烤烟产量低于 128 千克/亩时，产量和质量同步增长，即产量增加，质量也提高。当烤烟产量高于 128 千克/亩时产量对质量有抑制作用，即产量增加，质量下降。由于烤烟产值与产量和质量都有关系，所以质量最优时的产量并不是产值最高时的产量，全州典型的 5 个高产值年份平均产量为 147 千克/亩，平均上中等烟叶比例为 84%，所以把产量控制在 147 千克/亩左右有利于实现烤烟效益最大化。这个产量适用于全州大部分地区，但是祥云由于产量远高于全州平均水平（平均每亩产量高出 23 千克），其实现烤烟效益最大化的产量也要高于全州平均产量，在 170 千克/亩左右。由于限产有利于提高烟叶质量，因此烟草生产目标是优质适产高效，这与其他作物不同。

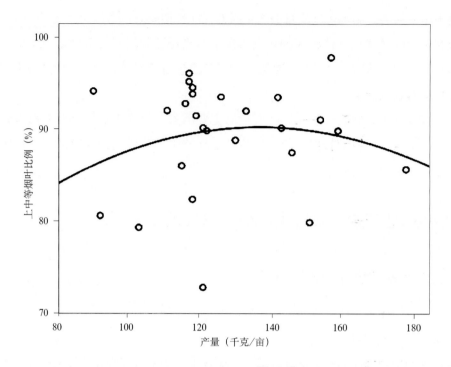

图 4.17　大理州上中等烟叶比例与产量的关系曲线图

4.4.2　影响烤烟产量关键期的气象因子

　　烤烟产量受到栽培技术、品种、气候灾害等的影响，波动较大。大理州各县（市）自然条件和种植水平差异较大，各县的烤烟单产量差异较大，在分析气象条件对烤烟产量的影响时要尽量剔除非气象因子的干扰，选用种烟水平相对稳定的祥云和弥渡两个县 1985—2010 年的产量数据进行分析。对两个县的烤烟产量和气象数据平均处理后，用回归分析方法找出了 4 个对烤烟产量有显著影响的气象因子（见表 4.19）。

表 4.19　大理州烤烟产量显著的气象因子及时段

显著因子	5月上旬气温	9月上中旬气温	7月上旬—9月中旬降雨量	4月上旬—9月中旬相对湿度
相关系数（R）	0.443	0.395	−0.461	−0.461

　　（1）5 月上旬气温（x_1）。5 月上旬的气温与烤烟产量的相关系数为 0.443，通过 0.05 的显著性水平检验。进行线性回归后得到如下回归方程（单产记为 Y_c）：

$$Y_c = 8.2x_1 - 17$$

　　从上面的方程可以看出 5 月上旬的气温与烤烟产量呈正相关，气温每增加 1℃，烤烟每亩产量可增加 8.2 千克。

（2）9 月上中旬气温（x_2）。9 月上中旬的平均气温与产量的相关系数为 0.395，通过 0.05 的显著性水平检验。其回归方程为：

$$Y_c = 13x_2 - 105$$

9 月上中旬的气温与产量仍然呈正相关，气温每增加 1℃，烤烟每亩产量增加 13 千克，由于因子 x_2 的持续时间比 x_1 要长，所以因子 x_2 气温增加对产量增幅的贡献比 x_1 要大。

（3）7 月上旬—9 月中旬降雨量（x_3）。7 月上旬—9 月中旬降雨量与产量的相关系数为 −0.461，通过 0.05 的显著性水平检验。7 月上旬—9 月中旬降雨量与产量的关系不是简单的线性关系，而是呈抛物线曲线关系，其回归方程为：

$$Y_c = -0.0005x_3^2 + 0.354x_3 + 87$$

从回归方程中可以算出，当 7 月上旬—9 月中旬的雨量小于 350mm 时，雨量增多有利于烤烟增产；当雨量超过 350mm 时，雨量增多不利于烤烟增产。特别是雨量超过 550mm 时，产量明显下降。1985—2010 年祥云、弥渡 7 月上旬—9 月中旬平均雨量为 404mm，最少为 249mm，最多为 681mm。雨量超过 550mm 的有 1986、1991、1999 年 3 年，这 3 年烤烟产量较低。

（4）4 月上旬—9 月中旬的相对湿度（x_4）。4 月上旬—9 月中旬的相对湿度与烤烟产量的相关系数为 −0.461，通过 0.05 的显著性水平检验。其回归方程为：

$$Y_c = -4.4x_4 + 452$$

相对湿度每上升 1%，烤烟每亩产量下降 4.4 千克。

烤烟产量与以上 4 个因子的复合回归方程为：

$$Y_c = 0.966x_1 + 7.661x_2 - 0.077x_3 - 2.549x_4 + 190.8$$

烤烟产量与气温呈正相关，与降雨量和相对湿度呈负相关，日照时数对烤烟产量影响不明显。对 4 个因子进行因子分析后得出各因子对产量的贡献度，贡献度由大到小为 $x_4 > x_2 > x_1 > x_3$，x_4 和 x_2 两个因子对产量的方差贡献率为 79.7%。说明 4 月上旬—9 月中旬的相对湿度和 9 月上中旬气温是影响烤烟产量的关键因素。

4.4.3　影响烤烟质量关键期的气象因子

与烤烟产量分析一样，对烤烟质量与气象因子求相关后找出了 6 个显著相关的因子，差别是烤烟质量分析用的质量数据是全州平均数据。下面对这 6 个因子进行逐一的分析。由于烤烟质量在 2000 年以后上升明显，2000 年以后全州平均上中等烟叶比例为 90%，而之前才为 78%，为了使分析数据更接近目前的烤烟生产状况，下面回归方程中对烤烟上中等烟叶比例的模拟都以 2000 年以后的水平看齐（见表 4.20）。

表4.20 大理州烤烟质量显著气象因子及时段

显著因子	5月上旬 —8月中旬 气温	5月上旬 —6月中旬 降雨量	3月上中旬 相对湿度	5月上旬 —6月中旬 相对湿度	5月上中旬 日照时数	7月下旬 —8月下旬 日照时数
相关系数（R）	−0.578	0.473	0.416	0.488	−0.435	0.460

（1）5月上旬—8月中旬的气温（x_5）。5月上旬—8月中旬的气温与上中等烟叶比例（记为 Y_z）的相关系数为 −0.578，通过0.01的显著性水平检验，其回归方程为：

$$Y_z = -8.958x_5 + 276.8$$

气温每增加1℃，上中等烟叶比例下降9%左右。当气温等于19.7℃时，方程模拟的结果上中等烟叶比例为100%，没有实际意义。1985—2010年全州5月上旬—8月中旬气温平均为20.8℃，最高为21.7℃，最低为20.0℃，气温最低的年份上中等烟叶比例模拟值为97.6%，比实际最高值高出1.6%，误差不大。

这期间又有5月上中旬（x_6）和7月上中旬（x_7）两个时段的气温与上中等烟叶比例相关性很高。相关系数分别为 −0.459 和 −0.485，都通过了0.05的显著性水平检验。其回归方程分别：

$$Y_z = -3.118x_6 + 150.3$$
$$Y_z = -4.807x_7 + 193.4$$

（2）5月上旬—6月中旬的降雨量（x_8）。5月上旬—6月中旬的降雨量与上中等烟叶比例的相关系数为0.473，通过0.05的显著性水平检验，其回归方程为：

$$Y_z = 0.048x_8 + 83.6$$

降雨量每增加100mm，上中等烟叶比例提高4.8%，当雨量为342mm时方程模拟的上中等烟叶比例为100%，无意义。1985—2010年全州5月上旬—6月中旬的降雨量平均为140mm，最多为285mm，最少为51mm，没有出现超过300mm的降水。

（3）3月上中旬的相对湿度（x_9）。3月上中旬的相对湿度与上中等烟叶比例的相关系数为0.416，通过0.05的显著性水平检验，其回归方程为：

$$Y_z = -0.036x_9^2 + 4.487x_9 - 46.9$$

3月上中旬的相对湿度与上中等烟叶比例呈抛物线曲线关系，模拟方程当相对湿度为62.3%时上中等烟叶比例最高为93%，当相对湿度小于62.3%，湿度上升烤烟质量也上升，当相对湿度大于62.3%，湿度上升烤烟质量下降。1985—2010年全州3月上中旬的相对湿度平均为55%，最大为68%，最小为42%。

（4）5月上旬—6月中旬的相对湿度（x_{10}）。5月上旬—6月中旬的相对湿度与上中等烟叶比例的相关系数为0.488，通过0.05的显著性水平检验，其回归方程为：

$$Y_z = 0.876x_{10} + 34.9$$

相对湿度每增加 1%，上中等烟叶比例上升 0.9% 左右，当相对湿度大于 70% 时方程模拟效果较差。1985—2010 年全州 5 月上旬—6 月中旬的相对湿度平均为 64%，最大为 73%，最小为 56%，有 3 年相对湿度超过 70%。

（5）5 月上中旬日照时数（x_{11}）。5 月上中旬日照时数与上中等烟叶比例的相关系数为 -0.435，通过 0.05 的显著性水平检验，其回归方程为：

$$Y_z = -0.104x_{11} + 104.67$$

日照时数每增加 10 小时，上中等烟叶比例下降 1% 左右。1985—2010 年全州 5 月上中旬日照时数平均为 137 小时，最多为 185 小时，最少为 78 小时。

（6）7 月下旬—8 月下旬日照时数（x_{12}）。7 月下旬—8 月下旬日照时数与上中等烟叶比例的相关系数为 0.46，通过 0.05 的显著性水平检验，回归方程为：

$$Y_z = -0.001x_{12}^2 + 0.466x + 41.9$$

模拟结果日照时数为 233 小时时，上中等烟叶比例最高为 96%，当日照时数少于 233 小时时，日照时数增多上中等烟叶比例提高，当日照时数多于 233 小时时，日照时数增多上中等烟叶比例下降。1985—2010 年全州 7 月下旬—8 月下旬日照时数平均为 186 小时，最多为 258 小时，最少为 98 小时。

由于因子较多，且相互之间有很强相关性，为了剔除一些不重要的因子，对所有气象因子进行降维分析，各因子对总量的解释力从大到小分别为 $x_{12} > x_{11} > x_{10} > x_8 > x_7 > x_9 > x_6 > x_5$，前 5 个因子对总量的解释累计贡献率为 93.44%，同时看出日照因子对烤烟质量影响最大。为了减少一些重复因子的干扰，只选取对总量解释力较大的前 5 个因子进行回归模拟。5 个因子与上中等烟叶比例的复相关系数为 0.678，通过 0.01 的显著性水平检验，逐步回归模拟时又将 x_8 剔除，最后回归方程为：

$$Y_z = -3.24x_7 + 0.333x_{10} - 0.07x_{11} + 0.036x_{12} + 141.2$$

烤烟质量与 7 月上中旬的气温和 5 月上中旬的日照时数呈负相关；与 5 月上旬—6 月中旬的相对湿度和 7 月下旬—8 月下旬的日照时数呈正相关。

4.4.4　气象条件对产量、质量的综合影响

从前面烤烟产量和质量的相互关系的分析中发现：在一定范围内产量和质量的提升是一致的，而超出了这个范围产量和质量的提升则是矛盾的，即要想提高产量就必须损失质量，要提高质量就必须损失产量。而气象条件对产量和质量的影响，也是既有同步的因素，也有矛盾的因素。

烤烟产量丰歉年景的气象条件分析和相关回归分析的结果是一致的。即整个烤烟生育期气温适当偏高、雨量略少、相对湿度小、日照充足的气候特点有利于烤烟产量的提升。而从烤烟质量优劣年景的气象条件分析和相关回归分析的结果看，优质烟要求移栽期雨量略多、

气温略低、相对湿度小、日照适当偏少；旺长期要求雨量偏少、气温略低、相对湿度小；成熟期要求日照时数多、雨量偏少，气温适中。从以上总结可以看出烤烟产量和质量对气象条件的要求只有在成熟期是一致的，在其他生育阶段都是矛盾的。其中气温是导致矛盾的主要因素。气温偏高一般情况还意味雨量少、日照时数多，这种天气光合作用旺盛，有利于光合产物的积累，对产量的提高有利。所以温和的气候有利于烤烟质量的提高，与国内外的各大烟区相比，大理烤烟生育期气温较低，气候温和，正是这种温和的气候特点造就了远近闻名的大理特色优质烟。

由于烤烟产量和质量对气象条件的要求存在差异，所以不能单一的从产量气象条件分析或质量气象条件分析来归纳有利于烤烟效益最大化的气象条件。而烤烟产值是同时包含产量和质量因素的指标，所以对产值高产、低产气候年景进行分析，再结合前面的产量、质量气象条件分析和生产实践总结归纳有利于大理州烤烟效益最大化的气象条件。对产值进行指数趋势处理，划分出 1986、1989、1993、1994、2010 年 5 年为低产值年，1987、1988、1996、1997 年 4 年为高产值年。

不论是烤烟气候年景分析还是气象因子相关分析的结果都显示：大理州烤烟苗期的气象条件对烤烟产量、质量和产值的影响不大。这首先是因为绝大多数年份大理州烤烟苗期的气候稳定，多以高温、少雨、多日照的天气特点为主；其次近年来采用塑料大棚工场化育苗后防御灾害性天气的能力增强，灾害性天气对烤烟育苗影响较小。从理论分析和生产实践都证明了大理州苗期的天气气候特点十分有利于培育烤烟壮苗，这为烤烟优质丰产打下坚实基础。

从前面气象条件对烤烟产量和质量的影响分析中看出移栽期是产量和质量对气象条件要求最矛盾的生育阶段。气温偏高、雨量偏少、相对湿度小、日照时数多的天气特点对产量的提高有利，但却抑制了质量的提高。从产值高、低年景气候分析看，5 月份平均气温 5 个低产值年比常年高出 0.9℃，4 个高产值年比常年高出 0.3℃；5 月份雨量低产值年比常年偏少 22.2mm，高产值年比常年偏少 16.8mm；5 月相对湿度低产值年比常年偏小 2.6%，高产值年偏小 1.4%；5 月日照时数低产值年比常年偏多 18.4 小时，高产值年偏多 16 小时。从上面的数据看出：不论是低产值年还是高产值年的气象条件与常年相比都是气温偏高、降雨偏少、相对湿度偏小、日照时数偏多，只是低产值年各项气象指标偏离常年数值的幅度都大于高产值年。总体上看，在没有出现严重干旱、明显影响烤烟移栽的前提下，大理州烤烟移栽期气温略高、雨量略少、相对湿度略小、日照时数偏多的天气气候条件有利于实现烤烟效益最大化。

烤烟产量和质量在旺长期要求气温正常，6—7 月平均气温高产值年比常年高出 0.1℃，低产值年比常年高出 0.4℃，说明旺长期气温正常有利于烤烟生产，气温过高对烤烟效益有负面影响。旺长期产量和质量对于降雨量、相对湿度和日照时数的要求是一致的，都要求雨量偏少、湿度略小、日照时数正常。6—7 月的雨量低产值年比常年偏少 1.2mm，高产值年偏少 52.9mm，其中 7 月中下旬雨量低产值年比常年多出 29.8mm，高产值年偏少 12.5mm；6—7 月相对湿度高产值年比常年偏小 1.4%，低产值年偏小 1.1%；6—7 月日照时数高产值年与低产值年相差不大，都属于正常。

　　综上所述，大理州烤烟旺长期气温正常、降雨适中、相对湿度偏小、日照时数正常的气候条件有利于烤烟总体效益的提高，旺长期雨量偏多，特别是 7 月中下旬雨量偏多对烤烟总体效益有较大影响。烤烟成熟期产量和质量对气象条件的要求是一致的，日照偏多、降雨偏少、气温正常的天气对烤烟产量和质量的提升有利。

第5章 大理州烤烟气候优势

5.1 国内外及大理州烤烟生产概况

5.1.1 世界烤烟生产

烤烟原产于美国弗吉尼亚州、故称弗吉尼亚型或美烟。烟叶不能直接使用，必须经过烘烤转色，故称之为烤烟。烟叶经过烘烤后，叶片色泽金黄鲜亮，味香，是世界各国卷制香烟的主要原料。烤烟在烟草中不论种植面积、产量和经济收入都占主要地位。世界范围内平均种植烤烟的面积约占烟草总面积的50%~60%以上，产量约占52%。

世界烟草地理分布大体在60°N到45°S的范围内，其最佳地区都在30°—40°N之间，尤以32°—37°N为佳，各大洲均有生产，总种植面积500万公顷左右，总产700万吨左右。其中亚洲（中国、印度、菲律宾、巴基斯坦、土耳其）占46%；欧洲（俄罗斯、希腊、保加利亚、意大利）占20%；南美洲（巴西、智利、墨西哥）占10%；非洲（津巴布韦、赞比亚、马拉维）占6.4%；北美洲（美国、加拿大、古巴）占17.6%。主要种烟国家面积依次为：中国>美国>巴西>印度>俄罗斯>土耳其。中国是世界上最大的烤烟生产国，主要分布在云南、贵州、湖南、河南、四川等地。

世界烟草类型：①烤烟占总量52%，主要分布在中国、美国、巴西、加拿大、日本、印度、津巴布韦、韩国、阿根廷、泰国。其中，中国占烤烟总产的50%，美国占10%以上，质量高的是美国、加拿大、巴西及津巴布韦。②深色晾晒烟、雪茄烟占总量20%，主要分布在印度、中国、巴西、印尼、古巴。③香料烟占总量14%，主要分布在俄罗斯、土耳其、保加利亚、希腊、罗马尼亚、意大利等七国，占总量的97%，俄罗斯和土耳其分别占28%和24%。质量优的是土耳其、希腊。④淡色晾烟（白肋烟）占总量14%，主要分布在美国占50%，其次为韩国、意大利、巴西、日本（见表5.1）。

表 5.1　1996—2000 年世界烤烟产量表（单位：万吨）

烤烟出口国	1996 年	1997 年	1998 年	1999 年	2000 年	备　注
中国	215	310	155	170	165	
巴西	31.8	43	31.6	44.1	42.5	
美国	40.7	46	31.6	29.7	25.6	
印度	15.3	18.4	18.6	19.7	17.1	
津巴布韦	20.2	18.7	21.6	19.2	23.7	
欧盟	12.5	11.7	12.4	12.3	12.6	（意、德、西、法、葡）
加拿大	6.9	7.5	7.1	6.9	5.2	（安大略省、魁北克省）
阿根廷	5.9	7.5	8.1	6.1	6.5	
菲律宾	3.5	3.7	4.4	3.0	3.6	
南非	2.0	2.4	2.4	2.5	2.4	
坦桑尼亚	2.7	3.7	3.3	1.8	1.9	
泰国	1.8	2.5	2.9	2.6	2.1	
乌干达	0.4	0.5	0.8	1.1	1.4	
马拉维	1.5	1.5	1.4	1.4	1.1	
世界总产量	399.8	517.8	349.1	364.9	355.4	

5.1.2　国内烤烟生产

烤烟是我国重要的经济作物之一，种植面积和产量居世界首位。据文献记载，我国烟草栽培始于 16 世纪中叶。明代名医张介宾（1563—1641 年）所著《景岳全书》记载："烟草自古未闻也。近自万历年始出于闽广之间，自吴越间皆种植矣。"这是指当时栽培的晒烟而言。清嘉庆时陈琼辑成的《烟草谱》中这样叙述："衡烟出湖南，蒲成烟出江西，油丝烟出北京，清烟出山西，兰花香烟出云南……水烟出甘肃之玉泉，又名西尘。"说明烟草及其加工业已传播到我国各地。实际传入应早于文献记载。1989 年广西合蒲上窑出土文物中有两个烟斗，据考证是明嘉靖二十八年（1549 年）所制。

国内晒烟种植历史悠久，产区遍布全国，品种资源丰富，20 世纪 30 年代种植面积曾达 40 万公顷，一些优质晒烟曾在世界博览会上获奖，在国际上有一定的市场。后逐渐被烤烟取代，种植面积减少，近年来，随着混合型卷烟的发展，部分优质晒烟已被用于卷烟工业。

国内种植烤烟，最早是在台湾省，始于 1900 年，1913 年在山东潍坊市坊子镇和河南襄城县颖桥镇试种；1917 年又在安徽凤阳试种。随着卷烟生产的迅速发展，至 1937 年，山东、河南、安徽已逐步成为国内烤烟生产地。抗日战争时期，四川、云南、贵州等省先后种植烤烟，发展成为我国西南地区的烤烟生产地。1948—1949 年间，全国烤烟种植面积为 6 万多公顷。

1949 年后，我国烤烟生产得到很快的恢复和发展，改变了卷烟原料长期依赖进口的状况。20 世纪 50 年代，我国烤烟种植面积约 30 万公顷，产量约 75 千克/亩，总产量达 30 万吨。70 年代后期，全国烤烟种植面积达 53 万公顷左右，总产量 80 万吨以上，成为世界烤烟种植面积最大的国家。我国烤烟质量，在 50 年代的国际市场上享有一定声誉，年出口量达 6 万吨以上。60—70 年代，由于片面追求产量，采用多叶品种、高密度种植等原因，烤烟质量明显下降，叶片变薄，香味平淡，烟碱含量降低。

进入 20 世纪 80 年代后，我国烤烟种植面积发展到 85 万公顷左右，总产 160 万吨，单位面积产量也达 110 千克/亩以上。中国烟草总公司对烤烟生产着重于提高质量，引进推广国外的优质品种，执行"计划种植、主攻质量、优质适产"的方针，实行品种良种化，种植区域化，栽培规范化，使烟叶质量明显提高。1990 年全国烤烟种植面积达 120 万公顷，云南、河南、贵州、山东、黑龙江、湖南、陕西、安徽、四川等省已成为全国产烟大省，全国收购烤烟 190 万吨，平均单位面积产量达 115 千克/亩，上等烟占 16.6%，中等烟占 68.4%。

1998 年以来，按照"市场引导、计划种植、主攻质量、调整布局"的烟叶生产指导方针，以及"控制总量、提高质量、优化布局、优化结构"的烟叶工作重点，烟叶生产走上了规模稳定、质量提高、效益改善、秩序好转、管理加强的良性发展轨道，保持了平稳发展的良好态势。

烟叶规模稳定，产销协调夯实了行业持续、稳定、协调、健康发展的基础。近年来，烟叶种植面积稳定在 100 万公顷左右，烟农 360 万户左右，生产烟叶 180 万吨左右，收购加工能力基本配套，烟叶供求关系总体平衡。产区逐步向适宜区转移，生产集中度逐渐提高，1.5 万吨以上重点地市级公司烟叶收购量占全国的 80% 左右。形成了以烤烟种植为主，白肋烟、香料烟、地方名优晾晒烟种植为辅，种烟面积南方烟区约占 80%、黄淮烟区约占 14%、北方烟区约占 6% 的种植格局。

烟叶质量的不断提高为中式卷烟的发展奠定了良好基础。依靠科技进步，紧紧围绕烟叶质量这一核心，大力倡导自我创新及消化吸收国际先进技术。通过"四项技术"的成功研发和推广，形成了适宜我国生态条件的烟叶生产技术框架和技术标准，科学规划建设了一批优质烟叶生产基地和标准化生产示范区，部分地区烟叶质量已接近国际先进水平。

5.1.3 云南烤烟生产

云南省种植烤烟具有地理、土壤、气候等优越的自然条件，种烟历史悠久。1939 年引进美国"大金元"成功。1941 年 3 月烟草改进所成立，1942 年开始推广。据资料统计，新中国成立前云南种烤烟 9 年累计推广面积 30933 公顷，总产量 15750 吨，共培养技术员 260 多名，技工 1380 多名，建盖烤房 1542 座。可见，当时在烟草改进所的组织领导下，经过广大技术员和烟农的辛勤劳动，为发展云南烟草事业奠定了坚实的基础。

新中国成立后各级党委和政府对发展云南烤烟生产极为重视，采取一系列措施扶持烤烟生产。到 2010 年云南省种烟 41.4 万公顷，总产 93.9 万吨，单产 151.14 千克/亩；2009 年全国生产卷烟 22901.5 亿支，云南省生产卷烟 3457.90 亿支，云南占全国生产比重的 15.1%，占全国的位次第一位。云南省主产烟区分布在曲靖、玉溪、红河、大理、楚雄、文山、临沧等地区（见表 5.2）。

表 5.2　2010 年云南省烤烟生产统计表

州市	面积（公顷）	总产（万吨）	占全省产量（%）	单产（千克/亩）
大理	36140	8.17	8.7	150.67
曲靖	90000	20.56	21.9	152.33
玉溪	46000	9.98	10.63	144.57
楚雄	40667	9.92	10.56	162.54
昆明	40693	9.18	9.78	150.34
红河	40000	9.15	9.74	152.42
昭通	24260	5.42	5.77	148.98
保山	27460	6.19	6.59	150.17
文山	27200	6.00	6.39	147.06
丽江	10467	2.33	2.48	148.25
普洱	17667	3.96	4.22	149.43
德宏	580	0.12	0.13	138.51
临沧	12953	2.92	3.11	150.28
全省合计	414087	93.9		151.14

云南省烟叶质量品质好，清香型香气好，产量居全国首位，除供本省烟厂外，每年还外调 50%～60% 的烟叶供全国 130 多个烟厂做主料使用。2009 年全省烟草系统税利 2.89 亿元，是全国有名的烟财政。全国 13 种名烟云南就占 9 个，全国市场都有云南烟销售，不但在国内有名，而且在世界上也是有名气的。

5.1.4　大理州烤烟生产

大理州是云南省的烤烟主产区之一，大理州烤烟生产具有独特的地理、气候、土壤等自然生态环境和先进的生产技术。特别是大理生产的"红花大金元"烟叶是大理烟叶的珍品，其内在化学成分协调，感官评吸清香型风格突出，甜润感好，香气细腻，口感舒适，余味干净，是生产高端卷烟产品的优质原料，在国内市场供不应求。

大理州种植烤烟始于 1947 年，首先引入祥云、宾川、弥渡、巍山 4 个县小面积试种。解放初期，祥云、宾川、弥渡、巍山 4 个县仍为小面积零星种植。1956 年大面积推广种植，全州仍然以祥云、宾川、弥渡、巍山 4 个县面积较大，达 3240 公顷，收购 5081 吨，平均单产 104.6 千克/亩，上中等烟比例仅占 52.6%。

1984—1992 年是大理州烤烟发展期，全州共有祥云、宾川、弥渡、巍山、南涧、永平、洱源、大理、鹤庆共 9 个县（市）种植烤烟，面积由 5600 公顷发展到 35333.3 公顷，收购量由 12650 吨发展到 76500 吨，烟农收入由 2177.71 万元增加到 25231.89 万元，平均每亩收入由 259.6 元增加到 469.5 元，上中等烟比例由 64.5% 提高到 82.5%，其中，上等烟比例由 2.8% 提高到 37.6%，烟叶农特产税收由 884 万元增加到 9541 万元。1984—1986 年连续三年被中国烟草总公司评为全国优质烤烟生产先进地区，大理州成为云南省优质烤烟主产区。

表 5.3　大理州历年烤烟种植情况统计表

年份\项目	种植面积（公顷）	收购总量（吨）	收购总额（万元）	均价（元/千克）	产量（千克/亩）	产值（元/亩）	上中等烟比例（%）
1979	3588.2	6886.2	820.2	1.19	128.01	152.5	45.12
1980	3441.1	6617.5	1003.9	1.52	128.27	194.6	62.65
1981	3883.1	8591.7	1632.8	1.9	147.57	280.5	72.18
1982	5681.1	13586.1	2243.5	1.65	159.51	263.4	58.8
1983	5595.9	12646.6	2177.7	1.72	150.74	259.6	64.47
1984	10120.2	28510.4	5520.6	1.94	187.91	363.8	72.75
1985	23590.2	40784.8	8849.8	2.17	115.32	250.2	75.1
1986	16784.3	23041.9	4716.2	2.05	91.57	187.4	69.73
1987	16809.2	31801.5	9881.0	3.11	126.19	392.1	82.54
1988	23428.4	55145.1	20130.6	3.65	157	573.1	86.8
1989	22841.3	40573.5	9766.1	2.41	118.48	285.2	71.49
1990	22199.6	39184.8	12640.4	3.23	117.73	379.8	82.86
1991	27465.2	54567.2	16986.9	3.11	132.52	412.5	81.02
1992	35848.5	76526.1	25231.9	3.3	142.39	469.5	82.5
1993	35015.0	63542.9	15776.4	2.48	121.04	300.5	61.99
1994	33498.5	45191.2	16569.8	3.67	89.98	329.9	83.17
1995	39654.6	69815.7	33851.5	4.85	117.43	569.4	84.2
1996	39778.5	70056.4	73202.7	10.45	117.47	1227.5	85.09
1997	40616.0	96882.9	88280.2	9.11	159.1	1449.7	78.89
1998	25143.0	38993.7	27059.7	6.94	103.44	717.8	68.46
1999	29488.3	48866.8	44590.9	9.12	110.53	1008.6	81.06
2000	25131.0	49179.1	45005.9	9.15	116.1	1194.5	92.71
2001	25222.6	46464.7	49355.5	10.62	117.65	1305.2	94.45
2002	26147.5	50792.0	52523.4	10.34	118.61	1339.8	91.41
2003	26191.8	52993.4	52211.3	9.85	122.23	1329.6	89.8
2004	29150.2	60523.8	62549.7	10.33	120.76	1431.2	90.1
2005	31761.1	69357.8	76427.0	11.02	129.9	1605	88.77
2006	32068.5	68493.9	76632.6	11.19	142.5	1593.9	90.09
2007	31742.4	69250.0	80959.5	11.69	145.5	1701.2	87.45
2008	33350.0	77143.2	112809.1	14.62	154.3	2256.2	90.99
2009	33301.2	89040.0	131302.4	14.75	178.3	2629.9	85.63

备注：1996 年以前的收购总额和均价、亩产值均不含省、州优质烟补贴；1996 年起包含省、州优质烟补贴。

1993 年以后大理州的烤烟生产规模又得到进一步发展，云龙、漾濞、剑川 3 个县也开始种植烤烟，全州 12 个县（市）均有烤烟种植，到 1997 年全州共种植烤烟 40616 公顷，收购 96882.9 吨，烟农收入 88280.2 万元，平均每亩收入达 1449.7 元，实现烟叶农特产税收 2.927 亿元。但无计划、超计划种植，致使烟叶销售市场发生根本性的转变。烟叶销售市场由原来的卖方市场转为买方市场，库存量剧增，低等级烟叶难以销售，烤烟生产及经营困难重重。

1998 年以来，烟叶生产全面贯彻由国务院、国家烟叶专卖局批准的，在全国推行"控制面积，控制收购量，提高质量，提高等级合格率"（简称双控双提高）的烤烟生产方针，把烟叶收购量作为指令性计划严格控制和管理，把进一步提高科学种烟水平，提高烟叶内在质量作为今后长期的重点工作来抓。各级政府层层签订责任状，烟草公司与烟农签订收购合同，确保不多种一亩，不多收一斤。1998—2009 年全州烤烟种植面积稳定在 25131 ~ 33350 公顷（见表 5.3）。

5.1.5　大理发展红大特色优质烟叶基础条件

多年的生产实践和国内外烤烟专家实地考察，对大理州发展红大特色优质烟叶给予了很高的评价，归结起来，大理发展红大特色优质烟叶基础条件如下：

（1）大理具有得天独厚的自然生态条件，具备发展特色烟叶的生态环境优势。大理烟区地处低纬高原，在低纬度高海拔地理条件综合影响下，形成了低纬高原季风气候特点。烤烟大田生长期气候温和、雨量充沛、光照充足。种烟土壤结构较疏松、养分协调、通透性好。土壤气候等生态条件适宜优质烟叶生产，是全国知名的优质烟叶最适宜区之一。

（2）大理特色优质烟叶开发目标明确、思路清晰、内容全面、技术路线合理、创新突出、保障得力，体现了特色烟叶开发方向和先进水平，在实践中逐步形成的以国内骨干品牌为导向的特色品种优质烟叶开发模式，在行业具有示范带动作用。

（3）坚持以品牌需求为导向，以典型生态为条件，以追求优质为目标，以彰显特色为根本。大理州烟草公司联合红塔集团等七家工业企业和六家科研单位共同开展"大理特色优质烟叶开发"专项课题研究，在"四个特色优质烟区"建立了烟草科技园，开展了品种、区域、品质、技术四个定位及特色彰显技术研究，针对性强。大理科技创新能力强，漂浮育苗、平衡施肥、烟蚜茧等技术走在全国前列，起到引领作用。现代烟草农业示范镇建设成效显著，逐步形成了规模化种植、集约化经营、专业化服务、信息化管理的特色烟叶生产发展格局，创新了特色优质烟叶可持续发展模式。

（4）红大品种种植水平在全国"高水平、高标准、高起点"。红大种植区域总体表现为田间管理精细、技术到位率高，生长均衡、整齐清秀、基本无病害、群体结构合理、个体发育充分、叶片舒展、分层落黄明显。经田间实测，巍山点：平均行株距 110cm×50cm，平均株高 119.9cm，平均留叶 19.8 片，中部叶长宽 72.1cm × 28.0cm；南涧点：平均行株距 120cm × 50cm，平均株高 99.6cm，平均留叶 17.4 片，中部叶长宽 83.5cm × 28.8cm；弥渡点：平均行株距 120cm × 50cm，平均株高 128.6cm，平均留叶 18.6 片，中部叶长宽 78.6cm × 33.1cm。

（5）烤后烟叶颜色橘黄，正反面色差小，结构疏松，油分足、身份适中，弹性好，具有突出的红大外观特征。

（6）现代烟草农业示范镇建设成效显著。大理州结合山区实际，积极探索出了集约化经营、专业化服务的工场化烘烤、工场化育苗等模式，很有特色，创新了特色优质烟叶可持续发展模式。

5.2　大理州与国外著名烤烟产区气象条件分析

有关资料表明：世界上烤烟面积最大、烟叶质量好、烟叶进出口量最多的国家是中国、美国、巴西和津巴布韦。根据优质烟对气象条件的要求和农业气候相似原理，选取美国、巴西和津巴布韦 3 个国家为代表与大理州四大特色优质烟区的烤烟生育期的气象资料进行对比分析，找出大理州与这些国家的相同点和不同点，为扬长避短，趋利避害，进一步提高大理州烟叶质量和效益提供气象依据。

5.2.1　美国、巴西、津巴布韦的地理环境与烤烟生产

（1）美国：属温带和亚热带气候。烟草主要分布在 35°—37°N、78°—80°W 的西风带。美国的烤烟生产历史悠久，烟叶质量上乘，在世界烤烟生产及烟叶贸易中一直占有举足轻重的地位。烤烟主要分布在北卡罗莱纳、南卡罗莱纳、弗吉尼亚、佐治亚、佛罗里达 5 个州。北卡罗莱纳州的种植面积和产量占美国的 65%。烤烟产地土壤主要为粉沙质土或沙性壤土，少数为红棕色黏性壤土。土壤肥力低，透水性好，很适合优质烟的生产。美国烤烟生产具有得天独厚的气候条件，如美国北卡州位于 33.5°—37°N，与中国黄淮平原位置近似，是美国最大的烤烟生产州，气温、雨量、土质均适合种烟。年均温度 15.9~17.7℃，烟区无霜期 200~280 天，年降雨量 1120~1320mm，雨量充沛，一般来说在烟草生长季节分布比较均匀。近 30 年 4—8 月份平均降雨量为 544.3mm。按月份分别为 89.4mm、89.4mm、94mm、139.4mm、132.1mm，而且烟草生长期间阳光充足，这是优质烟生产的重要条件。烟区土壤除在旧生产带 11A 型地区局部见到红壤、棕色黏性壤土，其他烟区烟田多数为浅灰色粉沙质土或沙性壤土，物理性好，养分易调节。土层比较深厚，一般为 30~70cm（到黏土层），pH 值 5.5~6.2。有机质差别大，为 0.5%~2.4%。依靠秸秆还田、压青，增加有机质，靠复合肥料补充土壤养分。但存在水土流失

问题，特别是沿海平原一带常有大风侵袭，夏季多雷阵雨，水土流失更为严重。为了有利于水土保持，采取种冬季覆盖作物（黑麦、燕麦、小麦或大麦）、适期移栽、烟田周围兴建防护林、实行免耕法等措施。

美国烤烟生长期和大理基本一致，3—4 月为育苗期，5 月上中旬移栽，6 月伸根期，7 月旺长期，8—9 月成熟采烤。烤烟主产区种植当家品种为 K326，其次为 K346、C-70、K149 和 K394（见表 5.4）。

表 5.4　美国烟区代表站经纬度和海拔高度

地名＼项目	纬度(N)	经度(W)	海拔(m)	所属州	区站号
罗利	35°52′	78°47′	134.0	北卡罗莱纳州	13722
阿什维尔	35°26′	82°32′	661.0	北卡罗莱纳州	13812
哥伦比亚	33°57′	81°07′	69.0	南卡罗莱纳州府	13883
罗阿诺克	37°19′	79°58′	358.0	弗吉尼亚州	13741

（2）巴西：巴西位于南美洲东南部。面积 851.49 万平方千米，是拉丁美洲面积最大的国家。国土 80% 位于热带地区，最南端属亚热带气候。北部亚马逊平原属赤道气候，年平均气温 27～29℃。中部高原属热带草原气候，分旱、雨季。南部地区平均气温 16～19℃。

巴西烟区集中在 17°—31°S、48°—57°W 的南部三个农业州，即：里粤格兰州、圣卡特林那州和巴哈那州。生产季节平均气温 25℃，降雨量 600～800mm，相对湿度 76%～83%，最高气温 40℃，最低气温 1.3℃。烟区境内山多平原少，森林覆盖面积大，烟草最多种植在浅丘岗的红沙土、灰沙土和平原区沙土（土壤含沙 60% 左右）（见表 5.5）。

20 世纪 60 年代以前，巴西主要种植阿玛勒林聂烤烟，这种烟不出口，仅供国内需要。据说巴西开始种植弗吉尼亚品种是早在 20 世纪 30—40 年代由英美烟草公司从云南省带去的，但是数量很少。巴西重视发展弗吉尼亚烤烟生产是从 1967 年开始的。当时联合国对罗德西亚实行制裁不久，西欧各大卷烟厂为了寻找新的烤烟供应来源，首先由英美烟草公司在巴西的机构星光公司大力发展烤烟生产。不过，在 1970 年以前，巴西所种的烤烟和目前我国的烟一样，多为柠檬色的烟。当时在市场上，这种烟的售价比橘黄色的烟高。到 1975 年为止，巴西生产的烤烟基本上属于填充料，在此以前巴西烟不出口。1975 年开始，巴西才开始种植主料型烟，品种是从美国引进的。1975 年巴西才开始出口烤烟。巴西烟真正成为主料烟型，并在国际市场上具有举足轻重的地位，是从八十年代开始的。

表 5.5　巴西烟区代表站经纬度和海拔高度

地名 \ 项目	纬度(S)	经度(W)	海拔(m)	所属州	区站号
阿腊沙	19°34′	46°56′	1004.0	米纳斯吉拉斯州	83579
圣保罗	23°30′	46°37′	792.0	圣保罗州	83781
库里蒂巴	25°26′	49°16′	923.0	巴拉那州	83842
阿莱格雷特	29°41′	55°31′	——	南里约格兰德州	83931

由于巴西地处南半球,季节与北半球相反,烤烟生育期与大理相反。一般 6—7 月为育苗期,8 月开始移栽,9—10 月伸根、旺长期,11—12 月成熟采烤。烤烟品种多以 K326 和 K358 为主。

(3) 津巴布韦:津巴布韦是非洲南部的一个内陆国家。位于 15°37′~22°24′S 和 25°14′~33°04′E 之间(见表 5.6)。国土面积约 39.1 万平方千米,全国人口总数估计为 1200 多万,人口增长率低于 1%。海拔 197~2592m。约 80% 的土地在海拔 600m 以上,但只有约 5% 的土地海拔高于 1500m,海拔最高处是在东部地区为 2592m。气候多为亚热带草原性气候,分雨季和旱季。雨季是从 11 月到次年 3 月,降雨量从北到南,从东到西逐渐减少。全国只有 37% 的土地自然降水能满足农业用水。主要河流有赞比西河和林波波河,分别为赞比亚和南非的界河。烟区土壤主要为硅铝土,红褐色铁铝土、灰褐色铁铝土和铁硅铝土,土壤呈微酸性,土壤持水能力中到低,肥力低。

表 5.6　津巴布韦烟区代表站经纬度和海拔高度

地名 \ 项目	纬度(S)	经度(E)	海拔(m)	区站号
哈拉雷	17°55′	31°08′	1480.0	67775
索尔兹伯里	17°50′	31°01′	1470.0	——
布拉瓦约	20°09′	28°37′	1344.0	67964
奇平盖	20°12′	32°37′	1132.0	67983

津巴布韦地处热带区,但大部分中部和东部地区因所处的海拔高度而具有亚热带和温带气候。它包括以下三种季节:①11 月中旬—次年 3 月为湿热夏季;②4—7 月为干冷冬季;③8—11 月中旬为干热春季。由于海拔高度不同,年平均气温从低海拔地区的 25℃ 到东部 1800m 以上的低于 15℃,6 月温度最低,10 月最高。冬季日平均温度为 11~20℃。降水有较强的时空分布特性,随海拔高度增加而增加,并且从南到北增加。大约 90% 降雨是伴随着强雷暴,时间短,强度高,一些地区的地形也引起降雨局部变化。

津巴布韦种植烟叶已有一百年的历史,烤烟质量优良,享誉世界。烟草是津巴布韦的主要经济作物，是国内第二大出口商品，在国民经济中占有极重要的地位。津巴布韦从 1903 年开始种烟，烤烟种植区主要位于马绍纳州北部和西北部。迄今为止，全国烟叶种植面积已达 6.7 万公顷，占全国耕地总面积的 3%；全国总产量达 17 万吨，平均单产 2547 千克/公顷，是当今世界上生产水平比较高的国家。每年所产烟叶的 98% 用于出口，销往 80 多个国家和地区，出口量占世界总出口量的 18%，仅次于美国和巴西。

津巴布韦烤烟生产保持高水平，除了因为它拥有优越的气候和土壤条件外，更主要的是有一套完整的烟叶生产技术体系和完善的社会保障体系。

津巴布韦种植的烤烟品种 99% 以上是国家烟草研究院培育的，生产用种由种子公司统一供应，生产单位不准私自留种。所选用的品种共同特点是叶数偏多，一般 30 片，叶型多长椭圆型，厚薄适中，抗病性强（主要是根结线虫病），外观质量好。

5.2.2　大理州与美国、巴西、津巴布韦的气象条件分析

（1）日照：烤烟是喜光作物，只有在充足的光照条件下才有利于光合作用，提高产量和品质。日照时数的多少和光质是决定烤烟的特色。大理州四大特色优质烟区代表站与美国、巴西、津巴布韦烤烟生育期日平均日照时数、太阳总辐射比较见表 5.7、表 5.8 和图 5.1。

表 5.7　大理州与美国、巴西、津巴布韦烤烟生育期日照时数比较表（单位：h）

地名	项目	苗期	大田期					全生育期	年
			移栽团棵期	旺长期	成熟采烤期	合计			
大理州	南涧县宝华	464.1	318.9	87.1	238.8	644.8	1108.9	2105.3
	弥渡县	552.9	436.2	160.3	344.9	941.4	1464.3	2616.6
	祥云县	492.9	412.2	139.3	304.9	856.2	1349.1	2475.1
	大理市	432.8	358.3	135.8	289.8	783.9	1216.7	2246.2
	平均	465.7	381.4	130.6	294.6	806.6	1284.8	2360.8
美国	格林斯伯勒	472.2	594.5	288.3	509.7	1392.5	1864.7	2761.3
	查尔斯顿	536.0	601.1	297.6	525.3	1424.0	1960.0	2976.6
	平均	504.1	597.8	293.0	517.5	1408.3	1912.4	2869.0
	与大理州均值差	38.4	216.4	162.4	222.9	601.7	627.6	508.2
巴西	坎皮纳斯	467.0	449.1	220.1	426.6	1095.8	1562.8	2661.2
	库里蒂巴	339.0	326.9	164.3	363.0	854.2	1193.2	2031.6
	帕索奋多	281.0	292.0	162.0	244.0	698.0	979.0	1659.0
	平均	362.3	356.0	182.1	344.5	882.7	1245.0	2117.3
	与大理州均值差	-103.4	-25.4	51.5	49.9	76.1	-39.8	-243.5
津巴布韦	索尔兹伯里	561.1	567.1	207.0	384.4	1158.5	1719.6	2874.5
	与大理州均值差	95.4	185.7	76.4	89.8	351.9	434.8	513.7

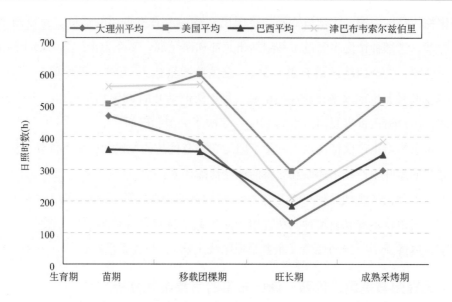

图 5.1　大理州与美国、巴西、津巴布韦烤烟生育期日照时数比较图

表 5.8　大理州与美国烤烟生育期太阳总辐射比较表（单位：MJ/m²）

| 地名 | 项目 | 苗期 | 大田期 | | | | 全生育期 | 年 |
			移栽团棵期	旺长期	成熟采烤期	合计		
大理州	南涧县宝华	1241.2	1025.1	395.0	833.4	2253.5	3494.7	5689.2
	弥渡县	1251.1	1180.6	514.5	1016.0	2711.1	3962.2	6245.6
	祥云县	1263.0	1221.7	521.5	1008.0	2751.2	4014.2	6360.1
	大理市	1128.0	1095.8	516.1	973.6	2585.5	3713.5	5875.8
	平均	1220.8	1130.8	486.8	957.8	2575.3	3796.2	6042.6
美国	格林斯伯勒	1065.6	1340.9	676.4	1116.0	3133.3	4198.9	5740.9
	查尔斯顿	1157.8	1365.9	679.9	1118.1	3163.9	4321.7	6049.7
	平均	1111.7	1353.4	678.2	1117.1	3148.6	4260.3	5895.3
	与大理州均值差	-109.1	222.6	191.4	159.3	573.3	464.1	-147.3

　　大理州是国内日照时数较为充足的地区，全州 12 县市年日照时数平均为 2347.3h，年日照时数分布在 2052.7~2670.3h 之间。烤烟全生育期 3—9 月日照时数为 1255.8h，其中苗期 3—4 月平均为 464.9h，大田期 5—9 月平均为 790.9h。

　　生产实践证明，生产优质烟叶要求充足而和煦的光照。大理州四个特色优质烟区代表站与国外相比，生育期日照时数比巴西多 39.8h，比美国少 627.6h，比津巴布韦少 434.8h；苗期和移栽团棵期大理比巴西分别多 103.4h，25.4h 外，其他生育期均比国外烟区偏少，特别是大田期比美国、津巴布韦偏少更多。年太阳总辐射大理州比美国多 147.3MJ/m²，烤烟苗期比美国多 109.1MJ/m²，大田期比美国少 573.3MJ/m²。换句话说，美国、津巴布韦烤烟大田期日照充足而强烈。通过比较大理州烤烟苗期日照充足，太阳辐射量多，日照时数多，有利于培育壮苗，提高烟苗素质，减少苗期病害。特别是大田期大理地区日照的短波较强，能使烤烟健壮生长，增加干物质积累，特别是 6—7 月份，云量多，多阵性降雨天气，日光时遮时射，形成和煦的日照条件，有利于烟株生长和品质的提高。

（2）温度：大理州年平均气温为 15.6℃，各地年平均气温在 12.5～19.2℃ 之间。烤烟生长期 3—9 月平均气温为 18.8℃，各地在 15.8～21.8℃，其中苗期 3—4 月平均气温为 15℃，各地在 10.9～18.1℃ 之间；大田期 5—9 月平均气温为 20.3℃，各地在 17.8～23.2℃ 之间。

大理州四大特色优质烟区代表站与国外烟区相比，年平均气温为 15.4℃，比美国高 1.0℃，比巴西、津巴布韦分别低 3.3℃、3.1℃。烤烟生长期 3—9 月平均气温 18.3℃，比巴西高 0.7℃，比美国，津巴布韦分别低 0.9℃、2.2℃；苗期 3—4 月大理州平均气温为 15.2℃，比美国、巴西、津巴布韦分别高 3.0℃、0.3℃、0.4℃；移栽团棵期 5—6 月大理州平均气温为 19.8℃，比巴西高 3.4℃，比美国、津巴布韦分别低 0.9℃、0.3℃，旺长期、成熟采烤期气温美国比大理分别高 4.3℃、3.1℃，津巴布韦分别比大理高 1.0℃、1.8℃，巴西成熟采烤期气温比大理高 2.1℃（见表 5.9 和图 5.2）。

表 5.9　大理州与美国、巴西、津巴布韦烤烟生育期平均温度比较表（单位：℃）

| 地名 | 项目 | 苗期 | 大田期 | | | | 全生育期 | 年 |
			移栽团棵期	旺长期	成熟采烤期	平均		
大理州	南涧县宝华	15.6	18.7	19.3	18.6	18.7	17.8	15.3
	弥渡县	16.4	21.6	21.5	20.3	21.0	19.7	16.5
	祥云县	14.2	19.4	19.5	18.3	19.0	17.6	14.7
	大理市	14.6	19.5	19.9	18.6	19.2	17.9	14.9
	平均	15.2	19.8	20.1	19.0	19.5	18.3	15.4
美国	罗利	12.5	21.1	24.9	22.7	22.5	19.6	14.8
	阿什维尔	10.4	18.6	22.2	19.9	19.8	17.1	12.4
	哥伦比亚	15.1	23.2	26.5	24.4	24.3	21.7	17.0
	罗阿诺克	10.8	20.0	24.0	21.4	21.3	18.3	13.2
	平均	12.2	20.7	24.4	22.1	22.0	19.2	14.4
	与大理州均值差	-3.0	0.9	4.3	3.1	2.5	0.9	-1.0

续表

| 地名 | 项目 | 苗期 | 大田期 | | | | 全生育期 | 年 |
			移栽团棵期	旺长期	成熟采烤期	平均		
巴西	阿腊沙	17.8	19.6	21.0	21.0	20.4	19.7	20.3
	坎皮纳斯	16.2	17.9	20.1	22.0	20.0	18.9	19.7
	库里蒂巴	12.9	14.6	16.4	18.5	16.5	15.5	16.7
	帕索奋多	13.3	14.7	18.1	20.7	17.8	16.5	17.6
	阿莱格雷特	13.6	15.3	18.7	23.2	19.1	17.5	19.2
	平均	14.9	16.4	18.9	21.1	18.8	17.6	18.7
	与大理州均值差	-0.3	-3.4	-1.2	2.1	-0.7	-0.7	3.3
津巴布韦	哈拉雷	14.5	20.0	20.9	20.5	20.3	20.2	18.2
	索尔兹伯里	14.6	20.2	21.5	20.8	20.7	20.6	18.5
	布拉瓦约	15.0	20.9	21.6	21.3	21.2	21.0	18.8
	奇平盖	15.2	19.1	20.4	20.7	20.0	20.0	18.4
	平均	14.8	20.1	21.1	20.8	20.6	20.5	18.5
	与大理州均值差	-0.4	0.3	1.0	1.8	1.1	2.2	3.1

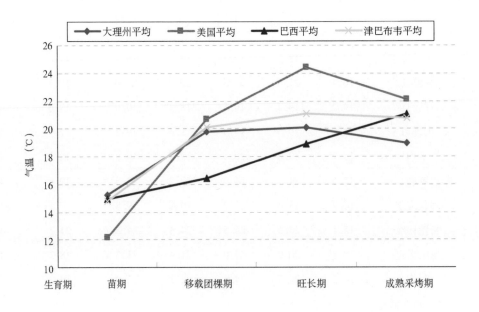

图5.2　大理州与美国、巴西、津巴布韦烤烟生育期平均温度比较图

温度比较分析：大理与国外烟区烤烟生长期相比，烤烟生长期温度同处由低变高，又由高变低的相同季节。大理烟区在温度方面的优势是，苗期温度高，低温冷害轻；移栽团棵期温度比巴西高，与美国、津巴布韦相近；旺长期温度适宜，不会出现高温现象，与巴西、津巴布韦相近；成熟采烤期温度没有国外高，不会出现高于 35℃ 使烤烟生长受到抑制的现象。

（3）降水：大理州年降水为 833.2mm，各地年降水在 566.9～1058.5mm 之间。烤烟生长期 3—9 月降水为 698.2mm，各地在 494.0～880.9mm 之间，其中苗期 3—4 月降水为 42.1mm，各地在 14.8～64.8mm 之间；大田期 5—9 月降水为 656.1mm，各地在 479.2～802.9mm 之间。

从大理州四大特色优质烟区代表站与国外烟区相比，烤烟生长期降水量比国外烟区好，烤烟生长期 3—9 月降水平均为 720.4mm，比美国、巴西分别少 60.9mm、109.1mm，比津巴布韦多 170.0mm；苗期 3—4 月平均为 52.8mm，比美国、巴西分别少 135.0mm、33.5mm，比津巴布韦多 40.0mm。大田期 5—9 月降水为 667.5mm，与巴西相近，比美国、津巴布韦分别多 74.0mm、129.9mm，大田期各生育期降水好于国外烟区（见表 5.10 和图 5.3）。

表5.10　大理州与美国、巴西、津巴布韦烤烟生育期降雨量比较表（单位：mm）

| 地名 | 项目 | 苗期 | 大田期 | | | | 全生育期 | 年 |
			移栽团棵期	旺长期	成熟采烤期	合计		
大理州	南涧县宝华	74.0	198.0	170.7	268.5	634.5	708.5	886.5
	弥渡县	36.2	193.2	140.2	269.9	603.3	639.5	781.0
	祥云县	36.3	192.8	147.8	288.9	629.4	665.8	812.5
	大理市	64.8	233.3	189.2	380.4	802.9	867.7	1058.5
	平均	52.8	204.3	162.0	302.0	667.5	720.4	884.6
美国	哈特勒斯角	181.6	211.2	136.0	301.6	648.7	830.3	1413.9
	阿什维尔	209.2	197.0	97.0	208.0	501.8	711.0	1119.7
	哥伦比亚	183.4	209.2	79.1	181.4	469.7	653.0	934.2
	查尔斯顿	177.0	277.0	186.4	290.6	753.8	930.7	1309.3
	平均	187.8	223.6	124.6	245.4	593.5	781.3	1194.3
	与大理州均值差	135.0	19.3	−37.4	−56.6	−74.0	60.9	309.7

续表

| 地名 | 项目 | 苗期 | 大田期 | | | | 全生育期 | 年 |
			移栽团棵期	旺长期	成熟采烤期	合计		
巴西	阿腊沙	59.6	51.3	155.1	268.0	793.3	912.7	1726.9
	坎皮纳斯	40.7	55.5	121.2	187.5	607.0	688.4	1393.1
	库里蒂巴	86.8	104.2	122.1	129.1	588.7	762.2	1372.9
	帕索奋多	140.5	146.0	162.0	122.0	698.0	979.0	1659.0
	阿莱格雷特	147.6	122.3	224.9	107.5	684.4	979.5	1633.8
	圣保罗	42.4	59.6	124.8	163.2	570.5	655.3	1383.5
	平均	86.3	89.8	151.7	162.9	657.0	829.5	1528.2
	与大理州均值差	33.5	−114.5	−10.3	−139.1	−10.5	109.1	643.6
津巴布韦	哈拉雷	3.5	45.0	111.4	381.2	537.6	541.1	852.6
	索尔兹伯里	4.0	35.0	100.0	399.0	534.0	538.0	867.0
	布拉瓦约	2.0	40.1	104.0	287.7	431.8	433.8	674.7
	奇平盖	41.7	79.3	114.9	452.7	646.9	688.6	1174.4
	平均	12.8	49.9	107.6	380.2	537.6	550.4	892.2
	与大理州均值差	−40.0	−154.4	−54.4	78.2	−129.9	−170.0	7.6

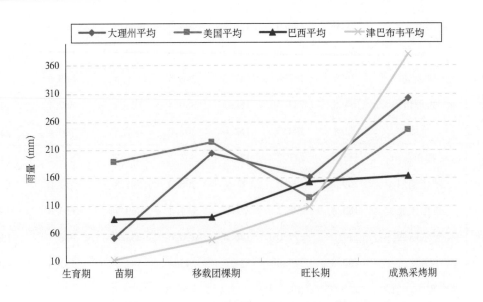

图 5.3　大理州与美国、巴西、津巴布韦烤烟生育期降雨量比较图

降水条件分析:大理烟区苗期降水没有国外烟区多,大理州烤烟育苗采取工场化集中育苗,而且漂浮育苗达百分之百,苗床选择在水源条件好的地方,苗期降水适当偏少,间接说明气温较高,对育苗有利。大理烟区大田期降水比国外好,与烤烟需水规律相一致,常年移栽期降水少,有利于扎根;团棵期和旺长期自然降水丰沛,能满足旺长期的需水要求;成熟采烤期降水适当,有利于采摘烘烤。

(4)大理州与国外烟区气象条件综合比较。

大理州烤烟生长期温度适宜,变化平稳,无高温危害。而美国、津巴布韦温度较高,变化剧烈;大理烟区苗期日照充足,温度较高,有利于培育壮苗,大田期光照和煦,特别是团棵至成熟采烤期,时遮时射,阳光和煦,没有美国、津巴布韦强烈,与巴西相近,大理烟区几乎没有日灼斑;大理烟区苗期降水比美国、巴西少,比津巴布韦多。大田期降水分配均匀与烤烟需水规律相一致,满足程度比国外烟区好。

5.3　大理州与国内著名烤烟产区气象条件分析

中国是世界上烤烟生产大国,烤烟生产无论面积还是产量已跃居世界首位。河南许昌、山东青州、湖南郴州、贵州遵义等地所产的烟叶以优质驰名中外。青州烟颜色金黄,光泽鲜亮,香气较好。许昌烟烟叶颜色金黄而略淡,油润丰富,有突出的“浓香”,杂气很轻,劲头适中,吸味优美,是卷烟配料的上品。郴州是湖南最大烟叶产区,也是全国 20 个年产 2.5 万吨以上的重点烟叶产区之一,具有浓香型、有焦甜感的烟叶。遵义烟叶颜色金黄,富有弹性,厚薄适中,叶片较小,劲头适中燃烧性良好。大理烟叶质量上乘,清香型风格突出,尤其是红大烟叶,其香气质好,透发性强,细腻柔和,香甜感突出,杂气少且单一,是“中式卷烟”特色优质原料。2009 年3 月 18—20 日在“大理特色优质烟叶发展论坛”上,国内一流的评吸和烟叶质检专家总体评价为:大理红大品种烟叶特色突出,风格明显,工业可用性强,具有优质烟叶所具备的特征和优点,是云南优质清香型烟叶的典型代表。统计上述 5 地烤烟生长期的气象要素、经纬度、海拔高度等进行对比分析,是研究国内优质烤烟气候生态的重要方法。分析得出,贵州遵义、云南大理清香型烟区海拔相对比浓香型烟区高,山地气候特点明显,森林覆盖率高,一片森林一片烟,片片都是生态烟的生态环境优越而独特(见表 5.11)。

表 5.11　大理州与国内著名烟区经纬度和海拔高度情况表

地　　名＼项目	区站号	纬度(N)	经度(E)	海拔(m)
河南许昌	57089	34°01′	113°50′	72.8
山东青州	54831	36°43′	118°30′	81.4
湖南郴州	57972	25°45′	112°59′	184.9
贵州遵义	57713	27°42′	106°53′	884.9

续表

地名	项目	区站号	纬度(N)	经度(E)	海拔(m)
大理州	南涧县宝华		24°55′	100°30′	2002.5
	弥渡县	56755	25°21′	100°29′	1659.6
	祥云县	56756	25°29′	100°35′	2002.9
	大理市	56751	25°42′	100°11′	1990.5

5.3.1　光　照

国内著名烟产区烤烟生长期 3—9 月（见表 5.12 和图 5.4）河南许昌日照时数为 1363.9h、山东青州日照时数为 1653.9h、湖南郴州日照时数为 1134.2h、贵州遵义日照时数为 865.7h。大理州四大特色优质烟区烤烟生长期日照时数平均为 1284.8h，比湖南郴州、贵州遵义分别多 150.6h、419.1h，比河南许昌、山东青州分别少 79.1h、369.1h。其中苗期大理州四大特色优质烟区日时数平均为 478.2h，比国内名烟区多 27.4～317.1h，大田期大理特色优质烟区日照时数为 806.6h 比湖南郴州、贵州遵义分别多 107.7h、102.0h，比河南许昌、山东青州分别少 210.2h、396.5h。由此可见，大理烟区育苗期日照充足，病害轻，有利培育壮苗，提高烟苗素质。大田期日照适量，完全能满足烤烟生长发育的要求。而贵州遵义烤烟生长期日照时数不足，河南许昌、山东青州日照时数充足，甚至过多过强，易引起日灼。

表 5.12　大理州与国内著名烤烟产区日照时数比较表（单位：h）

地名	项目	月份 3	4	5	6	7	8	9	3—4月苗期	5—9月大田期	全生育期
	河南许昌	163.0	184.1	214.3	226.2	202.8	206.1	167.4	347.1	1016.8	1363.9
	山东青州	215.4	235.4	272.2	257.4	221.2	230.4	221.4	450.8	1203.1	1653.9
	湖南郴州	78.1	100.6	120.3	162.5	272.7	226.3	162.1	178.9	698.9	1134.2
	贵州遵义	64.3	96.8	98.4	110.5	186.2	188.4	121.1	161.1	704.6	865.7
大理州四大特色优质烟区	南涧县宝华	245.4	218.7	192.4	126.5	87.4	115.9	122.9	464.1	644.8	1108.9
	弥渡县	268.4	254.5	244.8	191.4	160.3	176.1	168.8	522.9	941.5	1464.4
	祥云县	254.3	238.6	231.8	180.4	139.3	151.7	153.0	493.0	856.2	1349.2
	大理市	227.3	205.5	201.1	157.2	135.8	151.6	138.2	432.8	783.9	1216.7
	平均	248.9	229.3	217.5	163.9	130.7	148.8	145.7	478.2	806.6	1284.8

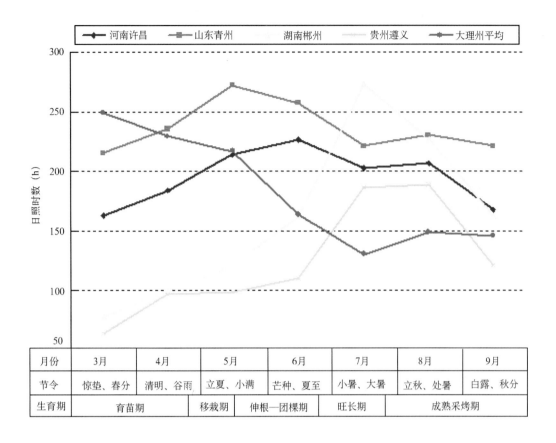

图 5.4　大理州与国内著名烤烟产区日照时数比较图

5.3.2　温　度

国内著名烟产区烤烟生长期 3—9 月平均气温（见表 5.13 和图 5.5）河南许昌为 20.7℃、山东青州为 19.3℃、湖南郴州为 23.0℃、贵州遵义为 19.9℃。大理州四大特色优质烟区烤烟生长期平均气温为 18.3℃，比国内四个著名烟产区低 1.0~4.7℃。其中苗期大理州四大特色优质烟区气温平均为 15.2℃，比国内名烟区河南许昌、山东青州、贵州遵义高 2.1~5.5℃，与湖南郴州相近。大田期大理特色优质烟区气温为 19.5℃，比国内四个著名烟产区低 3.1~6.6℃。

通过分析，大理烟区烤烟生长期温度变化平稳，月与月之间相差仅达 0.5~2.0℃左右；没有像河南、山东、湖南省等烟区温度月际变化大，月与月之间相差最大达 5℃左右。通过对比分析可得山东、河南等浓香型烟区大田期温度较高，云南、福建、贵州等清香型烟区大田期温度要低一点。

表5.13 大理州与国内著名烤烟产区气温比较表（单位:℃）

地 名	项 目	月 份							3—4 月苗期	5—9月 大田期	全生育期
		3	4	5	6	7	8	9			
河南许昌		8.3	15.0	20.9	26.0	27.3	26.2	21.0	11.7	24.3	20.7
山东青州		5.9	13.4	19.9	24.5	26.2	25.2	20.3	9.7	23.2	19.3
湖南郴州		12.5	18.0	22.6	26.1	29.3	28.0	24.4	15.3	26.1	23.0
贵州遵义		10.5	15.7	19.6	22.5	25.3	24.5	21.0	13.1	22.6	19.9
大理州四大特色优质烟区	南涧县宝华	14.6	16.5	18.0	19.3	19.3	19.2	17.9	15.6	18.7	17.8
	弥渡县	14.5	18.3	21.2	22.0	21.5	20.9	19.6	16.4	21.0	19.7
	祥云县	12.6	15.8	18.8	20.0	19.5	18.9	17.7	14.2	19.0	17.6
	大理市	13.2	16.0	18.7	20.2	19.3	19.3	17.8	14.6	19.2	17.9
	平均	13.7	16.7	19.2	20.4	20.1	19.6	18.3	15.2	19.5	18.3

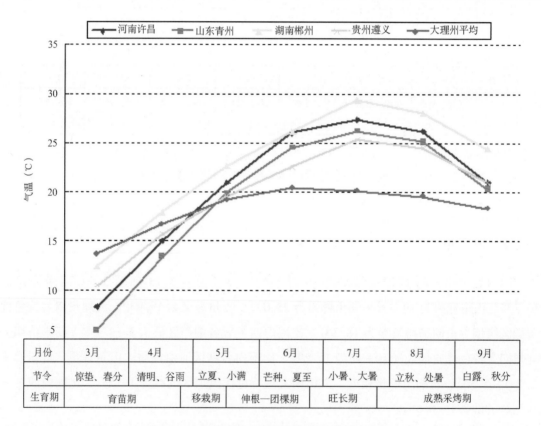

图5.5 大理州与国内著名烤烟产区气温比较图

5.3.3 降 水

由于冬半年和夏半年控制大理州的气团性质截然不同，形成了雨热同季，干凉同季，夏秋多雨，冬春多旱，干湿季分明的季风气候。大理州烤烟生长期降水变化由少到多（见表5.14 和图 5.6），8 月为高峰月，降水变化与烤烟需水规律相吻合。降水月际变化与河南许昌、山东青州相一致，与湖南郴州不一样，与贵州遵义也有所不同。大理四大特色优质烟区苗期降水平均为 52.8mm，与河南许昌、山东青州相近，比湖南郴州、贵州遵义分别少

表 5.14　大理州与国内著名烤烟产区降雨量比较表（单位：mm）

产地		月　　份						3—4月苗期	5—9月大田期	全生育期
		3	4	5	6	7	8	9			
河南许昌		27.2	52.5	67.1	70.5	163.7	140.5	78.2	79.7	520.0	599.7
山东青州		19.1	34.6	46.6	88.7	190.2	136.3	67.9	53.7	529.7	583.4
湖南郴州		156.0	186.0	198.0	230.0	103.0	129.0	85.0	342.0	745.0	1087.0
贵州遵义		37.8	88.9	155.1	189.7	148.2	133.8	100.9	126.7	727.7	854.4
大理州四大特色优质烟区	南涧县宝华	22.5	51.5	97.5	100.5	170.7	168.1	97.7	74.0	634.5	708.5
	弥渡县	18.7	17.5	61.4	131.8	140.2	152.0	117.9	36.2	603.3	639.5
	祥云县	18.8	17.5	57.9	134.9	147.8	166.0	122.9	36.3	629.4	665.7
	大理市	40.1	24.7	74.4	158.9	189.2	212.2	168.2	64.8	802.5	867.7
	平均	25.0	27.8	72.8	131.5	162.0	174.6	126.7	52.8	667.4	720.4

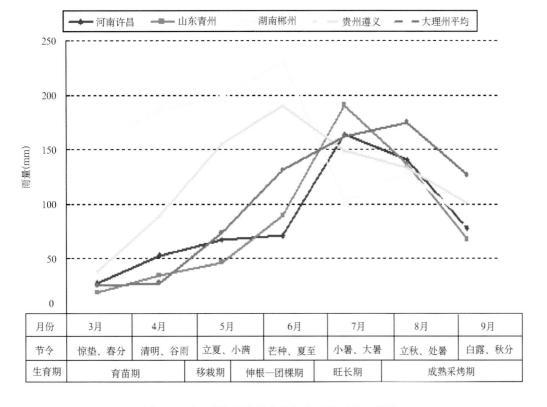

图 5.6　大理州与国内著名烤烟产区降雨量比较图

289.2mm、74.1mm。大理烟区苗期降水少，但目前全州烤烟育苗全部采取大棚集中育苗，统一供苗，苗棚选在水源条件好的地方，育苗期不受自然降水的影响。大田期四大特色优质烟区平均降水为 667.4mm，比河南许昌、山东青州丰沛，分别多 147.4mm、138.4mm，比湖南郴州、贵州遵义分别少 77.6mm、60.3mm。大理烟区大田期月降水在57.9～212.2mm 之间，烤烟团棵旺长期是需水量最大的时期，大理烟区自然降水多数年能满足需水要求。没有河南许昌、山东青州烟区干旱，也没有湖南郴州、贵州遵义烟区多雨而需防涝害。

5.3.4　大理州与国内著名烤烟产区气象条件综合评述

通过上述与国内著名烤烟产区比较，大理州烤烟产区有利的气象条件是：育苗期日照充足，大田期光照和煦；温度适宜，春温回暖早，温度变化平稳，月与月之间相差仅0.5～2.0℃，无高温危害之忧；大田期间降水适中，多数年份团棵至成熟采烤自然降水能满足烤烟的需水要求。

大理州清香型烟叶形成的气候原因分析：①生长前期多光照少雨，气温较高；②旺长期光照适中，光热水配置总体较好；③现蕾至成熟期光照、雨量适中，气温略低，有利于清香型烟叶的物质积累。

5.4　大理州与省内著名烤烟产区气象条件分析

云南省烟叶质量品质好，清香型香气好，产量居全国首位。云南优质烟以玉溪、曲靖、楚雄为代表。红花大金元原产地为昆明市石林县（原为路南县）。选定玉溪、石林、曲靖、楚雄的气象资料进行对比分析。从基本情况中可以看出大理州四大特色优质烟区与云南省优质烟区纬度相近，经度相差 2°～3°，而海拔高度大理州宝华、祥云、大理市与曲靖相当，比玉溪、石林、楚雄高 200～300m（见表 5.15）。

表 5.15　大理州与省内著名烤烟产区经纬度和海拔高度比较表

代表点 项目	纬度(N)	经度(E)	海拔(m)	代表点 项目	纬度(N)	经度(E)	海拔(m)
玉溪	24°21′	102°33′	1636.7	南涧宝华	25°03′	100°32′	2002.5
石林	24°44′	103°16′	1679.8	弥渡县	25°21′	100°29′	1659.6
曲靖	25°30′	103°48′	1906.2	祥云县	25°29′	100°35′	2002.9
楚雄	25°01′	101°32′	1772.0	大理市	25°42′	100°11′	1990.5

5.4.1 光　照

大理州是云南省日照时数较多的地区，日照充足，光质好。大理四大特色优质烟区烤烟生长期3—9月平均日照时数为1284.8h（见表5.16和图5.7），与红花大金元原产地石

表5.16　大理州与省内著名烤烟产区日照时数比较表（单位：h）

地　名	项目	月　份							3—4月苗期	5—9月大田期	全生育期
		3	4	5	6	7	8	9			
	玉溪	237.6	235.1	207.6	135.5	118.7	135.2	119.9	472.7	716.9	1189.6
	石林	245.5	243.8	215.3	158.5	147.2	157.1	136.3	489.3	814.4	1303.7
	曲靖	243.8	240.6	199.6	135.7	135.0	160.0	127.1	484.8	757.4	1241.8
	楚雄	249.0	231.4	213.9	147.9	117.3	130.2	123.6	480.4	732.9	1213.3
大理州四大特色优质烟区	南涧县宝华	245.4	218.7	192.4	126.5	87.4	115.9	122.9	464.1	644.8	1108.9
	弥渡县	268.4	254.5	244.8	191.4	160.3	176.1	168.8	522.9	941.5	1464.4
	祥云县	254.3	238.6	231.8	180.4	139.3	151.7	153.0	493.0	856.2	1349.2
	大理市	227.3	205.5	201.1	157.2	135.8	151.6	138.2	432.8	783.9	1216.7
	平均	248.9	229.3	217.5	163.9	130.7	148.8	145.7	478.2	806.6	1284.8

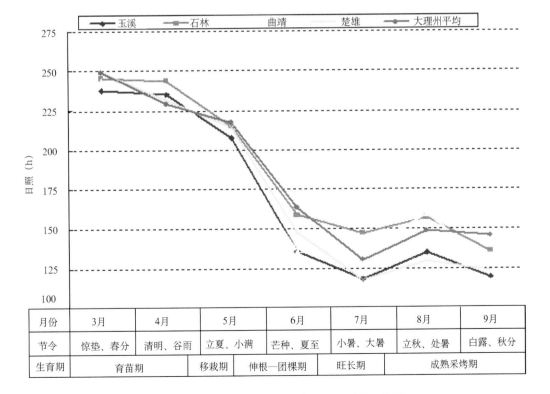

图5.7　大理州与省内著名烤烟产区日照时数比较图

林相近，比玉溪、曲靖、楚雄多 42.6~94.8h；其中大理州四大特色优质烟区烤烟育苗日照时数为 478.2h，与省内四个优质烟区相近，烤烟育苗期日照充裕。大理州四大特色优质烟区烤烟大田期日照时数为 806.6h，与石林的 814.4h 相近，比玉溪、曲靖、楚雄多 49.2~89.7h，由此可见，大理州烟区的日照时数与红花大金元原产地石林县一致，大田期日照充足，时遮时射，光照和煦，有利于优质烟的形成。

5.4.2　气　温

大理州位于云南省西部，地处云贵高原与横断山脉南端结合部。州境最南端为 24°41′N，最北端为 26°42′N，较接近北回归线，太阳辐射高度角较大且变化幅度小。加之地处云南滇西高原，平均海拔高度相对较高，特殊的地理条件，形成大部分地区夏无酷暑，冬无严寒，年温差小，日温差大，四季不明显，气候较温暖的低纬高原气候特点。大理州四大特色优质烟区烤烟生长期平均气温为 18.3℃，比曲靖高 0.4℃，比玉溪、石林低 0.7℃，比楚雄低 1.0℃；大理州四大特色优质烟区烤烟育苗期平均气温为 15.2℃，与曲靖、玉溪相近，比石林低 1.1℃，比楚雄低 1.2℃；大理州四大特色优质烟区烤烟大田期平均气温为 19.5℃，比曲靖高 0.4℃，比玉溪、楚雄低 0.9℃、比石林低 0.7℃（见表 5.17 和图 5.8）。从温度条件分析大理烟区比曲靖高，比玉溪、石林、楚雄低。根据云南烤烟区划指标：适宜区海拔 1650~2000m，烤烟生长期温度大于 10℃，活动积温应在 3600℃·d，9月下旬平均气温在 17℃以上，日照时数 470~500h 以上。可见大理州烟区在适宜范围内，加之大面积推广烤烟地膜栽培，地膜增温效应，使地温和近地面气温提高；还有，大理日照多，光温效应，相互补偿，使大理烤烟生长期气象条件达最佳最优的状态。

表 5.17　大理州与省内著名烤烟产区气温比较表（单位：℃）

| 地　名 | 项　目 | 月　份 | | | | | | | 3—4月苗期 | 5—9月大田期 | 全生育期 |
		3	4	5	6	7	8	9			
	玉溪	13.8	17.3	20.2	21.2	20.9	20.5	19.3	15.6	20.4	19.0
	石林	14.4	18.1	20.2	20.9	20.7	20.3	18.7	16.3	20.2	19.0
	曲靖	13.4	16.8	18.6	19.9	20.0	19.5	17.5	15.1	19.1	17.9
	楚雄	14.7	18.0	20.5	21.4	20.9	20.4	18.9	16.4	20.4	19.3
大理州四大特色优质烟区	南涧县宝华	14.6	16.5	18.0	19.3	19.3	19.2	17.9	15.6	18.7	17.8
	弥渡县	14.5	18.3	21.2	22.0	21.5	20.9	19.6	16.4	21.0	19.7
	祥云县	12.6	15.8	18.0	20.0	19.4	18.9	17.7	14.2	19.0	17.6
	大理市	13.2	16.0	18.7	20.2	19.4	19.3	17.8	14.6	19.2	17.9
	平均	13.7	16.7	19.2	20.4	20.1	19.6	18.3	15.2	19.5	18.3

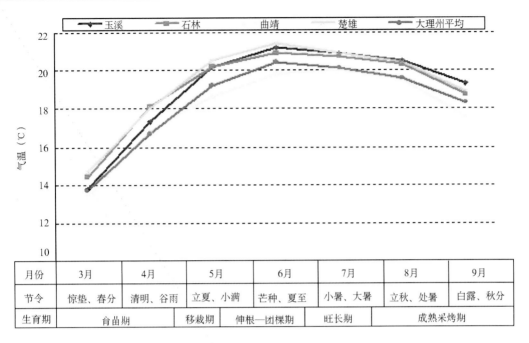

图 5.8　大理州与省内著名烤烟产区气温比较图

5.4.3　降　水

据研究，生产优质烟叶，大田期降雨量 400～500mm，采烤期间 250～300mm，产量品质都比较好。大理州烟区与全省一样，一般雨季开始前天气干旱，大田生长期间正值雨季，6 月雨量 100～160mm，7 月雨量 140～190mm，8—9 月（采烤期）雨量 260～380mm，正常年份能满足需要。云南省著名烤烟代表站全生育期降水在 725.5～784.1mm，平均为 758.3mm；大理四大特色优质烟区全生育期降水在 639.5～867.7mm，平均为 720.4mm（见表 5.18 和图 5.9）；大理四大特色优质烟区与省内优质烟区的烤烟全生育期降水平均值差异不大，仅差 37.9mm。育苗期降水在 36.2～74.0mm，与省内优质烟区差异也不大；大田期降水在 603.3～802.5mm，平均为 667.4mm，省内优质烟代表点大田期降水在 692.6～733.3mm，平均为 710.3mm。

5.4.4　光热水综合评述

大理州烤烟生长期雨热同季，光温互补；光照优越，降水适中，月际分配好；温度适宜，特别是光照，降水优于全省大多数地区。与玉溪、石林、楚雄、曲靖等地区一样，同属云南最好的烟区。大理州的弥渡、南涧、巍山、永平、漾濞、云龙等县的气象条件与红花大金元原产地石林县相似，大理州所产的红花大金元烟叶质量好，这就是对气候的佐证。

表 5.18　大理州与省内著名烤烟产区降雨量比较表（单位：mm）

地名＼项目	月份							3—4月苗期	5—9月大田期	全生育期
	3	4	5	6	7	8	9			
玉溪	19.2	31.2	86.7	138.3	177.6	186.2	107.9	50.4	696.7	747.1
石林	20.7	30.1	98.9	161.5	177.9	172.7	122.3	50.8	733.3	784.1
曲靖	23.4	34.4	104.9	176.5	173.2	156.6	107.4	57.8	718.6	776.4
楚雄	14.5	18.4	69.0	139.1	190.7	167.5	126.3	32.9	692.6	725.5
南涧县宝华	22.5	51.5	97.5	100.5	170.7	168.1	97.7	74.0	634.5	708.5
弥渡县	18.7	17.5	61.4	131.8	140.2	152.0	117.9	36.2	603.3	639.5
祥云县	18.8	17.5	57.9	134.9	147.8	166.0	122.9	36.3	629.4	665.7
大理市	40.1	24.7	74.4	158.9	189.2	212.2	168.2	64.8	802.5	867.7
平均	25.0	27.8	72.8	131.5	162.0	174.6	126.7	52.8	667.4	720.4

（大理州四大特色优质烟区）

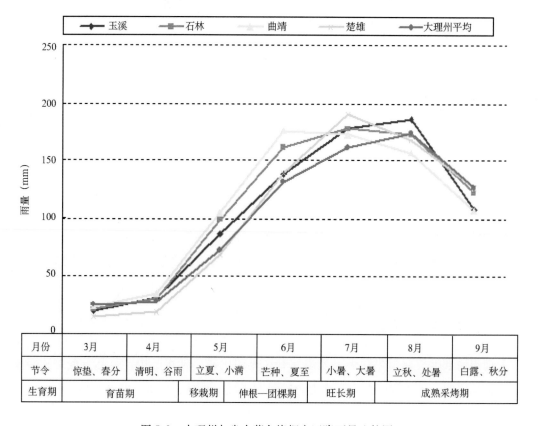

图 5.9　大理州与省内著名烤烟产区降雨量比较图

5.5　大理州发展特色优质烟叶的气候优势

为加强与企业、科研单位的交流、合作与互动，做大做强大理州特色优质烟叶品牌，2008 年大理州烟草公司派出技术人员先后到湖南中烟、湖北中烟、青州烟科区、江苏中烟、红云集团、红塔集团、云南省烟科所考察调研发展大理特色优质烟叶的相关事宜。湖南中烟工业公司技术中心产品所配方师曾毅等认为：大理烟叶重点是质量好且稳定，清香型风格突出，香气量较足、香气丰富、爆发力强，回甜感比较好、杂气种类比较单一、干燥感少、烟质细腻。湖北中烟工业公司技术中心原料研究部何结望副主任认为：大理的科技创新能力强，烟叶生产水平高，烟叶质量、可用性不断增强，烟叶颜色以柠檬色偏金黄为主，纯净度好，身份适中，结构疏松，成熟度尚熟至熟，油分好，烟叶化学成分协调；烟叶感官质量主要表现为香气质量较好、充实饱满，烟气协调性好，烟气细腻，杂气和刺激性略有，浓度劲头适中。其中，红大烟叶很有优势，尤其是南涧、弥渡的红大烟叶优势更加明显，清香型突出，透发性好，烟气柔和细腻、飘逸，口感舒适，杂气轻，平衡度好。大理红大烟叶是红塔品牌、红云品牌的主要原料，黄鹤楼品牌、芙蓉王品牌、七匹狼品牌也竞相争购，大理在国内烤烟生产中已占有一席之地。

就大理州烤烟生长季气候，与国外美国、巴西、津巴布韦烟区，国内河南许昌、山东青州、湖南郴州、贵州遵义烟区，省内玉溪、石林、曲靖、楚雄等优质烟区的气象条件进行比较，分析大理州发展特色烤烟的气候优势，主要表现在以下几个方面。

5.5.1　春早春暖、光照充足，有利于早播和培育壮苗，适时早栽

大理州烟区育苗期 3—4 月平均气温为 15.2℃，比美国、巴西、津巴布韦分别高 3.0℃、0.3℃、0.4℃；比国内名烟区河南许昌、山东青州、贵州遵义高 2.1 ~ 5.5℃，与湖南郴州相近；与曲靖、玉溪相近，比石林低 1.1℃，比楚雄低 1.2℃。大理州烟区育苗期温度高、春季回暖早有利育苗。大理州烤烟育苗期 3—4 月与国内河南许昌、山东青州及省内一样，处于干季，降水少，日照时数充足。大理州四大特色优质烟区苗期日照时数平均为 478.2h，比国内名烟区多 27.4 ~ 317.1h，与省内四个优质烟区相近。大理州烤烟育苗期日照时数与国外、国内烤烟区相比较为充足。5 月是烤烟移栽期，大理州 5 月份平均气温为 19.9℃，与国内外、省内烤烟主产区相近。大理州育苗期气象条件与国内外、省内相比，春季回暖早，温度高，光照充足，霜冻危害较轻，有利于烤烟适时早播，培育壮苗。5 月温度高，为烤烟适时早栽创造了条件，也为生产优质烤烟奠定了良好的基础。

5.5.2　大田期温度适宜，气温月际变化小、日较差合理、有效性高

据研究，烤烟大田期适宜温度 20 ~ 25℃，6—8 月平均气温在 20℃以上。大理州烤烟大

田生长期 6—8 月，月平均气温依次为 21.4℃、21.0℃、20.4℃。大理州烤烟旺长至成熟期温度适宜，变化平稳，无高温危害。而美国温度较高达到 22.1 ~ 24.4℃，变化剧烈；国内烟区河南许昌、山东青州、湖南郴州、贵州遵义在 22.5 ~ 28.0℃，并时常出现高于 35℃的有害高温。大理州 6—8 月烤烟生长无高温危害之忧。温度在适宜范围内偏低，营养生长期适当延长，有利于积累较多的光合产物，使营养体（叶片）增大而形成高产。

5.5.3 日照时数适中，光照和煦而不强烈，半漫射光多，有利于烟叶品质的提高

烤烟虽是喜光作物，要求充足的光照。但烤烟的光饱和点和光补偿点都较低，光照过强，直射光过多，对烟叶的生长发育和获得优质反而不利。大理州全年日照时数达2052.7 ~ 2670.3h，属全省高值区，其中有 11 个县市大于 2200h。烤烟生长期 3—9 月日照时数 1084.5 ~ 1460.9h，比国外美国 1912.4h、津巴布韦 1719.6h，国内山东青州 1653.9h、河南许昌 1363.9h 等烟区偏少；与国外巴西 1245.0h，国内湖南郴州 1134.2h、贵州遵义 865.7h 相比，大理州烤烟生长期日照时数接近或多一些。大理州烟区苗期日照时数平均为 464.9h，比国内名烟区多 20 ~ 310h，与国外、省内烟区苗期日照时数接近。由此可见，大理州烟区苗期日照时数多对培育壮苗有明显优势，大田期的日照时数比美国、河南许昌、山东青州等烟区偏少，和云南石林等地接近，优于湖南郴州、贵州遵义和省内玉溪、曲靖、楚雄等地，既能满足烤烟的需光要求又无强光灼伤之忧。大理州和玉溪、石林、曲靖、楚雄等地一样，6—9 月正值雨季，雨日虽多，但多为阵性降水，日光时遮时射，漫射光多；加之地处高原、空气稀薄清新，短波光比例大，光合有效辐射量大质好。大理州 6—8 月日照百分率在 31% ~ 38%之间，在日照时数适中，光照和煦而不强烈的条件下，烟叶组织细致，叶片厚薄适中，弹性好，各种所需内含物比例协调。因而大理州具有生产优质烟叶的独有光照条件优势。

5.5.4 雨量适中，降水时间分布与烤烟需水规律比较一致

一般认为，烤烟大田期降水量在 400 ~ 520mm 为宜，降水不仅要充足，还要分布适当。各生育期需水还苗至团棵期约需 80 ~ 100mm，土壤最大持水量在 50% ~ 60%之间，旺长期约需 200 ~ 260mm，土壤最大持水量为 80%，成熟期约需 120 ~ 160mm，土壤最大持水量为 60%。大理州烤烟大田期 5—9 月雨量在 479.2 ~ 802.2mm 之间。月雨量依次为 55.4mm、126.4mm、170.9mm、171.8mm、131.8mm。烤烟大田期需水规律是，移栽至团棵期需水量少，旺长期需水多，成熟期逐步减少。大理州烤烟大田期（5—9 月）平均雨量为 656.1mm，比美国代表烟区 593.5mm，津巴布韦代表烟区 537.6mm，比河南许昌 520.0mm、山东青州 529.7mm 偏多 62.6 ~ 136.1mm；与巴西代表烟区、省内玉溪、楚雄接近；比国内烟区湖南

郴州 745.0mm、贵州遵义 727.7mm、石林 733.3mm、曲靖 718.6mm,偏少 62.5~88.9mm。根据烤烟的需水要求,大理州烤烟大田期雨量适中,不像湖南郴州 5—6 月雨量达 458mm、贵州遵义 5—6 月多雨寡日照,病害严重,影响烟叶的质量。因此,大理州在降水条件方面也具有生产优质烟叶的优势。

5.5.5　强降水频次少,降水有效性高,有利于稳定烟叶产量和质量

大理州烤烟大田生长期(5—9 月)日降水量大于 25mm 的大雨日数(见表 5.19),全州多年平均 6.0 天,日降水量大于 50mm 的暴雨,全州多年平均仅有 0.8 天。根据气象上划分小雨、中雨、大雨、暴雨、大暴雨、特大暴雨的标准分别统计历年各级降雨日数,全州各地年平均小雨日数 74.3~114.0 天,占年均雨日的 74%~81%;年平均中雨日数 14.2~24.9 天,占年平均雨日 15%~19%;年平均大雨日数 4.3~9.0 天,占年均雨日的 4%~7%;年平均暴雨日数 0.3~2.5 天(见表 5.20),占年均雨日的 0~2%。大暴雨极少,特大暴雨未出现过。大理州是省内烤烟主产区,也是大雨、暴雨较少的产区。降水强度小,地表径流少,雨水易渗入土壤被利用,从而有效性高;大雨、暴雨次数少,不易发生洪涝灾害,并可减少土壤养分的流失,烟田不易脱肥。降水强度小,烟叶受雨水冲刷的滤沥度就小,有利提高烟叶的油润性和香气量。

表 5.19　大理州与省内烤烟产区大田期降雨量≥25mm 日数(单位:天)

月份 地名	5	6	7	8	9	5~9
大理州	0.3	1.2	1.7	1.7	1.1	6.0
玉溪	0.9	1.5	1.6	2.2	0.9	7.1
石林	1.3	1.6	1.9	2.0	1.3	8.1
曲靖	0.9	2.1	2.0	1.7	1.0	7.7
楚雄	0.8	1.6	2.3	1.8	1.4	7.9

表 5.20　大理州与省内烤烟产区大田期降雨量≥50mm 日数(单位:天)

月份 地名	5	6	7	8	9	5~9
大理州	0.0	0.2	0.2	0.2	0.2	0.8
玉溪	0.1	0.3	0.2	0.4	0.2	1.2
石林	0.1	0.5	0.4	0.4	0.4	1.8
曲靖	0.1	0.5	0.4	0.3	0.2	1.5
楚雄	0.1	0.4	0.4	0.2	0.2	1.3

5.5.6 大风、冰雹灾（危）害概率小

烤烟叶片宽大密集，遇大风或冰雹极易造成折断和破损，因而直接影响烟叶的质量和产量。

大理州各地多年平均风速为 1.6～3.9m/s（下关除外），全年静风频率 15%～46%。5—9 月月平均风速 1.1～4.8m/s 之间，大风日数只有 1～1.6 天，烤烟生长期基本无大风危害。

烤烟种植区，冰雹灾害极少出现，以各县（市）气象站资料统计，5—9 月多年年平均冰雹日数不足 1 天。而年冰雹日数曲靖 7 天、石林 4 天、楚雄 2 天、玉溪 3 天。大理州只有在坝区周围山麓和部分山区，有时也产生降雹天气，但多呈局地性，范围小，因而对烤烟的影响较小。

总之，大理烟区兼有低纬高原和山地气候等特点，耕地面积大，土壤肥沃，光照充足，热量适宜，降水适中，烟水工程较为完善，灌溉条件好，有生产优质烟叶自然气候条件。大理州烟叶具备香气风格突出、香气质高、香气柔和、质感较好、清甜飘逸、口感特性好、醇和度高等特点，深受国内 18 个卷烟工业企业的赞誉，而且供不应求。

第6章 烤烟气象灾害和病虫害及其防御

6.1 烤烟气象灾害及防御

大理州地处低纬高原，多以山地为主，境内地势北高南低，海拔差异悬殊，在低纬度、高海拔地理条件及季风环流的综合作用下，形成大理州兼有低纬气候、季风气候、山地高原气候某些特点的低纬、山地高原季风气候。由于地形地貌复杂，海拔悬殊，形成气候水平分布复杂，垂直差异突出的山地高原气候的特点，农业气象灾害频发。农业气象灾害是指对农作物生长发育过程起抑制作用或破坏作用并造成一定农业损失的天气或气候，由于烟株是一个综合体，生长发育受气候条件影响，异常天气超过一定限制就对烤烟生长发育、产量和品质产生危害。通过气象观测、气候资料分析、烤烟气象灾害调查，得出大理州烤烟种植的主要气象灾害有：育苗期低温、成熟期低温、干旱、涝害、大风、冰雹等，其中对全州烤烟产量和质量影响面较大的是干旱，其他气象灾害仅为局地性、插花性分布。分析表明，大理州烤烟生产中气象灾害较多，风调雨顺的年景少。因此，掌握烤烟生长期气象灾害发生的特点及规律，对提高烤烟种植的抗御灾害能力，实现烤烟生产优质、适产、高效非常重要。

6.1.1 干 旱

（1）干旱对烤烟生长发育的影响

干旱是影响大理州烤烟种植的主要气象灾害之一。干旱是一种因长期无雨或少雨，土壤水分不能满足农作物生长发育的需要，造成空气干燥，土壤缺水的一种自然现象。烤烟在短时间内干旱缺水的情况下还能生长，但如果干旱时间太长，则易造成烟株矮小，叶片窄长，脚叶枯死，心叶变黄、组织紧密，成熟不一致、蛋白质、烟碱含量相对增加，碳水化合物含量减少，提早现蕾开花等。严重缺水时，则出现烟叶片凋萎，造成假熟，甚至造成烟株干枯死亡（如图6.1所示）。

影响州内烤烟生产的主要干旱有初夏旱和夏旱。初夏旱主要是影响烤烟的移栽和保苗用水，大田期出现较多的是移栽期干旱；夏旱主要发生在烤烟团棵旺长期和成熟期，干旱出现年份则较少。移栽期干旱在水利条件差的地方会影响烤烟适时移栽，贻误最佳节令；团棵旺长期是烤烟需水量较多的时期，此时遇旱会影响烟株的生长及造成下部叶片枯死。虽然成熟期烟株对水分的要求是少而不缺，但此时干旱，会造成土壤养分供给不畅，也会造成叶片假熟，品质不佳。

（2）初夏旱指标及出现年份

大理州雨季在 6 月 10 日以后开始，或 5—6 月降雨量小于 110mm，或 6 月降雨量小于 60mm。只要出现其中一项就认为出现初夏旱，在同一年中有 6 县（市）以上同时出现初夏旱，称为全州性初夏旱年。按此指标统计，出现全州性初夏旱的年份有 1969、1971、1977、1980、1983、1986、1987、1988、1991、1992、1997、1998、2005、2007、2010 年，共 15 年，出现几率为 30%。其中，较为严重的是 1977、2010 年，共 2 年，出现几率为 4%，尤以 2010 年突出，大理州遭遇了历史罕见的秋、冬、春、初夏连旱，对烤烟移栽和保苗用水造成重大影响（见表 6.1）。

表 6.1　大理州雨季开始期及 5 月雨量资料

项目\地点	雨季开始期(单位:月.日)			5 月雨量(单位:mm)		
	平均	最早	最晚	平均	最少	最多
大理	5.31	4.5	6.30	74	0.8	260
宾川	6.3	4.21	6.30	36	0.1	179
弥渡	6.1	4.30	6.30	61	1.2	224
祥云	6.1	4.30	6.30	58	0.4	246
巍山	5.30	4.30	6.30	61	0.4	182
云龙	6.3	4.26	6.30	51	0.5	201
漾濞	5.30	5.5	6.30	63	1.9	228
永平	5.31	5.10	6.30	60	0.2	277
剑川	6.2	4.21	6.30	45	0	141
洱源	6.5	4.22	6.30	48	0	187
鹤庆	6.4	4.21	6.30	49	0.5	122
南涧	5.31	4.30	6.30	111	1.1	218

（3）夏旱指标及出现年份

夏旱是烤烟团棵旺长期的干旱，此时烤烟需水最多，如果这段时期干旱严重，烟株会早花蹲塘，影响烤烟产量和质量。大理州烤烟旺长期正值雨季，一般出现夏旱的几率较少，但仍有少数年份出现降雨量特少、持续干旱情况，对烤烟生长影响较大。

大理州 7—8 月总雨量小于 200mm 或其中一个月雨量小于 70mm，只要出现其中一项就认为出现夏旱，在同一年中有 6 县（市）以上同时出现夏旱，称为全州性夏旱年。按此指标统计，出现年份有 1965、1979、1982、1983、1987、1993、2003 年，共出现 7 年，出现几率为 14%。

图 6.1　移栽后的烤烟受旱

（4）防御措施

①加强水利建设，完善烟水工程

在兴修水库等配套工程的同时，烟区要加强基本烟田建设，搞好烟区水利建设，进一步提高抗旱保苗的能力。

②地膜覆盖栽培保水保苗

烤烟采用地膜覆盖，能起到保持土壤水分的作用。据测定，移栽 10 天根际土壤的含水量，盖膜比不盖膜的提高了 6.9%。同时地膜覆盖后可减少平时的浇水次数，提高烟苗成活率。

③移栽时使用保水剂浇施

根据大理市气象局旱地保水剂节水栽培烤烟试验表明，每亩采用 1.0～1.5kg 保水剂兑水浇施，能起到保水保肥、抗旱保苗的作用。若结合地膜覆盖栽培同时使用效果更佳。

④人工增雨，抗旱保苗

人工增雨是人工影响天气的重要方面。近年来大理州各县（市）在人工增雨抗旱保苗、库塘蓄水等方面取得了较好的社会和经济效益。干旱年景，抓住有利天气条件，适时开展人工增雨作业，对确保烟苗适时移栽和抗旱保苗极为重要。

6.1.2　育苗期低温霜冻

（1）育苗期低温霜冻对烤烟苗的影响

育苗期低温是大理州中高海拔地区烤烟生产中的主要气象灾害之一，倒春寒和晚霜冻是影响育苗的主要灾害。烤烟幼苗遭受低温或晚霜冻危害后会因生理机能障碍而出现枯萎，甚至死亡。晚霜冻和倒春寒一般是相伴出现的，北方强冷空气南下时，大理州常出现阴冷或阴雨天气，连续数日的平均气温可降低至 8～10℃ 以下，有时还会出现不同量级的雨雪天气。当天气突然转晴，由于平流和辐射混合作用，夜间最低气温可下降至 2～0℃ 以下，出现严重晚霜冻。烤烟幼苗对温度反应非常敏感，苗期日平均气温如果低于 12℃ 将抑制烟苗生长，造成僵苗，移栽后会导致花早。

（2）大理州育苗期低温指标及出现年份

育苗期指标：将 3 月份旬平均气温 <11℃ 或最低气温在 0℃ 以下，定义为大理州烤烟育苗期低温天气。按此指标统计表明，大理州出现育苗期低温天气的年份有 1962、1964、1967、1971、1973、1976、1978、1979、1983、1986、1987、1990、1993、2000、2005 年共 15 年，出现几率为 30%，其中，发生严重的有 1986、2000、2005 年，共 3 年，出现几率为 6%。在烤烟育苗期，大理州的山区、半山区、中部及其以北高海拔地区遭遇低温的几率较大，宾川、南涧受低温危害很少，但有时也会出现，仍要防范低温。采用温室漂浮育苗，可以有效的防御低温对育苗的影响。

（3）防御措施

①选用抗寒品种。

②选择背风向阳，水利条件好的田块作苗床，采用温室漂浮育苗。

③当有低温霜冻天气出现时，在温室内再增加保温设施，能有效防御低温霜冻。

④根据气候规律和中、长天气预报确定安全播种期，随时收听收看短期天气预报，加强科学管理。

6.1.3　成熟期低温

（1）成熟期低温对烟株的影响

烤烟成熟期低温是指 8 月—9 月中旬烟叶成熟期出现的低温危害，影响较重的是 8 月。发生低温后植株生育期延迟，叶片不易养熟；严重时使烟叶内部细胞受到损害，还会诱发病害，降低烟叶质量。

（2）成熟期低温指标及出现年份

成熟期低温指标：将 8 月—9 月中旬候平均气温小于 17℃，定义为成熟期低温。按此指标统计表明，大理州出现成熟期低温天气的年份有：1963、1965、1966、1967、1969、

1974、1976、1977、1978、1985、1991、1993、1997、2000、2002、2004 年，共出现 16 年，出现几率为 32%，其中，严重发生的有 1995 年，出现几率为 2%。大理州中部以北和海拔较高的地区成熟期低温出现的几率较大，东南部及海拔较低的地区出现的几率相对较少。

（3）防御措施

①合理布局烤烟种植。

②早育壮苗，适时早移栽，充分利用 5 月—8 月中旬气温较高时段，促进生长，力争避过后期低温。

6.1.4 移栽期多雨和生长中后期涝害

（1）移栽期多雨和生长中后期涝害对烤烟生长的影响

烤烟移栽需要充足的水分，伸根期需要适量水分，同时移栽成活后适度干旱有利于蹲苗伸根。移栽时阴雨连绵、伸根期雨水过多、高温不足、病虫多，都不利于烟株生长。俗话说："抗旱栽烟多流汗，增产增质有保障，雨天栽培不费神，栽后不长气死人。"烟株生长期的中、后期雨水过多、日照不足、地温低、肥料流失大，易造成烟株糟根脱肥早衰，滋生病害，多雨年份易造成叶片表面所分泌的树脂类芳香物流失，使烟叶香气不足（如图 6.2、6.3 所示）。

图 6.2　烤烟旺长期遭受涝害　　　　图 6.3 烤烟旺长期遭受洪灾

（2）不同生育期多雨和涝害指标及出现年份

①移栽期多雨指标。大理州 5 月中旬—6 月上旬合计雨量大于 120mm，称为移栽期多雨，出现年份有 1961、1962、1974、1978、1981、1985、1990、2001、2002、2003、2004、

2008 年共 12 年，出现几率为 24%。

②团棵至现蕾期涝害指标。大理州 6 月中旬—8 月上旬，连续三旬旬雨量大于 55mm 或连续两旬旬雨量大于 70mm，称为团棵至现蕾期涝害，出现年份有 1962、1966、1967、1968、1969、1971、1973、1974、1978、1986、1991、1994、1996、1997、1998、2000、2002、2008 共 18 年，出现几率为 36%。

③成熟期涝害指标。大理州 8 月中旬—9 月中旬，连续三旬旬雨量大于 55mm 或连续两旬雨量大于 70mm，称为成熟期涝害，出现年份有 1964、1966、1987、1991、1993、1999、2000、2007 年共 8 年，出现几率为 16%。

（3）防御措施

①拉线开墒、深沟高墒、沟直沟空。大春作物布局上水旱分开，烟田连片，防止稻田包围烟田。

②开沟排水，减轻湿度，防止烟株烂根死亡。

③防治病害，高温高湿易引起烟株病害的发生，要加强田间病害预测预报，一旦发生及时防治。

④防止脱肥。涝害年份，肥料淋失严重，生长前中期有脱肥症兆时，应及时追肥。

⑤成熟期遇有连阴雨天气时，抓住转晴天气及时采摘、烘烤。

6.1.5 冰 雹

（1）冰雹对烟叶生长过程的影响

冰雹是局地性的一种突发性灾害天气，其来势猛，常伴有大风、雷电、暴雨等，具有季节性、地域性、多发性等特点，难以预测和防范。烤烟是叶用经济作物，冰雹对烤烟的危害大，无论是苗期、大田期都能造成不同程度的危害，特别是团棵旺长期后遇有冰雹危害，易造成烟叶不同程度的机械性损伤，轻者叶片形成孔洞，重者把叶片砸成碎片，或将叶片从茎上部砸落，甚至连同茎秆一并砸断，从而影响产量、质量，降低烟叶品质（如图 6.4 所示）。

（2）大理州冰雹不同时期出现的几率

大理州内冰雹的地区分布特征是山区、半山区多于平坝区，低热坝区和低热河谷最少。根据 1962—2005 年各月冰雹出现次数统计表（见表 6.2），大理州冰雹的发生规律是：夏季（5—7 月）最多 155 次，占 39.3%；秋季（8—10 月）次之 151 次，占 38.3%；春季（2—4 月）77 次，占 19.5%；冬季（11 月—次年 1 月）最少 11 次，占 2.8%。大理州冰雹具有空间分布不均匀的特征，全州均有冰雹灾害发生，冰雹出现次数最多集中在北部的鹤庆县、洱源县，东部的宾川县、祥云县，南部的南涧县、巍山县，西部的云龙县，最少是大理市、弥渡县、永平县和漾濞县，其中，鹤庆是云南省乃至全国最多降雹的县份之一，雹灾几乎年年都有。

表 6.2　1962—2005 年大理州各月冰雹次数统计表（单位：次）

县（市） \ 月份	1	2	3	4	5	6	7	8	9	10	11	12	合计
鹤庆			1	7	5	11	20	21	17	7	2		91
宾川			1		2	3	16	11	13	2			48
祥云		2	3	1	3	4	12	12	8		1	1	47
巍山	1	2	2	4		1	17	4	5		1		37
南涧	2		1	4		3	9	7	6		1		33
洱源		2	2	4	4	1	2	6	6	1			28
云龙			2	5	6	3	5	4	2				27
剑川		2	5	4	3	3	1	3	2				23
漾濞	1	3	1	3	1		4	2	1		1		17
永平				5		1	6	4					16
弥渡		1		1		1	7	2	2	1			15
大理			5	4			1	1	1				12
合计	4	12	23	42	24	31	100	77	63	11	6	1	394

图 6.4　烤烟旺长期遭受冰雹灾害

（3）防御措施

①合理布局，择优种植，避开雹击带

根据冰雹多发生在冷空气路径的迎风坡、峡谷大曲道地区和"雹走老路"、"雹走一条线，专打山边边"的规律和特点。在冰雹多发区不种或少种烤烟，尽量种植在少雹区。

②加强管护

苗期要用拱棚或大棚育苗，防止塑料薄膜损坏。移栽后一旦发生冰雹，应加强肥水管理，促进新叶生长，减少损失。

③植树造林，绿化荒山，改善局地小气候

保护森林，植树造林，绿化荒山，增加森林植被，改善生态条件，减缓上午地面增温幅度，减弱下午热对流强度，从而减少局地冰雹灾害的发生。

④人工防雹

随着科学技术的进步和生产发展的需要，人工防雹在大理州已成为减轻冰雹灾害的一项有效措施，是大理州粮烟丰收的保护神。利用高炮或小火箭向冰雹云发射碘化银等催化剂的防雹作业方法，破坏冰雹的生成条件，达到消雹的目的。大理州在巩固现有炮点的基础上，在群众需求迫切的几个乡、村增加防雹点，还要增加投入，气象部门应积极配合地方政府切实抓好此项工作。

6.1.6　大　风

风灾是烤烟在旺长期受到大风或暴风的侵袭，造成整株烤烟倾斜倒伏，叶片折断，叶片互相摩擦受损，叶片反转的灾害。大风日数在大理州境内的时空分布规律大致是：山区、半山区出现大风天气的几率大，其中，大风日数最多的是大理、南涧、祥云，最少的是永平和宾川；四季均有，冬春季节居多。

栽培烤烟的目的是要得到完整无损的正常成熟叶片，烤烟植株高大，尤其是接近成熟期的烟叶，遭受了风灾，其质量会受到严重的影响。叶片成熟期一旦遇风速在10m/s以上的大风，就易造成植株倒伏，叶片折断等危害，不同程度地影响烟叶的品质，降低产量和质量。大理州累年大风（风速>17.2m/s）日数资料分析表明（见表6.3），年平均大风日数为5.8天，烤烟苗期3—4月有2.7天，团棵至旺长期（6—7月）有0.2天，成熟期（8—9月）有0.14天。据统计，7—8月出现大风天气的年份有1950、1956、1958、1960、1964、1969、1970、1975、1979、1988、2002年共11年，出现几率为22%。3—4月育苗期出现大风日数的几率占全年大风日数的46%。因此，在多风及大风烟区，苗床应选择在背风向阳田块，温室漂浮育苗要加固好薄膜，大田期采取培土壮根，防止倒伏。

表 6.3   **1971—2000 年大理州各县大风日数累计表**（单位：天）

县 （市）＼月份	1	2	3	4	5	6	7	8	9	10	11	12	全年
大理	131	149	165	94	24	7	1	2	1	1	21	64	660
宾川	1	3	6	5	2	2	1	1	1	0	0	0	22
弥渡	5	12	26	26	11	2	3	3	3	0	0	1	92
祥云	61	81	95	53	12	2	1	3	1	0	2	18	329
巍山	4	12	25	25	14	1	2	2	1	0	0	1	87
云龙	6	19	33	23	7	1	1	2	2	1	0	2	96
漾濞	4	7	18	20	6	3	3	1	0	0	1	0	63
永平	0	0	4	4	1	2	2	1	1	0	0	0	15
剑川	24	36	36	19	4	7	2	2	1	0	1	8	140
洱源	14	21	22	15	4	1	2	3	0	0	2	3	87
鹤庆	21	41	48	22	5	6	3	3	2	0	1	4	156
南涧	23	55	94	89	29	11	5	12	4	1	2	3	328

6.2   烤烟主要气象灾害风险区划

大理州地处低纬高原，山地多，地形复杂，地势高且海拔悬殊，"立体气候"明显，地域差异大，气候类型复杂多样，气象灾害繁多，重叠交错。干旱和冰雹灾害各季均可发生，但影响烤烟生产最常见、最主要的是干旱。"旱灾一大片，风灾一小片，水灾雹灾成一线"是大理州气象灾害的形象写照。

灾害的发生有其不可避免性，但只要增强灾害意识，加强灾害防御，采取有效措施，就可以使大灾变小灾，小灾变无灾。做好烤烟气象灾害防御工作，有利于提高烤烟经济效益，促进烤烟持续发展。其中重要一环是做好气象灾害风险区划工作。

6.2.1   干旱风险区划

干旱是影响大理州烤烟种植的主要气象灾害之一，影响烤烟适时移栽和保苗用水，团棵旺长期受旱会影响烟株的生长及造成下部叶片枯死。

根据大理州雨季在 6 月 10 日以后开始，或 5—6 月降雨量小于 110mm，或 6 月降雨量小于 60mm，只要出现其中一项就认为出现初夏旱。根据上述指标绘制出大理州初夏旱风险区划图（见图 6.5），从图中可见，金沙江流域、澜沧江流域的南涧、云龙等地为高风险区，大理、漾濞、永平为低风险区，其余地区为中风险区。但近十年来由于南涧加大水土治理、保护森林等，生态条件得到改善，发生灾害频率减少。据有关资料记载：1977年4—6月全州大部地区无雨，造成2.1万人，1.1万头牲畜饮水困难，州内有617条引水沟断流，全州受灾面积3.24万公顷，成灾面积1.36万公顷，减产粮食0.812亿千克。1998年5月1日—6月19日出现了严重的初夏旱，巍山、南涧、永平、剑川等地的烤烟受到不同程度的影响，其中巍山的烤烟因干旱缺水不能适时移栽的烟苗形成了老苗和高脚苗，已经移栽的也由于水分不足导致团棵期根系发育弱，并诱发多种病害。南涧因干旱烤烟受灾2267公顷，成灾300公顷，绝收46.7公顷。干旱致使永平县的部分烟农被迫改种其他作物，年终收购烟叶仅占计划的73.41%。2005年3月28日—6月14日，全州高温少雨干旱严重，大部地区雨季在6月15日开始，洱源、剑川、云龙到7月中下旬才先后进入雨季，干旱给大春栽种和保苗工作造成较大影响，截至6月11日全州烤烟受旱2.79万公顷，严重受旱1.8万公顷，枯死1506公顷。2010年大理州遭遇了罕见的秋、冬、春、夏连旱，州内东部、东南部地区未出现过缓解旱情的降水，根据大理州防汛抗旱指挥部统计，到7月15日全州作物受旱面积为79.88千公顷，其中，轻旱60.25千公顷，重旱17.16千公顷，干枯2.47千公顷，缺水缺墒面积3.95千公顷，饮水困难人口31万人，大牲畜23.02万头。

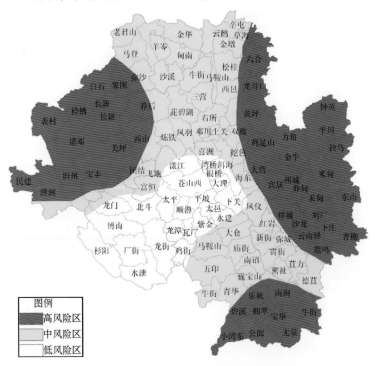

图6.5　大理州初夏旱风险区划图

6.2.2　冰雹风险区划

冰雹灾害是一种局地性强、季节性明显、来势急、持续时间短、以砸伤为主的一种气象灾害，是影响大理州烤烟的灾害性天气之一。大理州是一个农业大州，山区面积约占全州总面积的 83.7%，州内冰雹的分布特征是山区、半山区多于平坝区，低热坝区和低热河谷最少。烤烟是叶用植物，一旦遭受冰雹危害，损失极为严重。

3—4 月，是烤烟育苗的关键时期，一旦出现冰雹，烟苗就会受到损伤，影响移栽；每年的 7—9 月份，是烤烟旺盛生长期，叶片硕大、金黄，也是冰雹灾害发生次数最多的时段，为降雹盛期。冰雹一旦出现，会将烤烟烟叶打烂、打落，影响烟叶产量和质量。

根据大理州 1962—2005 年各月冰雹统计，绘制出大理州烤烟生育期冰雹风险区划图（见图 6.6），从图中可见，鹤庆、宾川、祥云、南涧、巍山等地为冰雹高风险区，大理、漾濞、永平等地为低风险区，其余地区为中风险区。其中，鹤庆是云南省乃至全国最多降雹的县份之一，雹灾几乎年年都有。据有关资料记载：1998 年 9 月 10 日下午南涧县无量乡发生冰雹灾害，烤烟受灾 63.3 公顷，成灾 50.1 公顷，绝收 15.1 公顷。9 月 12 日宝华乡遭受冰雹灾害，冰雹持续时间达 20 分钟，烤烟受灾 78 公顷，成灾 44.2 公顷，绝收 8.1 公顷。2000 年 7 月 15—23 日，祥云连日受冰雹、大风灾害，使普棚、禾甸、马街大面积烤烟受灾，据统计，各乡烤烟受灾共计 915.2 公顷，成灾 464.8 公顷。7 月 19 日 20 时，宾川力角乡部分地区遭冰雹灾害，使烤烟受灾 66.7 公顷，成灾 38.7 公顷。2002 年 8 月 24 日中午，鹤庆县辛屯镇、金墩乡、六合乡境内先后遭受冰雹、大风灾害，造成烤烟受灾 166.1 公顷，绝收 34.7 公顷。8 月 24—25 日，洱源县境内发生暴雨、冰雹灾，烤烟受灾面积 123.3 公顷。

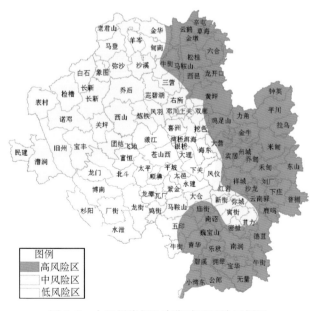

图 6.6　大理州烤烟生育期冰雹风险区划图

6.2.3　成熟期低温风险区划

成熟期低温是指 8 月—9 月中旬烟叶成熟期出现的低温危害，因影响较重的是 8 月，俗称"八月低温"。

　　根据大理州成熟期低温指标，将 8 月—9 月中旬候平均气温小于 17℃定义为成熟期低温指标，绘制出大理州成熟期低温风险区划图（见图 6.7），从图中可见，大理州中部以北和海拔较高的地区出现的几率较大，东南部及海拔较低的地区出现的几率相对较少，其中，剑川、鹤庆、洱源等地为高风险区，大理、祥云等地为中风险区，其余各地为低风险区。近十年来，由于全球气候变暖，发生成熟期低温灾害的频率降低，但统计表明，大理州出现成熟期低温天气出现几率为 32%。据有关资料记载：1991 年 8 月 24—29 日，中部以北高海拔地区出现"八月低温"冷害，使正处于抽穗扬花的水稻和迟播的玉米、烤烟等作物遭受危害。据不完全统计，全州大春作物受灾面积为 5927.2 公顷，成灾 2787.7 公顷，其中，烤烟受灾面积 588.9 公顷，成灾 246.2 公顷。1993 年 8 月底—9 月上旬，州内除南涧外都出现连续几天日平均气温低于 17℃的阴雨低温天气，特别是大理、洱源、剑川、鹤庆、祥云等县及海拔高的山区受灾严重。低温阴雨寡照使烤烟干物质积累少而变薄，成熟期推迟乃至不能正常成熟，并增加了烘烤难度，最终造成烤烟歉收。2002 年 7—8 月大理州遭受了日平均气温小于 17℃的低温冷害天气，致使剑川、洱源、鹤庆、祥云、大理、云龙、漾濞等地大春作物受灾，总受灾面积 43293 公顷，成灾面积 32422 公顷，绝收面积 10145 公顷，总受灾人口847971 人，因灾造成直接经济损失 17439 万元。

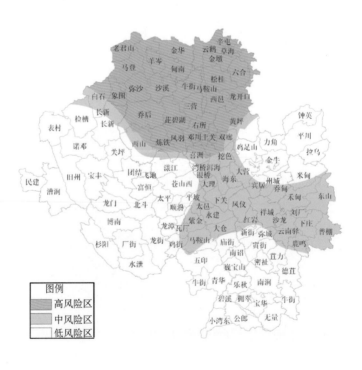

图 6.7　大理州烤烟成熟期低温风险区划图

6.3　烤烟主要病虫害及其防治

大理州地处云贵高原与横断山脉南端结合部，境内地形复杂，立体气候突出。大理州烟区冬无严寒，夏温适宜，水分适中，容易使各种病虫害越冬越夏及繁殖蔓延。加之种植作物种类多，桥梁作物或寄主、虫害交替危害，病害相互传染等因素，烤烟病虫害具有种类多、发生早、危害重等特点。因此，在烤烟生长过程中，加强病虫害的防治，是实现优质、高产、高效的重要措施。

据调查，大理州烤烟主要病害有花叶病、病毒病、黑胫病、赤星病、环斑病、根黑腐病、炭疽病、空茎病、脉斑病等；主要虫害有蚜虫、地老虎、烟青虫等。在烤烟生产中应推广烤烟病虫害的系统防治方法，加强预测预报，强化保健栽培，防治中以农业防治为主，药剂防治为辅；防病为主，治病为辅；推广高效、低毒、低残留、降低成本的新农药，将病虫危害造成的损失控制在最低限度。

6.3.1　烟草丛枝病

（1）症状

烟草感染丛枝病后，表现芽顶不再继续生长，腋芽丛生，在植株上半部，产生许多侧枝，侧枝及主枝新生叶变小，主叶脉变短而皱缩、僵硬、叶色暗淡。早期感病植株还表现严重矮化，后期花萼、花瓣均变成绿色小叶状，不能正常结实。发病较晚的植株下部叶片能长大，而上部叶片完全无利用价值。

（2）发病的气象条件

烟草丛枝病类菌原体可以通过虫传、嫁接、菟丝子等途径传播，其中主要传播方式是虫传。据国外报道，虫传介体为烟草叶蝉、大青叶蝉等多种叶蝉。温度和风关系到叶蝉迁移，温度降低到 15℃ 时它们变得很不活跃，无风或逆风速度超过 3km/h 时，叶蝉不能飞行。因此，叶蝉越冬虫口密度大、带病野生寄主多、温度和湿度适宜、大面积种植感病品种，均有利于病害的发生。烟草丛枝病在州内烤烟生长期温度较高的弥渡、宾川等地发病重。据弥渡县调查初夏旱年份发病重。如 1993、1996、1998 年。

（3）防治方法

①栽培防治。选用抗（耐）病品种。清除田间周围杂草，消灭野生寄主。及时拔除田间早期病株，减少传染源。对发病的烟株，可适当增施肥料，能减轻危害。

②药剂防治。用 40% 氧化乐果 1000 倍液防治叶蝉。发病后，可喷洒四环素或土霉素药液进行防治，具有一定的防治效果。

6.3.2 黑胫病

（1）症状

黑胫病属真菌性病害，苗期发病较少，主要在成株期危害。幼苗期发病多在基部出现黑色病斑，或从子叶发生病害蔓延到幼茎。湿度大时，病斑扩展很快，病部长满白毛，幼苗往往成片死亡。大田成株期发病一般在茎基部呈现水渍状黑斑，迅速向上下和髓部扩展环绕全茎，病株叶片变黄、凋萎，称"烂腰"。有时茎部不呈现病斑，而发生枯萎死亡，拔起病株，则见主根及支根变黑腐烂。

（2）发病的气象条件

黑胫病流行的气象环境条件，主要是雨水、风、农事活动等进行反复侵染。高温高湿有利于病害的发生，而湿度则是病害流行的关键因素。在 21～32℃侵染适温下，凡雨季开始早，降雨量大或持续高温天气，在地势低洼、土壤黏重的田块，发病严重。病菌以厚垣孢子和菌丝在病株残体和土壤、肥料中越冬，病菌可存活 3 年左右。病田土壤、带菌的肥料和灌水是每年的初次侵染源。

（3）防治方法

①坚持轮作。由于黑胫病菌可以在土壤中越冬存活，因此，实行轮作能有效地防止黑胫病发生。如果实行水旱轮作，防治效果更好，轮作年限需要 2～3 年。

②开沟排水，降低土壤湿度，实行高垄栽烟。

③药剂防治。苗期每亩用58%甲霜灵锰锌 0.05kg、水 50kg 混合，于播后 2～3 天喷淋苗床，间隔 7～10 天，连喷 2～3 次。大田期提倡在移栽后 7～10 天，或者在发病初期每亩用58%甲霜锰锌可湿性粉剂 500 倍液或722g/L 霜霉威水剂 900 倍液或48%霜霉·络氨铜水剂 1200 倍液喷淋茎基部。隔 7 天同用样方法再防治 1 次。使用甲霜锰锌效果不理想的可交替使用其他药剂。

6.3.3 根黑腐病

（1）症状

烟草根黑腐病属真菌性病害。从幼苗至成熟期均可发生，发病部位主要是在根部。烟苗发病后，幼茎、子叶和根尖发黑、腐烂；重者病根全部变黑腐烂，这是根黑腐病的主要特征。大田期烟株发病时，烟株生长缓慢，色黄，矮化。拔起后病株可见其主侧根黑腐，在胫部生有少量新生侧根。受害轻的烟株变黄、早花。

（2）发病的气象条件

根黑腐病菌丝生长适温在22～28℃之间，生存的最高气温为35℃，最低气温为8℃。分生孢子和厚垣孢子在土壤中可无限期生存，遇到感病植物即进行侵染活动。

温度是影响根黑腐病发生的重要因素，发病最适温度为 17～23℃，气温低于 15℃时发病轻，高于 26℃时极少发病。土壤含水量大或接近饱和点时发病重，高温条件下土温降低有利于发病；低凹田，积水地块发病重。土壤酸碱度对根黑腐病影响极大，土壤 pH 值为 5.6 或更低时，在任何温度下都不易发病。事实上大理州烤烟适宜种植田块土壤酸碱度（pH 值在 5.7～7.5）均在发病的范围，多雨年份与积水烟田发病重些，因此，要加强防治。

（3）防治方法

①选用抗病品种。现在推广的烤烟品种有一些是高抗根黑腐病的。如大理州目前种植的红花大金元、云 87、K326 等。

②轮作。不与可感此病的茄科、豆科和葫芦科作物轮作，而与禾本科作物实行 3 年以上轮作，防病效果最佳。

③注意排除苗床和烟田积水，勤中耕、培土，使土壤疏松，促进根系生长。

④药剂防治（药剂防治与烟草黑胫病相同）。

⑤合理施肥。多施充分腐熟的农家肥。注意不能用未腐熟的农家肥，不用碱性肥料，以免为病菌提供腐生基质。

6.3.4　花叶病

（1）症状

烟草花叶病又分为普通花叶病和黄瓜花叶病，属病毒性病害。花叶病从苗期到大田期都可发生，以大田团棵期以后发生较严重。突出的症状是，感病较轻时，叶片上形成黄绿相间的斑驳；严重时，病叶色泽深浅、厚薄不均，形成泡斑，皱缩不展，表皮茸毛脱落，失掉光泽，病叶粗糙，叶片变窄，扭曲、呈畸形。两者的区别是：普通花叶病叶子边缘多向背面翻卷，而黄瓜花叶病叶缘有的向上翻卷，有的沿叶脉出现闪电状坏死。病株矮化，节间缩短，生长缓慢，叶片不开，花果变形。经调查干燥的叶片，叶质松脆、品质降低。

（2）发病的气象条件

花叶病常在栽烟后的干旱少雨背景下发生，如气温在 28～30℃时，花叶病偏重发生。如温度在 37℃以上或 10℃以下，或在光照弱时，花叶病症状隐蔽和不显著。大理州 5—7 月干旱少雨，土壤板结，根系发育不良，久旱之后如遇有降温天气，有利于此病的发生。土壤黏重，土层薄，肥力差，易板结，排水不良的田块，烟株长势瘦弱，易感病。黄瓜花叶病主要由蚜虫传播，蚜虫危害严重的年份发病重。普通花叶病主要靠病汁液接触传染，在操作时，沾染过病毒的工具或通过接触烟叶的微创伤口而侵入。还有带病的土壤、肥料、种子或其他寄生作物或野生植物，甚至烟叶、烟秆都可成为普通花叶病的初次侵染源。

（3）防治方法

①选用抗病优良品种。培育无病壮苗，苗床消毒等。

②轮作。实行 4 年两头种烟，不与茄科和瓜类作物轮作和间作。

③适时移栽。大理州烤烟移栽期以 5 月上、中旬为宜。

④药剂防治。移栽后用 20% 康福多 3500～5000 倍液防治蚜虫。移栽后 15～20 天用 24% 毒消 600～800 倍液、2% 宁南霉素 250～300 倍液、3.95% 病毒必克 500～800 倍液交替连续使用 1～2 次，间隔 7～10 天喷一次。移栽后 25 天以前发现病株全部拔除并换苗；移栽 25 天后发现的重病株拔除，发病较轻的病株用 0.5%～1% 的尿素加 0.1% 的硫酸锌液浇根 1～2 次，然后在喷雾抗病毒剂（病毒性病害脉斑病、丛顶病、蚀纹病等药剂防治可参照以上用药）。

6.3.5 赤星病

（1）症状

赤星病是真菌性病害。多发于叶片成熟期，病叶最初出现针尖大小的褐色圆点，以后扩大成直径约 1～2.5cm 的褐色和赤褐色圆形或近圆形病斑。病斑上有同心轮纹，周围有狭窄的淡黄色晕圈，病斑后期常穿孔脱落。病害严重时，病斑布满叶片，病部枯焦脱落。气候潮湿时病斑中心生有深褐色或黑色霉层（分生孢子及孢子梗）。叶脉及基部病斑为淡褐色长圆形，稍凹陷。

（2）发病的气象条件

赤星病菌在烟株残体上越冬，也可随病株残体在土壤中存活成为初次侵染源。赤星病发病规律是烟株有明显的阶段抗病性，一般在幼苗期抗病，随后抗性逐渐降低，打顶以后的生理成熟期就是感病阶段。赤星病的流行温度既不是低温，也不是高温，而是中温。日平均温度在 16～25℃ 时，雨水多最易发病。在 7 月中旬—8 月大理州烤烟烟叶成熟期的旬平均气温在 21.0～23.5℃ 之间，旬雨量在 40～45mm。烤烟成熟期温度适中，遇阴雨连绵天气时，最易发病，流行也快，干旱少雨则病轻。此外，施肥过多过晚、通风透光差或移栽后缺乏管理、生长缓慢等都会加重病害。土壤黏重则病害重，砂土病害轻。

（3）防治方法

①彻底清除和销毁病残体，减少越冬病原物。

②合理施肥，合理密植，适时砍收。合理施肥，多施充分腐熟的有机肥、复合肥，禁施氮肥。合理密植，改善透风透光条件，降低田间湿度。

③加强中耕管理，培土疏沟，排湿，促进根系生长，减轻湿害。

④药剂防治。封顶后零星发病时用 47% 赤斑特 500 倍液和 0.3% 多抗霉素 600 倍液喷雾 2～3 次，间隔 7～10 天，用药时注意交替使用。

6.3.6　炭疽病

（1）症状

炭疽病属真菌性病害，从苗期至大田期都有危害，以苗床期出现 2 片真叶时危害最重。其主要症状是：先在叶片上出现暗绿色渍水小点，1 ~ 2 天后，变成直径达 2 ~ 5mm 圆形病斑，病斑中央凹陷，病斑周围呈赤褐色隆起；烟农称为"雨点子"、"雨斑"、"麻子斑"。叶片嫩或多雨天气时，病斑多呈褐色，中央有黑色小点；天气干燥或叶片老化时，病斑多呈灰白色，在叶脉上的病斑呈梭形，凹陷纵裂。大田期烟株以中下部叶片发病最多，病斑形状与苗期相同。

（2）发病的气象条件

病菌以菌丝、分生孢子随病株残体遗留在土壤或肥料中，或在种子内外越冬，成为来年苗床病害的初侵染源。大田期病害的菌源来自苗期和土壤中的病残体。病菌主要通过雨水、灌溉水传播。病菌在温度为 12.0℃ 时可发病，最适温度为 25.0 ~ 30.0℃，一般温度超过30.0℃ 很少发病。大理州烤烟生长期在 3—9 月，这一时期月平均气温在 9.3 ~ 23.3℃ 之间，月平均最高气温在 18.9 ~ 28.8℃，从温度条件看，对发病是有利的，能否发生蔓延主要决定于菌源和湿度（水分）。不论苗期或大田期，如遇到阴雨连绵天气或久旱后降雨将使炭疽病发生严重。

（3）防治方法

①认真处理病残体，并进行种子消毒。

②认真选择苗床地，选择地势高，避风向阳，排水良好的无病苗床，杜绝在菜园地育苗，苗床土壤消毒可用多菌灵 100 倍液喷洒。

③加强苗床管理，烤烟漂浮育苗的最佳苗龄为 55 ~ 60 天，剪叶 3 次，拱棚要牢实，通风方便等。

④药剂防治。摆盘、团棵时用 80% 代森锌 500 ~ 700 倍液喷雾 1 次。初见病斑时，用36% 甲基硫菌灵 500 ~ 800 倍液兑水喷雾 1 次，必要时隔 7 ~ 10 天再使用 1 ~ 2 次。

6.3.7　猝倒病

（1）症状

猝倒病属真菌性病害，一般在苗期发病，3 片真叶前发病严重。发病初期，病苗近地面处呈褐色水渍状腐烂，成片病苗呈暗绿色。发病后期，在发病苗床内幼苗往往成片倒伏死亡，似开水烫伤状。湿度大时，病苗和苗床表面有白色蛛丝状物——菌丝体。

（2）发病的气象条件

猝倒病可以适应烟草生长的任何环境温度，26.0 ~ 30.0℃ 时发病较轻。温度在 24.0℃

以下，空气湿度大，土壤湿度高，有利于病菌的繁殖，从而发生病害。病菌随雨水或灌溉水传播，造成苗床严重发病。大理州烤烟苗期的3—4月平均气温在9.3～20.8℃之间，在发病适温范围，一旦出现则发病严重。

（3）防治方法

①进行育苗盘、营养基质消毒。

②搞好苗床排水沟，使苗床排水良好，互不感染。

③发病初期用58%甲霜灵锰锌700～800倍液喷洒病苗。

6.3.8 白粉病

（1）症状

白粉病属真菌病害，以大田期危害重，苗期也有发生。其症状是先在叶片正面出现褪色小斑，随后扩大成不规则的大斑块，上面布满白色粉状物。严重时白粉布满全株叶片，植株生长不良，后期病部组织逐渐变褐枯死。

（2）发病的气象条件

白粉病的流行条件与一般叶斑病不同，它喜好中温、中湿，高温高湿反而抑制发病。这是因为白粉病菌在16.0～24.0℃时最适宜侵染，温度低于5.0℃或高于26.2℃便极少侵染或难以侵染成功。分生孢子生活力极差，在水膜中不发芽，在相对湿度60%～80%发芽率最高。大雨可冲洗叶面菌丝和分生孢子，减少菌源。缺钾、密度过大、光照差、生长过旺的下部叶片易感病。大风、昆虫可使分生孢子远距离传播，扩展病害。大理州3—9月平均气温在9.3～23.3℃之间，相对湿度在47%～84%，其中6—8月平均气温在18.9～23.8℃之间，相对湿度在65%～85%。从气象条件分析，大理州6—8月温度、相对湿度完全满足白粉病的发生，可以说这一时期是预防、监测、防治白粉病的关键时期。

（3）防治方法

①合理密植，改善通风透光条件，单垄移栽，每亩密度为1200株，采用110cm×50cm的规格移栽。

②经济平衡施肥，即每亩施复合肥（15：15：15）80kg，硝磷铵10kg，普钙20kg，硫酸钾30kg，大面积种植时，每亩增施农家肥1000kg和油枯60～80kg，禁止尿素施入烤烟田块。

③药剂防治。在发病初期可选用36%的甲基硫菌灵悬浮剂1000倍进行中下部烟叶正反面喷施防治。

6.3.9　野火病

（1）症状

野火病是一种细菌性病害，苗期和大田期都能发生危害。主要症状为，病叶初期为黑褐色水渍状小圆斑，周围有一圈很宽的黄晕，以后病斑扩大，直径可达 1~2cm，病斑合并后形成不规则大斑，上有轮纹。天气潮湿时病部有薄层菌脓，干燥后病斑破裂脱落，叶片毁坏。多雨潮湿时，幼苗也能发病。受害幼苗腐烂倒伏或只剩顶芽直立，苍白细弱，生长缓慢。

（2）发病的气象条件

野火病的初侵染源主要是病残体，被病残体污染的水源、粪肥。此菌为好气性细菌，生长温度范围很宽，2.0~24.0℃，最适温度为 24.0~30.0℃，致死温度为湿热 52.0℃持续 6 分钟。一般认为 25.0~32.0℃的高温条件有利于野火病发生。据研究，野火病菌对温度的适应性比较广泛，温度高低对野火病是否发生或发生程度影响并不是很大。而湿度则是影响野火病的重要因素，气候干燥，相对湿度低，野火病不发生或少发生。反之，降雨多，湿度大，使烟叶细胞间隙充满水分，病菌就可以迅速侵入并繁殖扩展产生急性病斑，导致病害大流行。烟田密度大，高氮、低钾、长势过旺有利于发病。

（3）防治方法

①实行轮作，收集和销毁病残体，减少侵染源。特别是要注意不能让病残体污染水源，以免引起烟苗发病。

②科学施肥（详见白粉病中经济平衡施肥）。

③药剂防治。在发病初期喷施叶青霜 500 倍液或 200 万单位的农用链霉素，间隔 7 天，连喷 2~3 次可控制病情。

6.3.10　青枯病

（1）症状

青枯病是典型的维管束病害。苗期和大田期均能发生，根、茎、叶各部位都能受害。最典型的症状是叶片枯萎，因枯萎的叶片呈绿色而得名。被感染的病株和叶脉的导管变成褐色至黑色，随着病情的发展，病菌侵入层和髓部，外表出现黑色条斑（这种黑条斑是本病的主要特征），有时黑色条斑一直延伸到烟株顶部，甚至枯萎的叶柄上部也有黑条斑。田间病株常呈发病一侧叶片枯萎、而无病一侧正常的"半边疯"状态。将病株茎部横切，可见维管束变成褐色，用力挤压切口，会从导管中渗出黄白色乳状黏液的菌脓。

（2）发病的气象条件

病菌主要在土壤中及遗落在土壤中的病株体上越冬，成为来年初侵染的病源，也可在生长着的其他寄主上越冬。病菌从根部伤口侵入，借灌排水、带菌肥料、病苗或附在幼苗上的病土以及人工操作、带菌昆虫而传播。高温（30.0℃以上）、高湿（相对湿度90%以上）是病害流行的主要气象条件，6—8月阴雨连绵天气有利于病害的发生。大理州6—8月的月平均最高气温在24.5～30.0℃，月平均相对湿度在65%～85%。由此可见，大理州的温度、湿度与青枯病的发病气象条件相近，一旦遇有阴雨连绵天气就会发病。

（3）防治方法

①烟田实行轮作。

②在取苗移栽、中耕除草等操作时注意不要损伤烟株根系及茎秆，减少病菌从伤口侵入的机会。

③药剂防治。用农用链霉素1000单位（可用200万单位农用链霉素5瓶，兑水50kg）；20%叶青双500倍液或10%叶枯净300～500倍液；任选一种浇灌烟株根部，间隔7～10天，连续2～3次。

6.3.11　烟　蚜

（1）症状

烟蚜又称桃蚜，属同翅目，蚜科。

烟蚜是大理州烤烟上最主要的害虫之一。烟苗从出土至大田期都有发生，成虫、若蚜都聚在烟株叶背和幼嫩组织上，以刺吸式口器插入叶内、嫩茎、嫩蕾、花果吸食汁液，使烟株生长缓慢，烟片变薄，严重时导致失水而使叶片卷缩，变形，内含物质减少，烟叶晾制后呈褐色，品质低劣，而且难于回潮，极易破碎。蚜虫分泌的"蜜露"常诱发煤烟病。烟蚜又是传播花叶病、脉斑病、蚀纹病的媒介。

据调查，烟蚜食性较杂，除危害烟草外，还危害玉米、蚕豆、油菜、桃李、梅、萝卜、白菜、马铃薯、芥菜及其他多种杂草。

（2）生活习性

烟蚜繁殖能力很强，发生代数因地而异，自苗期开始在整个生长季节中，都有烟蚜为害，在烤烟上可发生15～18代。以卵在桃树上越冬，翌年2—4月孵化为干母，4月初开始出现干雌，4月底—5月初出现有翅迁移蚜，迁移至烤烟。8月烤烟收获后迁移至蔬菜，再繁殖8～9代；至10月中旬产生有翅性母，迁飞至桃树产生雌性蚜，同时在蔬菜上产生雄性蚜，直接飞到树上与有翅性母交尾产卵，以卵越冬。一部分孤雌胎生雌蚜继续在蔬菜上繁殖，以成虫或若虫在蔬菜上越冬。烟蚜终年以孤雌胎生繁殖，未出现有性蚜虫。

烟蚜有明显的趋嫩性，避光性，又具有假死性。无论有翅蚜和无翅蚜，大都繁殖在嫩叶、嫩茎和生长点为害。

（3）发生的气象条件

烟蚜的繁殖条件：日平均温度为 18.0～23.0℃，相对湿度 60%～80% 时，烟蚜繁殖较快，若湿度高于 90% 或下大雨，烟蚜繁殖近于停止状态，寿命会缩短，蚜虫数量会下降。

大理州烤烟生长期 3—9 月，月平均气温在 9.3～23.3℃，月平均相对湿度 47%～85% 之间。加之，大理州气候温和，冬无严寒，夏温较高，蚜虫终年进行孤雌生殖为害。

（4）防治方法

①科学施肥、防止暴长贪青。烟蚜具有趋嫩性，如果烟株暴长贪青，则组织幼嫩，易受蚜虫为害。烟田施肥氮、磷、钾应配合得当，烟株生长键壮，正常成熟，叶内组织适时老化，烟蚜取食困难，侵害较轻。

②封顶打杈。根据烟蚜喜食嫩叶特点，及时封顶打杈可有效地减轻烟蚜危害。据报道，封顶打杈能直接摘除烟蚜，除蚜率平均达 47%。

③药剂防治。移栽至团棵期蚜量每株 30～50 头时，应开始防治。用 20% 康福多 3750 倍液或 24% 万灵 900～1200 倍液喷雾防治。

6.3.12　烟青虫（烟草夜蛾）

烟青虫属鳞翅目，夜蛾科，又称烟草夜蛾。

烟青虫的成虫是一种夜娥，不造成危害，而以幼虫危害作物。在烟株生长前期，烟青虫主要危害心芽和嫩叶，造成大小不等的孔洞或缺刻，有的烟青虫钻蛀茎秆致使烟株生长受阻甚至整株折断，对产量影响极大。烟青虫是一种杂食性害虫，除危害烟草外，还危害玉米、蕃茄、马铃薯、大豆、辣椒、豌豆、南瓜、萝卜等 70 多种植物。

（1）生活习性

烟青虫生活史及生存代数，因气候不同而各有差异，在大理州烟青虫 4～5 代以蛹在土壤中越冬，冬季在温度较高地方以卵也可越冬。

成虫白天隐蔽在烟叶背面或杂草枯叶中，夜晚或阴天活动，具有明显趋光性和趋化性，喜食甜液。成虫期一般 3～7 天。羽化后 1～3 天内交尾产卵，产卵期一般 4～5 天。一雌蛾能产卵 1000 多粒，多产在嫩叶上，也有的产在蒴果、萼片、花瓣或嫩茎上。

初龄幼虫昼取食，并有吐丝下坠习性，食汁肉不留表皮或蛀成小孔，幼虫畏光，白天隐蔽在叶背面或心叶内，甚至蛀入烟茎，夜间和阴天出来为害。有假死性及自相残杀性，一般成虫期 3～7 天，卵期 2～10 天，幼虫期 12～50 天，蛹期 10～17 天。

（2）发生的气象条件

烟青虫在大理州各县（市）烤烟苗期开始发生，但危害轻，普遍发生期在 6—7 月份。

凡烟田植株生长茂密，温、湿度适宜，烟青虫往往发生严重。

烟青虫的适温区为 20.4 ~ 28℃；雌蛾在 24 ~ 26℃ 条件下产卵量最多，产卵历期也长，高于或低于这个范围，产卵量就会受到影响。烟青虫对湿度要求较高，湿度太低影响卵的孵化，阴雨、高温天气有利于卵的孵化和幼虫的生长。雨量影响土壤中蛹的成活率，雨量过大导致蛹大量死亡，蛹期降雨量达到 100mm，下一代烟青虫发生量大大减少。降雨对卵和幼虫有冲刷作用，减轻虫口密度。

（3）防治方法

①耕作灭蛹。在烤烟生长季节，及时进行中耕，特别是砍收后进行深耕，可直接或间接杀死蛹，减少越冬虫源。

②诱杀成虫。利用成虫喜潜伏在枯枝丛中的习惯，将一些杨柳捆成一把，上端扎紧，下端散开，插在烟田中，引诱成虫进行捕杀。

③捕杀幼虫。从移栽至还苗开始，在阴天或晴天早晨到烟田检查，如在烟株心叶、嫩叶上发现有新虫粪时，及时寻找幼虫进行捕杀。

④药剂防治。三龄幼虫以前为防治适期，选用 25% 功夫 1000 倍液或 2.5% 溴氰菊酯 1500 ~ 2000 倍液喷施。

6.3.13　棉铃虫

棉铃虫属鳞翅目夜蛾科，别名红铃麦蛾、棉铃虫、花虫、蛀铃虫。

棉铃虫是影响大理州烤烟种植的主要虫害。它常与烟青虫混合发生为害。除危害棉花外，还危害烟草、豆、蕃茄、玉米、向日葵、南瓜、大麦、辣椒等作物和杂草。

（1）生活习性

成虫白天栖息于烟叶叶背或玉米等心叶内或其他作物隐蔽处，黄昏开始活动。成虫活动与月光有密切关系，交尾产卵多在夜间，一是晚间 19 时左右，另外是黎明前 3 时—4 时 30 分左右。产卵历期约 7 ~ 8 天，每头雌蛾可产卵 500 ~ 1000 粒。成虫飞翔力强，对黑光有较强趋性，成虫产卵有强烈的趋嫩性。

幼虫在 1 ~ 2 龄时有吐丝下垂习性。取食时间在上午 9—10 时。3 龄后幼虫有自相残杀习性，4 龄以后进入暴食阶段，龄期多少与食料种类有关。老熟幼虫钻入土内 5 ~ 15cm 深处作土室化蛹，蛹历期因性别而异，通常雌的短于雄的，因此，每代成虫羽化前期雌多于雄，后期则相反，高峰期雌雄相近。

（2）发生的气象条件

大理州棉铃虫一年内发生 6 代左右。棉铃虫以蛹越冬，各地出现 50% 的滞育蛹的时期，视当地日照时数与当年气温高低有所变动。

（3）防治方法

参照烟青虫防治方法。

6.3.14　小地老虎

小地老虎属鳞翅目、夜蛾科，俗名土蚕、地蚕、切根虫等。

小地老虎是大理州烟区主要的地下害虫。小地老虎食性极杂，据统计，其寄主植物多达110 种以上，主要危害烟草、番茄、马铃薯、棉花、玉米、白菜、辣椒、小旋花等。以第一代幼虫危害烟苗，造成缺苗断垄，甚至毁苗重栽。

（1）生活习性

小地老虎每年发生世代数因当地气候和食物条件而异，在大理州烟区每年发生 3～4 代。成虫白天潜伏于土壤中、杂草间、屋檐下或其他阴蔽处，夜出活动，取食、交尾、产卵在晚上 19—22 时最盛；春季在傍晚气温达 8℃时开始活动，温度越高，活动的数量与范围也越大，无风夜晚不活动。成虫具有强烈的趋化性和趋光性，喜食糖、蜜等酸甜味汁液作为补充营养，可用黑光灯和糖、醋、酒混合液诱杀。

低龄幼虫危害烟苗顶芽、嫩叶，将心叶咬食呈叶孔状，叶片展开后呈排孔；大龄幼虫白天潜伏于根部附近土壤中，夜间出来咬食茎基部，造成缺苗断垄。

（2）发生的气象条件

①温、湿度。高温不利于小地老虎的生长繁殖，使成虫羽化不健全，产卵量显著下降。小地老虎发育的最适气温 13～25℃之间，相对湿度 80%～90%。气温高于 26℃时小地老虎发生数量下降，气温在 30℃而且湿度为 100% 时，常使 1～3 龄幼虫大批死亡。当平均气温高于 30℃时，成虫寿命缩短且不能产卵。小地老虎不耐低温，在低于 5℃温度下幼虫 2 小时内全部死亡。

②降雨量。小地老虎发生数量的多少与降水量关系甚密。其规律是：前一年秋季（8—10 月）多雨，不利于天敌活动，为末代卵、幼虫存活创造了条件。秋雨多，杂草繁茂，食料丰富，有利于生育，越冬基数大，若当年 3—4 月总雨量比常年少，则有利于越冬幼虫化蛹、羽化和成虫交尾产卵，使第一代小地老虎有大发生的可能。反之，当上年秋雨少，当年春雨多，就不利其发生为害。此外草害重、地势低洼、排水不良或上年淹水地方、前作油菜的田块为害重。

（3）防治方法

①精细整地，消灭杂草。苗田、大田进行冬耕、翻犁、晒垡、熏垡晒死越冬蛹。清除杂

草减少成虫产卵机会，减少幼虫食料，使其发育不良或饿死。

②人工捕杀。清晨在烟田断苗周围或沿着残留在洞口的被害株，将土扒开捕捉幼虫。

③诱杀成虫。可利用黑光灯或糖、醋、酒等诱蛾液，加硫酸碱或用苦楝子发醇液，或者用杨柳枝把、桐叶来诱杀成虫。

④药剂防治。用 2.5% 功夫 1000 倍液或 2.5% 溴氰菊酯 1500~2000 倍液喷雾防治；或傍晚在地中放入白菜叶，次日清晨人工捕杀。由于小地老虎幼虫主要在夜晚活动，因此，施药时间最好选择在下午 18 时以后。

6.4　烤烟生物防治技术

生物防治的理论依据就是天敌的利用，也就是用人工来保护、培养、繁殖有益生物，使其数量增多，改变生物群落的组成，或者利用代谢产物，来控制甚至消灭作物病虫害。

利用生物防治作物病虫害有其优异的特点，主要表现在自然资源丰富，有很多还待人们去发掘和利用；生产的材料来源广泛，可就地取材，就地生产，就地使用；特别是对人、畜安全，一般对作物无害；并具有一定预防性。有的在使用后，对一些病虫的发生有持久的抑制作用。所以，要大力发展生物防治技术。但是，生物防治法不能完全代替其他防治方法，单独应用生物防治法也有不足之处，有些专性较强的天敌，只能防治少数种类的病虫害，而且易受气候因子的影响，也有一定的局限性。

常见的生物防治技术有以下几种：

（1）以菌治菌

不同微生物之间斗争或排斥的现象，称为抗生现象；这种相互斗争或排斥的作用，叫做抗克作用或颉颃作用。凡是对病菌有抗克作用的菌类，叫做抗生菌。抗克作用的产生，是由于抗生菌有较高的活力，能分泌某种特殊物质，可抑制、溶化或杀伤其他有毒微生物，这种物质称为抗生素。

（2）以菌治虫

在自然界中，昆虫和其他微生物一样，也极易感染疾病死亡。人们从这种病死虫体上分离获得的病原微生物，加以人工培养繁殖，用来消灭害虫，保护作物的方法，称微生物防治法。为了便于贮存和使用，将其人工培养物制成的各种剂型，叫微生物杀虫剂。杀虫微生物中虽包括了不是菌类的病毒，由于目前推广大面积应用的，以细菌和真菌为主，所以习惯上将利用微生物杀虫，统称为以菌治虫。

（3）以虫治虫

以虫治虫包括利用寄生性昆虫和捕食性昆虫。常见的寄生性昆虫有赤眼蜂、金小蜂、小茧蜂及寄生蝇等。捕食性昆虫主要有瓢虫、草铃、食蚜蝇及蚂蚁等。对食虫昆虫应注意保护，有的还可采取人工繁殖与放播，国内移植，国外输入，选育良种等方法来增加其在自然界中的力量，以便抑制病虫的发生和危害。目前，大理州烟草部门正在推广应用的食虫昆虫，如烟蚜茧蜂。

①大理州烟蚜茧蜂推广及应用

大理州烟蚜茧蜂项目从 2004 年启动，通过努力烟蚜茧蜂的饲养技术在祥云县祥城镇程官科技示范园烟蚜茧蜂基地取得了重大突破。"烟蚜茧蜂高密度饲养技术" 和 "蜂蚜同接技术" 两项新技术已基本成熟，烟蚜茧蜂规模饲养的成功率达到 80% 以上，每平方米育苗棚的烟蚜茧蜂僵蚜产量可达到 4 万头以上。2010 年大理州推广烟蚜茧蜂防治烟蚜面积达 27066.7 公顷（见表 6.4），同时供应昆明、丽江、保山、临沧、楚雄种蜂蚜。2011 年大理州推广烟蚜茧蜂防治烟蚜面积达 40000 公顷以上，为进一步打造大理州 "绿色生态" 特色优质烟叶品牌，彰显大理烟叶特色品质，满足中式卷烟重点骨干品牌对大理烟叶的需求，确保大理州烟叶生产持续稳定发展奠定了良好的基础。

表 6.4　2010 年大理州烟蚜茧蜂规模饲养点及推广面积统计表

县（市）＼项目	规模饲养点(个)	饲养量(盘)	推广面积(公顷)
祥云	1	6400	4266.7
宾川	6	5418	3600.0
弥渡	4	4800	3200.0
南涧	2	6718	4400.0
巍山	2	4620	3066.7
永平	3	2964	1933.3
洱源	1	2300	1533.3
云龙	2	2100	1400.0
剑川	4	1400	933.3
大理	1	1650	1066.7
鹤庆	1	1344	866.7
漾濞	2	1200	800.0
合计	29	40914	27066.7

②烟蚜茧蜂僵蚜苗大田散放技术

烟蚜茧蜂是烟蚜的优势天敌种类之一。烟蚜被烟蚜茧蜂寄生后，烟蚜的寿命及生殖力均明显下降。通过人工大量饲养繁殖烟蚜茧蜂，在烟蚜发生的关键时期大量散放到烟田，可以有效控制烟蚜对烟草的危害，减少烟田杀虫剂的使用量，降低烟叶中的农药残留量，提高烟叶的安全性，减少杀虫剂对环境的污染，保护生态环境，确保烟草生产的可持续发展。得到烟科人员的认可和烟农的普遍欢迎。

根据大理经验，蜂蚜苗于 5 月 21—25 日供应到各地，然后各县（市）饲养点进入烟蚜茧蜂规模饲养阶段。6 月 17 日前，将烟蚜茧蜂散放到烟田中。

第7章 特色优质烟栽培及烘烤技术

7.1 特色优质烟栽培技术

诠释大理特色优质烟的内涵"生态决定特色、品种彰显特色，技术保障特色"，适宜的气候、土壤就是生态，优良的品种就是红花大金元，规范的栽培技术就是保障。这里将大理州特色烟当家品种红花大金元的规范化栽培技术和措施，提供给广大烟农和科技工作者在实际工作中参考运用。

7.1.1 优化布局，坚持轮作

合理轮作是提高烟叶产量和质量，减轻病虫危害的关键性措施，也是实行用地养地相结合，促进作物间平衡增产的有效方法。优化就是将烤烟布局在自然生态和水利条件较好的地方，在稳定基本田烟的前提下，发展水浇地烟。因地制宜，突出特色，并坚持"一乡一品"或"一站一品"的原则布局。红大易感染土传病害"两黑病"，应选用上一年未种过烟的土壤种植。有条件的应实行水旱轮作。

7.1.2 适时播种，培育高茎壮苗

育苗是烤烟生产的一个重要环节，是大田能否适时移栽的保证，也是移栽后还苗成活、早生快发，大田烟株生长整齐一致，获得平衡增产的基础。所以，培育足够健壮的高茎壮苗，是获得烤烟优质、适产、高效的前提。壮苗标准：苗龄70天以内（出苗到成苗），茎高达 12~15cm，茎围达 2.0~2.2cm，手感硬实、韧性好，抗逆性强，不带毒。

培育高茎壮苗要认真执行《大理州漂浮育苗技术操作规程》和《大理州烟草漂浮育苗病害防控的实施意见》。要围绕拔茎秆、强韧性、增茎围等目标通过加强棚膜、遮阳网、防虫网管理，改善棚内温度、光照和通风条件；通过适当控制营养液肥施用量，以改善烟苗营养特性，增强烟苗碳代谢，结合及时剪叶还可预防茎腐病；通过科学合理剪叶以改善烟苗茎秆光照条件促进烟苗粗壮。因此，任何时候都不能把绿叶剪光，更不能把心叶都剪去，每次剪叶只能剪去最大叶的1/3~1/2。另一方面，剪叶要及时，不能等到严重荫蔽才剪叶。当烟苗茎基部光照太弱时茎叶徒长，茎秆细胞壁变薄变嫩，内含营养物质减少，烟苗细弱，移栽后发根力弱，成活难，易感病，不抗旱。因此，剪叶要及时、适度。要通过剪叶等技术的

落实提高壮苗率，要求壮苗率达90%以上。

苗期要加强对烟草病毒病特别是丛顶病的预防工作。全面推行管理人员、剪叶人员、消毒人员"三分离"的剪叶消毒方式，对剪刀器具等进行重点消毒。在棚内普及黄板诱蚜技术或喷施杀蚜农药，做到彻底防治蚜虫，以免烟蚜传播烟草病毒病。开展漂浮育苗花叶病快速检测工作，坚决关闭带毒育苗棚，培育无毒壮苗。对疑似感染花叶病等病毒病的育苗棚，要快速隔离育苗棚，并使用弹力剪苗器剪苗。

烟叶进入成苗期即6叶1心时，在取苗前3~5天撒水炼苗，以促使新根发生和提高根系活力；取苗前夕在盘面上用喷壶充分淋洒2%~3%浓度的磷钾肥料水或复合肥水作为送嫁肥，以促进移栽后早发根多发根。

7.1.3　深耕地，高起垄，精细整地

土壤的水、肥、气、热与烤烟的产量和品质关系密切。田间试验证明，加深耕作层打破犁底层，并结合高起垄能有效地改善烟株的生长势，提高烟叶产量和质量。冬闲田地要及早进行犁地晒垡，以杀灭土壤中的部分越冬害虫，减轻土传病害的发生。种植小春作物的要尽早组织收获，及时翻耕。要求深耕30cm以上，土垡细碎。

起垄要求：深沟高垄，沟直沟空，土壤细碎。使起垄高度达到省烟草公司提出的田烟不低于40cm，地烟不低于35cm的要求，做到墒子饱满。连片区种植地方，田烟开沟起垄要确保排水通畅，做到长田短墒，沟中不易积水；地烟要求等高线开墒。

7.1.4　合理密植

密度，即单位面积上种植适当的烟株。确定适宜栽培密度时，应对品种特性、自然条件、栽培条件等因素作综合考虑。如红大烟叶数较少和茎叶角度较小，为保证有必要的产量，原则是适当增加种植密度。田烟：行距1.1~1.2m，株距0.5m，每亩栽烟1200~1100株；地烟：行距1.0~1.1m，株距0.5m，每亩栽烟1300~1200株。行株距应根据各烟区土壤肥力确定，肥力高的宜宽点，肥力低的宜窄点，但同一片烟区内行、株距应相同。

7.1.5　测土配方，平衡施肥

科学施肥是关系烤烟产量质量的核心技术，是科技兴烟工作的重点，也是烟叶生产中的难点，需要不断研究和完善。大理州推行和完善"三级方案，四级控制，三次供肥"的精准施肥技术（即"343"施肥技术）。在认真取土分析的基础上，结合当地土壤类型、施肥习惯、常年烟株长势、前作种类和长势以及水利条件等综合因素制定科学合理的施肥配方。施肥要确保前期肥料及时发挥作用，烟株长得起，中期稳得住，后期烟株能适时落黄。

（1）确定合理的施氮量

根据烤烟品种、土壤肥力、常年烟株长势和前作种类及长势确定合理的施氮量。红大由于对土壤中氮素等养分的吸收利用率高于其他品种，氮素供应过多容易使其生长过旺，后期不易退黄，难以烘烤，所以种植红大原则上要控制氮素用量，在中等肥力的土壤上（土壤有机质 2.5% 左右，含碱解氮 120mg/kg 左右）红大每亩施氮量只宜 5～6kg；K326、云烟 87 等耐肥品种可比红大增加 20%～30% 左右的氮素，每亩施氮量可达 8kg 左右。在较高肥力土壤上应适当降低施氮量，在较低肥力土壤适当增加施氮量。

（2）合理施磷肥

适量磷素对烟苗移栽后的发根、烟叶成熟和烟叶质量都有重要意义，土壤含磷过低或过高对烟株生长和烟叶质量都不利。在确定施磷量时可以根据当地农户的施肥习惯大致判断土壤含磷情况，同时依据土壤化验结果，当土壤含速效磷为 25mg/kg 左右时，氮磷比宜为 1:1 左右，当土壤含速效磷高于 30mg/kg 时，氮:磷宜为 1:0.6～0.8，当土壤含速效磷低于 20mg/kg 时，氮:磷可达到 1:1.2～1.5，土壤缺磷时氮:磷可达 1:2。各地应根据当地土壤含磷量和复合肥中氮磷比例，确定是否需补充磷肥。若需补充磷肥时，还应根据土壤酸碱度选择磷肥种类，中性和偏碱性土壤可选择普通过磷酸钙（普钙），酸性土壤宜选用钙镁磷肥，尤其当种植 K326 的偏酸性砂性土壤上，施用钙镁磷肥还可解决容易缺镁的问题。

（3）适当增施钾肥

烟草是公认的喜钾植物，钾既能促进烟苗、烟株的健壮生长和成熟，又能改善烟叶外观和内在质量。钾还能消除氮及磷施用过量对烟草产生的不良影响。烟草对钾的需求量比起对氮磷的需求量要大得多，多施钾肥还未发现负作用。但考虑成本等因素不可能施用太多的钾，只能说在可能的范围应增施钾肥。尤其种植红大要比种植其他品种增加钾的施用量，一般来说，红大施肥氮:钾最好达到 1:3。土壤速效钾含量低于 100mg/kg 的烟区，氮钾比应达到 1:3 以上；土壤速效钾含量高或远超过 150mg/kg 的烟区，氮钾比应达到 1:2.5 以上，还应注意后期补钾。

（4）增施腐熟农家肥

农家肥具有改良土壤结构，改善土壤热、水、气、肥的协调性，从而提高土壤肥力的作用；它养分全面，含有大、中、微量元素，是典型的平衡肥料；它含钾高，能补充土壤钾素。实践证明长期多施农家肥还可在一定程度上减轻烤烟连作带来的弊端。因此，优质烟叶生产要高度重视农家肥的施用。由于优质烟叶需肥特性与其他农作物不同，对农家肥的质量要求不同，优质烟生产需要施用的是腐熟农家肥，施用前要求进行认真堆捂发酵，提倡将促腐剂、磷肥与农家肥混合堆沤后施用，这样既能促进农家肥的分解和各种养分的释放，又可提高磷的有效性。堆捂农家肥要求时间要足够，覆盖物要严实，以保持堆内湿度和温度，确保腐熟充分。农家肥每亩用量一般为 1000～1500kg。数量多时可作底肥和塘口肥施用，并提倡在前茬小春作物上施用，数量受限时最好作盖塘肥施用，这对保水、保温和通气都有非常好的作用。

油枯也属于有机肥，它是公认的生产优质烟的理想肥料，应积极组织施用。一般每亩用量在 10 ~ 30kg，作底肥施用。若施用量高时最好先腐熟，施用时注意与烟苗根系保持适当距离，以免烧苗。

（5）施肥方式

在土壤肥力中等和偏下的地块，应采用底肥和追肥结合的方式，底肥占复合肥的40% ~ 50%，磷肥、油枯等农家肥全部作底肥，剩余的复合肥，硝酸钾、硫酸钾作追肥施用。底肥最好采用容器定位环形施肥，此种方式肥料距离烟根位置适当，符合烟草需肥特性，有利于烟株旺长和后期落黄，肥料利用率高，增产提质效果好。追肥最好采用对水浇施。

在土壤肥力高（有机质含量3%以上，碱解氮 150mg/kg 以上）的地方，可以不施用底肥只施追肥，追肥对水浇施。

早施追肥。追肥时间要早，尤其是种植红大和未施用底肥的地方更要早施追肥。生产实践证明在定根水中加入肥料有明显的促进早发的效果。方法是移栽后每亩大田用 3 ~ 5kg 复合肥以 0.5% ~ 1% 的浓度对水作定根水浇施；第二次追肥在栽后 7 天左右每亩用复合肥 7 ~ 10kg 以 3% ~ 5% 的浓度对水浇施；第三次追肥在栽后 20 ~ 25 天将剩余复合肥以 5% 的浓度对水浇施；第四次追肥在栽后 35 ~ 40 天在揭膜后培土前将钾肥和需补充的复合肥对水浇施。如用硝酸钾追肥可在第二或第三次追肥时与其他肥料一起或单独对水施用。

（6）叶面施钾

红大在生育后期尤其当长势偏旺时常会在中上部叶出现缺钾症，即使土壤含钾高或土壤中施钾肥较多时仍会表现缺钾症状，此属于诱导性缺钾。防治办法是对于长势偏旺的烟株，在烟叶旺长后期或成熟期，最好是尚未表现出缺钾症状时用水溶性钾肥或普通硫酸钾、磷酸二氢钾以 2% ~ 3% 的浓度叶面喷施，每隔 7 ~ 10 天喷 1 次，共喷 3 次以上。其他烤烟品种土壤缺钾或施钾不足时也可用上述方法喷施钾肥。试验和生产实践证明这能有效地提高烟叶烤后质量，提高烟叶含钾量。

（7）补充中微肥

①硼肥。土壤含硼量低于 0.5mg/kg 的烟区，有必要补充硼肥。大理州缺硼的土壤面积较大，可用硼砂在烟苗移栽前苗上和移栽后摆盘期以 0.2% 的浓度喷施 2 ~ 3 次。

②镁。大理州不少烟区历年来常表现出缺镁现象。在砂性土壤或含钾高、含钙高的土壤上即使土壤含镁较高也会因养分间拮抗作用表现缺镁症。K326 表现尤为突出。因此，在土壤含镁低于 120mg/kg 的烟区或历年常表现缺镁的烟区应施用镁肥。镁肥施用应采取土壤施肥（基肥或追肥）和叶面施用相结合，可用硫酸镁每亩用量 5 ~ 10kg 作土壤施肥，叶面喷施可在旺长期后用1%浓度喷施 2 ~ 3 次。

7.1.6　地膜覆盖，增温保湿

为了促进烟株早生快发和及早成熟，地膜覆盖栽培是最有效的措施。大理州无论是前期干旱年还是前期多雨年，无论是山区还是坝区，覆盖地膜对烟株生长都有普遍的促进作用。干旱年它能保水保温，多雨年它能控水增温，对烟株根系发育和早生快发十分有利。要使地膜的作用得到充分发挥，生产中要做到盖好膜、管好膜和适时揭膜。

盖膜时间越早越好，最好是先盖膜后栽烟，或是移栽后 2 日内盖膜。若是先盖膜后栽烟，要求在盖膜前浇透水，确保移栽成活。地膜最好选择无色透明膜，它透光性好，有利于提高土温和提升水分，以便促进烟株早生快发。

为了充分发挥地膜的效应，要求提高盖膜质量。盖膜前要将墒面土垡整细和拣干净锋利杂物。要将膜的两侧边压严实，用颗粒状疏松细土封好引苗膜口；膜上尽量不盖土，使膜面尽量裸露。盖膜后应常到田间察看，当地膜被风掀起或撕裂时立即进行补救。要保持烟株膜口始终有土壤封严实，避免膜口开启勒伤烟茎和高温热气烫伤烟苗诱发黑胫病等病害的发生。每次浇水或追肥后要将开口处用细土盖严。

适时揭膜，深提沟，高培土。盖膜一段时间后土壤中的营养元素向上移动富集于土壤表层，烟株根系大量发生分布于土壤浅表层，土壤中氧气匮乏，二氧化碳等有害气体浓度高，对根系有害，膜下土壤中水分不足尤其根系密集区严重缺水，烟株根系得不到充足的水分、养分和氧气供应，对烟株旺长极其不利。因此，盖膜一段时间后烟株即将进入旺长时须及时揭除地膜，以便雨水或灌水直接进入垄面土壤，淋溶表层养分让烟株吸收，满足烟株旺长期对水分、养分和氧气的大量需求，从而使烟株实现旺盛生长。试验和生产实践证明盖膜烟在烟苗移栽后约 25～40 天内，烟株开始进入旺长期时，根据天气和水利条件应适时揭去薄膜。遇降雨或有灌溉条件时适当早揭，遇持续干旱时可适当推迟几天，但最迟不超过栽后 40 天揭膜。大理州北部部分冷凉烟区土壤肥力很高，为避免揭膜后烟叶返青后期难成熟可不必揭膜。

揭膜后及时深提沟、高培土、清除杂草，注意用细土培根。培土后达到墒面疏松无杂草，沟内无积水。

7.1.7　适时早栽，缩短移栽期，提高移栽质量

抓住最佳节令，适时移栽，是提高烟叶成熟、获取优质高效的前提。为了充分利用大理州 5—6 月高温、多日照的气候条件，促进烟叶碳水化合物的形成及干物质的积累，确保烟株的发育和正常生长，增强烟株的抗逆性，减轻病害，避开后期低温危害，须适度早栽使烟株生育期和采收期前移。红大烟株后期难落黄难烘烤，尤其需要早栽，应比其他品种早栽一周以上。当然移栽期也不是越早越好，还要考虑水利条件和常年降雨情况。多年实践证明，

大理州最佳移栽期是 5 月上旬，在冬闲田的地方 4 月 25 日左右开始移栽，5 月 15 日前栽完。为了提高烟株生长平衡度，应尽量缩短移栽期。

移栽时要精细操作，提高移栽质量。要尽量将烟苗茎秆深埋入土中，只露出茎尖 2cm 左右的茎秆；同时要求用细土雍根，以利于新根发生和生长，增强烟株吸水和抗旱能力；要注意浇透定根水，喷施防虫药，确保全苗。

7.1.8 科学管理

（1）科学灌溉

盖膜烟在浇足定根水和盖好地膜情况下移栽后十多天不必浇水，在土壤含水量稍低和土温较高的条件下有利于根系生长，因此，刚栽后不必过多浇水。当干旱严重须浇水时应注意"多吃少餐"，即减少浇水次数增加每次浇水量，这样有利于根系深扎。对于有灌水习惯的烟区，要谨防灌水诱发"两黑病"，因为灌水后土温下降，不利于新根发生，烟苗免疫力降低，而且水成为传病媒介，易诱使两黑病的暴发，因此定根水应浇而不是灌，栽后不应立即灌水，最好是栽后半月后待烟苗新根发生抗病性较强时才宜灌水，而且灌水不能淹过墒面，泡水时间不能太长，随灌随排。灌水后地膜翘起的须重新盖好压实。

烟株进入旺长期如遇干旱，应积极组织灌水，灌水前后要加强"两黑病"防治。

（2）防治病虫害

防治病虫害要认真执行"预防为主、综合防治"的植保方针，加强病虫害预测预报，以农业防治为基础，加大生物防治力度，合理使用化学防治，把病虫害造成的损失降低到允许的范围内。在用药的过程中，要注意药剂的交替使用，以减缓抗药性的产生，避免药剂滥用的现象出现。

"两黑病"是对红大威胁最大的病害。"两黑病"即黑胫病和根黑腐病。"两黑病"是土传病害，在强调轮作、施用无病原的腐熟农家肥和管理好水分等农业防治的基础上，须对红大烟区实行统防。移栽后 10～15 天用 58% 甲霜·锰锌可湿性粉剂 500 倍液，48% 霜霉·络铜水剂 1500 倍液、双泰（72.2% 霜霉威水剂）900 倍液喷淋茎基部，7～10 天 1 次，连续使用 2 次，进入旺长后，对发病可能性大的田块仍可选用以上药剂再行防治。此外要重视赤星病防治。

7.1.9 合理封顶，彻底抹权

为了保证留足叶数和降低上部叶烘烤难度，原则是防止过早打顶或矮打顶，实行见花打顶，红大留叶 20 片（地烟 18 片），其他品种留叶 22 片（地烟 20 片），留够有效叶片数后，将上面多余叶片连同花枝一同打去。根据烟株长势和营养状况确定适宜的打顶时间和打顶高度，长势偏旺的应适当推迟打顶时间，打顶时尽量多留叶片。长势弱的可适当早打顶和控制留叶数。打顶后及时采用化学抑芽剂抑芽，化学抑芽效果差的应及时人工抹杈。

7.1.10　清除田间不适用烟叶

（1）脚叶清除

移栽后 70 天左右，封顶后 10 天左右，应统一清除底部两片衰老的脚叶（不含培土时剔除的奶叶），这样有利于烟田通风透光，促进下部叶生长发育和充分落黄，提高品质。不适用烟叶清除后，原则上田烟每株留有效叶片 20 片（红大 18 片），地烟每株有效叶片 18 片（红大 16 片）。

值得指出的是清除底脚叶的时间不能太早，应等其衰老时才宜清除。因为当其未衰老时，还能进行光合作用制造营养物质运输给上方的叶片，当叶片衰老后内含营养物质及其降解产物包括氮、磷、钾等养分已经运送至上方叶片，此时才宜摘除。

（2）顶叶清除

顶部那一片烟叶由于在烟株上生长的时间最长，受光条件好，从土壤中和下方烟叶中得到的营养物质和氮、磷、钾等养分最多，因而内含物质过多，叶片过厚，加之成熟期受后期（夜间）低温的影响细胞组织结构紧密，很难烘烤好，因此，将其打弃是明智的做法。清除方法：移栽后 115 天左右，采烤到上部还有 4~6 片叶时，统一清理顶部 1 片叶。

7.2　大理州四大特色优质烟区栽培技术要点

大理州由于地处低纬高原，立体气候明显，区域差异较大，气候类型复杂多样，寒、温、热三带兼有，干、湿类型共存。烤烟种植有田烟、山地烟，不同地区的烤烟栽培有求同存异的地方。四大特色优质烟区栽培技术要点如下。

7.2.1　澜沧江流域特色优质烟区栽培技术要点

澜沧江流域特色优质烟区以南涧、永平县为代表，山区面积大，具有亚热带山地气候特征，光、热资源丰富，空气质量好，土壤肥力中等偏低，部分区域如南涧土壤有机质较高。土壤普遍为偏砂性紫色土，土壤 pH 值微酸性，含钾高，是生产优质烟的理想土壤。由于地处山地，缺乏灌溉条件，烤烟移栽期常遇干旱影响烟苗成活，移栽后干旱土壤水分不足，使施入的肥料不能及时发挥肥效，制约了烟株的个体发育，因此，烟株普遍为中棵烟，所生产的烟叶烟碱、含糖适中，含钾量高，烟叶内在质量很好，深受卷烟工业喜爱。栽培上重点是要进一步解决水的问题，要加强以小水窖为主的山区水源建设，确保移栽及保苗用水。育苗环节要加强壮苗培育，要控制营养液肥的用量，改善棚室内光照条件，及时适度剪叶，加强炼苗，培育出茎秆高而粗壮、韧性好的健壮烟苗，以增强烟苗抗旱性，确保移栽后成活得好。其二是认真坚持和发展等高线开墒，以最大限度地截留降水和减少水土流失，改善土壤墒情，充分发挥肥效；三是及时覆盖好、管好地膜，充分发挥地膜的保水增温作用；四是既要施足肥料，又要防止底肥施用过多或方法不当，水分不足造成烧苗，为此要适当增加追肥比例，并改善追肥技术；五是利用山区有机肥源充足的优势，坚持多积制、多施用农家肥，不断改善地力，确保烟叶生产稳定，持续发展。

7.2.2　红河源流域特色优质烟区栽培技术要点

红河源流域特色优质烟区以弥渡、巍山坝区为代表，光热资源充足，降水利用率高，水利条件较好，土壤多为砂性紫色土，土壤较为肥沃，由于多为田烟，烟株个体发育旺盛，株高叶大，烟叶产量高、质量好，是大理州最适宜烟区，也是大理州烟叶生产水平最高的烟区。生产中较突出的问题是防止烟株营养过头影响烟叶质量，同时控制"缅瓜黄"病害及烟株缺镁症。栽培技术一是要强调深沟高垄，切实做到长田短墒，以利排水；二是要注意控制含氮肥料施用量，并避免追肥时间过迟，增施钾肥，以防止烟株氮素营养过头对烟叶质量的不利影响和防治"缅瓜黄"病害；三是要针对这一区域烟株缺镁现象突出的问题施用镁肥。

7.2.3　金沙江流域特色优质烟区栽培技术要点

金沙江流域特色优质烟区是以祥云县为代表的典型坝区，气候温和，光照充足，降雨适中。但烤烟生长前期雨量较少，土质较为黏重。这一地区烟株普遍为中棵烟，烟叶单产适中质量较好。烤烟生长前期土温回升稍慢，烟株早发受限制，后期降温较早，影响烟叶成熟。栽培中一是要适当早播种培育壮苗，适时早栽；二是要及早盖好膜管好膜，充分发挥地膜的增温保水作用；三是防止含氮肥料施用过量和追肥时间过迟，影响烟叶成熟，并适当增施磷钾肥，要在合理施足底肥的基础上施好定根肥水和早施提苗肥，以促进烟苗早生快发；四是在地势平缓低凹区域要切实做到深沟高墒和长田短墒，防止烟田渍水；五是要适时早揭地膜，以防止揭膜后烟株返青难以成熟；六是施用充分腐熟农家肥，以改善土壤供肥性能。

7.2.4　滨湖高原流域特色优质烟区栽培技术要点

滨湖高原流域特色优质烟区以大理市、洱源县、剑川县及鹤庆的松桂等坝区为代表。海拔多在2000m左右，这一区域气候温和湿润，降水丰沛，日照充足，土壤有机质含量高，土地普遍肥沃。"两头"易遇低温。由于土壤肥沃和水利条件优越，烟株个体发育较好，通过解决好"两头"低温和平衡施肥的问题仍然能生产出优质烟叶。栽培中一是要适当早播种，培育壮苗，适时早栽；二是要及早盖好膜、管好膜，充分发挥地膜的增温保水作用；三是严格控制含氮肥料施用量和提早追肥时间，促使烟株早成熟，并增施磷钾肥。要施好定根肥水和早施提苗肥，以促进烟苗早生快发；四是要切实做到深沟高墒和长田短墒，防止烟田渍水；五是要适时早揭地膜以防止揭膜后烟株返青难以成熟。

7.3　特色优质烟叶烘烤技术

美国烟草专家左天觉博士指出：烟叶质量的形成是栽培（包括品种）、成熟度、烘烤各占三分之一。充分说明了烟的成熟度是生产优质烟的核心因素之一，是烘烤好烟叶的先决条件。因此，正确掌握烟叶的成熟度，适时采收，对提高烟叶烘烤质量有着极其重要的意义。这里，以红花大金元品种烟叶使用密集式烤房烘烤时的采收、编烟、装烟、烘烤工艺及烤后烟叶保管，加以介绍。

7.3.1　烘　烤

把采收的成熟烟叶进行分类编杆后挂在烤房中，在人为控制的特定适宜温、湿度环境中，使烟叶外部特征和内部化学成分发生正常的变化，向卷烟工业最佳品质要求的方向进行，使烟叶逐渐变黄、失水干燥的工艺过程。

7.3.2　烤　房

指烤烟生产中烘烤加工烟叶的专用设备。按气流循环方式分为气流上升式密集烤房和气流下降式密集烤房。

（1）气流上升式密集烤房：指烤房内的热气流是由下向上流动的密集烤房。

（2）气流下降式密集烤房：指烤房内的热气流是由上向下流动的密集烤房。

（3）装烟室：指烤房内用来挂置烟叶的地方，平面称为仓，垂直面称为台，一般为两仓三台。

（4）加热室：指密集烤房内设火炉和热交换器的地方，并在适当的位置安装风机。风机按一定方向向装烟室输送热空气，经与烟叶接触进行湿热交换后，循环回到加热室，或者一部分排放到烤房外部。

7.3.3　烘烤阶段

指根据烟叶外观特征变化与内部的有机联系，将烟叶烘烤全过程划分为烟叶外观状态与温度要求相应的阶段：包括变黄阶段、定色阶段、干筋阶段。

（1）干湿球温度计

烟叶烘烤必备的测温仪表，由两支完全相同的温度表组成，单位均为℃。其中右边一支感温球上包有干净的脱脂纱布，纱布下端浸入盛有洁净水的特制小水杯中，小水杯口与感温球垂直相距 1～1.5cm，为湿球温度表；左边一支感温球不包纱布的为干球温度表。本节所指干球温度、湿度以底层为准。

①干湿球温度表的挂设。干湿球温度表必须挂在烤房低台中间烟叶内，支架低端与烟叶叶尖齐平。

②干球温度。显示烤房内（烟层中）空气的受热程度，单位为℃。

③湿球温度。特定温度下烤房内空气中的水汽压与湿球表面的水汽压相等时，湿球温度表上所显示的温度值，单位为℃。反映了该温度下烤房内的空气湿度。

④干湿球温度差。干球温度与湿球温度的差值，单位为℃。反映烤房内空气的相对湿度大小，差值越小湿度越大，差值越大湿度越小。

（2）温湿度自控仪

是用于检测、显示和调控烟叶烘烤过程温、湿度的专用设备。由温湿度传感器、主机、执行器等组成。在主机芯片内设置有烘烤专家曲线，并有在线调节功能。

（3）烟叶变化

指烟叶外观的变黄程度与失水干燥程度，以及相应的内含物的变化。一般以烤房底层烟叶变化为主，兼顾二层和其他各层。

①变黄程度。烟叶变黄的程度，通常以"几成黄"表示，划分为一、二、三……八、九、十成黄；黄片青筋叶基部微带青为九成黄，或称基本全黄，十成黄为黄片黄筋。

②干燥程度。烟叶的干燥程度。通常分为叶片膨胀发硬、稍微变软、凋萎变软、勾尖卷边、小卷筒、大卷筒、主脉干燥等几个档次，也可以用干燥1～9成、基本干燥、全干等来表示。

（4）成熟采收

①下部烟叶。下部烟叶在栽后65～70天采收，一次性采收结束，烤房容量不足以装下时要每次采收3片，分两次采完。

②中部烟叶。中部烟叶当主脉变白，支脉也变白的时候成熟采收。

③上部烟叶。上部烟叶充分成熟后采收。叶面皱缩，有成熟斑，主脉变白发亮，支脉变白发亮时4～6片一次采收，或带茎砍收。

7.3.4　编烟和装炉

（1）分类编烟，排队入炉

同一烤房烟叶成熟度不超过3个，把成熟叶、厚薄适中的烟叶编一类，装在出风口一层。

（2）编烟密度

叶柄高出烟杆 3～4cm，每杆编烟 100～120 片，烟杆两端各留出 7～8cm 空头，绑扎结实，防止脱落。束与束之间疏密要均匀一致，编竿时要叶背相对，均匀一致，装烟密度 36.44～45.55kg/m³；下部烟叶 600 杆，中部烟叶 400 杆，上部烟叶 500 杆；装烟量增加时，应在保持每杆编烟数量不变的情况下，增加装烟杆数量。

（3）装炉原则

同一烤房装烤同品种、同部位、同成熟度的烟叶，同质同层，密度均匀合理，上下稀密一致，每层杆数相同。

编好的烟叶不要挂入烤房，在烤房外堆码成一个中空的井状，堆码时间 4～6 小时后再挂入烤房；气流下降式烤房。变黄快的鲜烟叶及过熟叶、轻度病叶装在顶层，质量好的鲜烟装在中层和底层；气流上升式烤房。变黄快的鲜烟叶及过熟叶、轻度病叶装在底层，质量好的鲜烟叶装在中层和上层。

（4）注意事项

①若烟叶数量不足于装满烤房时，不得将烟竿距离加大，可以只装上、中两层，两仓要均匀对称。气流上升式烤房不在低台下面加台装烟，注意稀密均匀。

②装烟室过潮和温度过高时不要装烟，过潮时应先点火驱潮，温度过高可以启动循环风机开门降温，待温度和湿度正常后再装烟。

③装烟前检查温度表水杯是否缺水或漏水，确认纱布头已深入水槽中，风机是否正常运转。

7.3.5　烘烤工艺

烘烤工艺参见表 7.1、表 7.2。

表 7.1　大理州红大中下部烟叶密集烤房烘烤工艺

阶段号	干球温度	湿球温度	烟叶变黄程度	烟叶失水程度	经历时间（h）
1	室温～35℃		无变化	叶片预热	3
2	37～38℃	干湿平走	叶尖变黄 4～7cm		20～24
3	38～39℃	37～38℃	青筋黄片	叶片受热塌架	30～36
4	42～43℃	37～38℃	叶肉全黄，3 对支脉未黄	主脉发软，叶片拖条	18～20
5	45～48℃	37～38℃	主脉变黄	勾尖卷边	20～24
6	53～55℃	37～39℃		叶肉全干	20～30
7	65～68℃	41℃		全炉烟叶全干	36～40

表7.2　大理州红大上部烟叶密集烤房烘烤工艺

阶段号	干球温度	湿球温度	烟叶变黄程度	烟叶失水程度	经历时间（h）
1	室温~35℃		无变化	叶片预热	3
2	35~36℃	干湿平走	叶尖变黄8cm		18~24
3	37~39℃	低干球1℃	叶片变黄7~8层	叶片受热塌架	45~50
4	40~41℃	低干球2℃	叶片变黄9~10层	主脉发软，叶片拖条	20~24
5	43~45℃	36~38℃	支脉全黄	叶肉干燥1/4	24~30
6	46~48℃	37~38℃	主脉全黄	勾尖卷边	20~24
7	53~55℃	38~39℃		叶肉全干	20~24
8	62℃	40℃		主脉干燥1/3	10
9	65℃	41℃		全炉烟叶全干	30

　　注：升温速度：35℃以前每小时不少于3℃，35~53℃每小时0.5℃，53℃以后每小时1℃，所有经历时间含升温需要的时间。

7.3.6　烘烤操作

（1）变黄期

变黄期要根据干、湿球温度的要求灵活调控火力大小，点火时湿球温度不能设定在35℃以下。若烟叶变黄不够，需拉长保温保湿时间，使烟叶完成变黄；若烟叶失水不够，要进行排湿时，湿球温度的设定每次不能超过1℃，若烟叶失水不够，需拉大干湿表温差时，以每次调低湿球温度0.5℃为宜。

（2）定色期

定色期烟叶达到变黄后，加煤升温定色。定色期叶片干燥不一致时，要根据实际情况在适当时机给予补救，以便及时均匀干片、完成烟叶定色和干筋。

调整排湿口：将叶片干燥快的位置排风口门适当关小，使烤房内的热风有效地导向叶片干燥偏慢的位置，促进这些位置烟叶的干片。

调整回风口：堵塞回风口1/3~3/4，减少循环通风量，削弱对流传热，减小烟叶干燥较快空间的通风干燥速度，使原来通风不良位置的烟叶能更多地吸收热量，加快脱水干燥。在全炉烟叶的干片趋于一致后，再重新将回风口打开。

（3）干筋中后期

干筋中后期若烟叶主脉干燥过缓，要将干球温度控制在 62～65℃、湿球温度控制在 40～41℃ 范围内，然后间歇性调高湿球温度到 43℃，使烤房内反复出现湿球温度短时间偏高的状况干球温度也允许短时间超过 68℃，以加速烟筋水分的内扩散，从而促其及时干燥。

7.3.7　烤坏烟防治

（1）走筋和阴片

走筋和阴片出现的主要原因是由于烤房掉温，未烤干主脉中的水分渗透到主脉两旁已烤干的叶片上，出现这个现象是因为烟叶变黄期主脉失水达不到要求，叶片干燥程度又高，主脉水分无法排出而排入已干燥的烟叶。这类烟叶通常出现在烤房中部温度较低的区域，可以制作一个二次分风槽加大该位置通风量，或是在容易产生的地方降低每杆烟叶编烟夹数来解决。

（2）烤青

下部叶、中部叶的烤青主要是由于烟叶挂置不合理，将采青的烟叶挂在烤房温度最高的地方即烤房后墙端，或者就是由于装烟量不够，人为地加大了杆距，造成热气流流动较快产生烤青。上部叶的烤青除也有中下部烟叶同样的因素外，还有烘烤点火时加煤量较多，烤房瞬间升温过快造成烤青，定色期转火过急形成的烤青，还有一类是人为选择的烤青，就是变黄温度低、变黄期时间拖得过长，为防止烟叶挂灰未等叶脉完全变黄就转火升温的故意烤青。

（3）烟叶柄端发霉

可以使用甲酸灵锰锌、多菌灵等交替喷施烤房内部和烟杆，防止烟叶感染。

7.3.8　烟叶回潮

（1）自然回潮

在烟叶干筋结束，停止加热后，关闭风机电源，打开装烟门，排湿口，进风口，让温度慢慢降底，使烟叶自然吸潮，达到要求的水分标准。

（2）加湿回潮

在烟叶干筋后，烤房温度降低到 45～55℃ 之间，向烤房和加热室地面泼水，每间烤房 20kg，然后开风机通风，让增加的水分蒸发后回潮烟叶，当烟叶达到要求的水分标准，出烟下杆分级。

7.3.9 烤后烟叶保管

烟叶经烘烤后，在堆烟处下面垫好防潮层，不同质量、不同部位的烟叶分开堆放或用标记分开，叶尖向里，叶基向外，叠放整齐，堆好后用塑料薄膜、草席或麻片盖严。也可以打包存放，将烟叶叶尖对叶尖，叶柄向外用草席包裹，有条件的烟农将包裹好的烟叶放入木柜中保管，没有木柜的烟农用塑料膜包裹存放。过一段时间以后打开塑料膜用手探摸烟叶，如果烟叶冰凉继续保管，如果烟叶有温度则打开烟包凉两个小时，以后继续包裹存放。

第8章 大理州特色优质烟叶气候生态区划及规划

为了更好地适应我国烟草行业大品牌、大企业、大市场发展战略和中式卷烟对特色优质烟叶原料的需求，全力打造大理特色优质烟叶品牌，进一步彰显大理清香型烟叶风格特点，促进大理特色优质烟叶持续稳定健康发展，有必要进行大理州特色优质烟叶气候生态适宜性区划及规划。在此之前2004年大理州烟草公司已完成《大理州优质烤烟种植区划和规划》，使大理州烟草种植布局有了很大改善，区域化生产明显增强，彰显出特色优质烟叶品牌声誉。

由于烟草是一种对气候土壤适应性很强的植物，在世界上多数地方都能生长。同时，根据近年来的科学研究表明，进入20世纪90年代以来，中国同全球一样，气候正在渐渐变暖。大理州也同全国一样，气候正在缓慢变暖。据大理市气象局科技人员对《大理市近50年气候变暖对生态和农业生产的影响》进行研究得出，1991年以来大理市每10年年平均气温上升0.39℃。年平均气温比1990年以前增加了0.2℃。其中春、秋两季气温增幅最大，分别为0.1℃/10年、0.09℃/10年。稳定通过农业界限温度10℃、12℃、15℃、17℃具有80%保证率的日期和积温均有所增加。2009年、2010年平均气温达16.1℃，大理州多数地区连续2年均突破历史极值。所以近几年来大理州烤烟种植布局已发生了较大变化，烤烟种植区的海拔高度在上升。另外，大理州种植的主要特色烟叶品种"红花大金元"是在云南省路南县（今石林县）路美邑乡烟农从"大金元"中选育而成，通过长期的训化，加之近年来先进的生产技术和烘烤技术已得到广泛普及，在大理州海拔较高、气候温凉的山地上种植也表现较好，因此重新审时度势进行全州特色优质烟叶气候生态区划很有必要。

8.1 特色优质烟叶气候生态区划

8.1.1 特色优质烟叶气候生态区划标准

（1）区划原则

为了确保区划结果的科学性和生产实用性，区划基于以下原则：依据特色优质烟生物学特性对气候条件的要求和气候对特色优质烟叶产量和质量影响的一般规律；基于大理州气候特点及其主要气象要素的时空分布状况；兼顾全国和云南省烤烟气候生态类型区划指标的相似性（见表8.1和表8.2）；结合多年来各级烟草科研机构在大理州的试验研究结果及烟草部门的生产实践；以充分体现大理州特色优质烟叶气候特征并以大理州特色优质烟叶生产实际为主，合理确定大理州特色优质烟叶气候生态区划指标；根据区划指标进行分区。

表8.1　全国烤烟气候生态区划指标

项目＼类型	最适宜	适宜	次适宜	不适宜
海拔（m）	1600～1900	1900～2000 或 1300～1600	2000～2100 或 1100～1300	>2200 或 <1100
无霜期（d）	>120	>120	≥120	<120
≥10℃积温（℃·d）	>2600	>2600	<2600	
日均温≥20℃持续天数（d）	≥70	≥70	>50	
年平均气温（℃）	16～17	15～16 或 17～18	14～15 或 18～19	<14 或 >19
大田期平均气温（℃）	20～23	19～20 或 23～25	18～19 或 >25	>28 或 <18
成熟期平均气温（℃）	>20	>18	>17	<17
大田期雨量（mm）	300～400	200～300 或 400～600	150～200 或 600～800	<150 或 >800
成熟期月雨量（mm）	100	100～150	30～50 或 150～200	>200 或 <30

表8.2　云南省烤烟气候生态区划指标

项目＼类型	最适宜	适宜	次适宜	不适宜
6—8月日均温≥20℃持续天数（d）	≥70	>50	<70	<50
土层0～60cm含氯量（mg/kg）	<30	<30	<45	>45
土壤pH值	5.5～6.5	5.5～7.0		
无霜期（d）	>120	>120	>120	<120
9月下旬平均气温（℃）	>17	>17		
烟叶内在质量	香气质好，香气量足，吃味纯净。			
海拔高度（m）	1400～1800	1200～1400 1800～2000	2000～2200	>2200

（2）区划方法

遵循区划原则，利用 ArcGIS 系统，整理计算了全州的气象资料，以气温、海拔、雨量、日照为主要区划指标进行区划。

气温数据通过建立与海拔、经度、纬度的回归方程计算得到，回归方程都通过 0.05 的显著性水平检验；海拔数据用 1∶250000 的基础地理数据；雨量数据通过反距离权重插值得到；日照时数的计算不仅考虑了日照百分率的差异，还充分考虑了地形遮蔽的影响。

（3）区划指标

按上述方法，筛选了多个具有生物学意义的气候因子，结合多点田间小气候观测资料及气候考查，分析大理州特色优质烤烟生长规律、生长关键期、关键气象要素及利弊条件等，并根据大理州烤烟生产实际，烤烟地膜覆盖大面积推广应用，地膜覆盖增温增湿效应和光温补偿效应提高了温度的有效性，因此，提高了大理烟区海拔上限高度、海拔跨度大，增加了适宜种烟面积。由以上分析确定了大理州特色优质烟叶气候生态适宜性区划指标（详见表 8.3）。

表 8.3　大理州特色优质烟叶气候生态适宜性区划指标

项目＼类型	最适宜区	适宜区	次适宜区	不适宜区
年平均气温（℃）	15~17	12~15 或 17~19	11~12 或 19~20	<11 或 >20
大田期平均气温（℃）	19~23	18~19 或 23~25	17~18	<18 或 >25
成熟期平均气温（℃）	18~20	17~18 或 >20	16.5~17	<16.5
大田期总雨量（mm）	400~600	600~800 或 300~400	800~900	>900 或 <300
大田期日照百分率（%）	>40	35~40	25~35	<25
8—9 月日照时数（h）	>300	200~300	150~200	<150
海拔高度（m）	1500~2000	1300~1500 或 2000~2200	2200~2400 或 1100~1300	>2400 或 <1100
土壤 pH 值	5.5~6.5	5.0~5.5 或 6.5~7.0	7.0~7.5	<5.0 或 >7.5
0~60cm 土壤含氯量（mg/kg）	<30	<30	30~45	>45

8.1.2　区划结果与分区评述

根据表8.3的气候生态适宜性区划指标，把全州分为最适宜区、适宜区、次适宜区和不适宜区。具体区划结果详见图8.1及表8.4。

（1）最适宜区

最适宜区是大理州海拔在1500～2000m的坝区和半山区的烤烟生产区，是大理州特色优质烟叶主产区。包括祥云县鹿鸣乡、祥城镇、云南驿镇、沙龙镇、刘厂镇、米甸镇、下庄镇、普棚镇、东山乡、禾甸镇，宾川县乔甸镇、大营镇、平川镇、钟英乡、拉乌乡、鸡足山镇、宾居镇，弥渡县弥城镇、红岩镇、新街镇、寅街镇、密祉乡、牛街乡、苴力镇，巍山县永建镇、大仓镇、马鞍山乡、庙街镇、南诏镇、五印乡、巍宝山乡、紫金乡，南涧县宝华镇、无量镇、小湾东镇、拥翠乡，大理市下关镇、大理镇、挖色镇、海东镇、凤仪镇、双廊镇、湾桥镇、喜洲镇、银桥镇、上关镇、太邑乡，洱源县邓川镇、乔后镇、右所镇，永平县杉阳镇、博南镇、龙街镇、厂街乡、龙门乡，鹤庆县松桂镇、西邑镇、六合乡，漾濞县苍山西镇、顺濞乡、瓦厂乡、漾江镇，云龙县诺邓镇、宝丰乡、长新乡、功果桥镇，共66个乡镇。

气象条件：最适宜区域的气象条件优越，热量条件好，年平均气温在15～17℃之间，大田期（5—9月）月平均气温在19～23℃之间，既无高温影响又少有低温危害；大田期雨量适中，总雨量在400～600mm之间；大田期光照充足而和煦，日照百分率大于40%，成熟期（8～9月）日照时数大于300h，有利于烟叶品质的提高。有些年份也会发生一些自然灾害，如局部性洪涝、冰雹、移栽期干旱或多雨天气等，在一些年份会造成不利影响，应注意防范。

土壤条件：本区种烟土壤以红壤和紫色土旱作土为主，冲积和湖积母质发育而成的淹育型水稻土（水改旱）次之，土层深厚肥沃无障碍层次，质地砂黏适宜，保水保肥强，通透性好，无重金属和有机污染，0～60cm土层内氯含量小于30mg/kg，耕作层土壤pH5.5～6.5，有机质和氮、磷、钾含量丰富，土壤水、肥、气、热协调，作物宜种性好，适宜烤烟高产优质栽培。

水利条件：最适宜区域如祥云县青海湖水库增容扩容、宾川县"引洱入宾"工程等地烟水工程配套率高；大理、洱源等地自然水资源丰富；巍山县、弥渡县、永平县坝区水利设施较好，能基本满足烤烟的需水要求；若山区乡镇五小水利工程上年蓄水好的年份能满足当年烤烟移栽期的用水；上年干旱蓄水少，当年雨季开始迟的年份则难以保证适时移栽和用水需求。

植被条件：最适宜区域的大理市、南涧县、云龙县、永平县、巍山县、弥渡县等地森林覆盖率高，大气透明度好，空气清新，生产的烟叶质量上乘，烟叶质量评价多数属于"好"的档次，如南涧宝华等地有"一片森林一片烟，片片都是生态烟"的美誉。

（2）适宜区

适宜区主要包括大理州海拔高度在 1300～1500m 的低热河谷地带和 2000～2200m 的坝区和半山区。包括宾川县力角镇、州城镇、金牛镇，弥渡县德苴乡，巍山县青华乡、牛街乡，南涧县南涧镇、乐秋乡、碧溪乡、公郎镇，洱源县炼铁乡、牛街乡、三营镇、茈碧湖镇、凤羽镇，永平县北斗乡、水泄乡，鹤庆县云鹤镇、草海镇、金墩乡、黄坪镇、辛屯镇，剑川县沙溪镇、金华镇、甸南镇、弥沙乡，漾濞县富恒乡、平坡镇、龙潭乡、鸡街乡、太平乡，云龙县表村乡、民建乡、检槽镇、团结乡、白石镇、漕涧镇、关坪乡共 38 个乡镇。

气象条件：适宜区域的气象条件优越，热量条件较好，年平均气温分别在 12～15℃ 及 17～19℃ 之间，大田期（5—9 月）月平均气温山区和半山区地区在 18～19℃ 之间，生产上常说适宜区域气温不足地温补，采用地膜覆盖栽培，适时早栽能避过成熟期低温天气；大田期雨量略多，总雨量在 600～800mm 之间；海拔较低的河谷地带热量充足，雨量偏少，少雨年份干旱严重。大田期光照和煦，日照百分率在 35%～40% 之间，成熟期日照时数在 200～300h 之间。适宜区域干旱、洪涝、冰雹等气象灾害相对较多，需加强水利设施建设，加强对气象灾害的防御能力。

土壤条件：上述适宜区域种烟土壤以山原红壤、褐红壤、黄红壤和紫色砂岩风化发育而成的紫色土为主，泥质页岩和片麻岩为代表的变质岩类坡积母质发育的旱地与冲湖积母质发育而成的淹育型水稻土（水改旱）次之，土层较厚无障碍层次，红壤质地偏黏保蓄性好，通透性适中，紫色砂岩和变质岩坡积与冲积母质发育的土壤质地偏轻，通透性强，无重金属和有机污染。耕作层氯含量小于 30mg/kg，有机质和氮、磷、钾含量较丰富，土壤水、肥、气、热协调，能满足烤烟高产优质栽培需求。

水利条件：适宜区弥渡县德苴乡，鹤庆县坝区，剑川县坝区、洱源县坝区等地自然水资源好，烟水工程配套率高；巍山县青华、牛街乡，南涧县南涧镇、乐秋乡、碧溪乡、公郎镇，洱源县炼铁乡，永平县水泄乡、北斗乡，鹤庆县华坪镇，漾濞县、云龙县等地的山区烟区水窖、水池、库塘等上年蓄水好的年份，基本能满足当年烤烟移栽期需水要求，干旱年份则难以满足。

植被条件：适宜区森林覆盖率较好，空气清新，生产的烟叶质量较高，质量评价基本属于"好"和"较好"，部分为"尚好"档次。

（3）次适宜区

次适宜区主要是大理州海拔在 2200～2400m 的山区村寨和较为平坦的山区梯田梯地。包括剑川县羊岑乡、马登镇、老君山镇 3 个乡镇为高海拔地区，此外鹤庆县龙开口镇为低海拔地区，海拔高度为1240m，年平均气温为19.3℃。

气象条件：次适宜区年平均气温在11~12℃之间，大田期平均气温在17~18℃之间，成熟期平均气温在16.5~17℃之间；大田期总雨量大于800mm，日照百分率在25%~35%之间。目前这一区域虽有烤烟种植，但面积不大且较分散，因为海拔高，气温低，育苗期和成熟期易受低温冷害，加之雨水多，光照不足；鹤庆县龙开口镇海拔较低，气温较高，降水较少，烤烟产量质量低，品质评价属于"一般"或"较差"，部分为"好"的档次。在次适宜区种植烤烟必须谨慎发展，高海拔地区应选择小气候适宜的地段或采取增温、保湿栽培技术措施，靠投入、靠科技，提高烟叶产量和品质。

土壤条件：本区鹤庆县的龙开口镇种烟土壤以山原红壤和燥红土为主，多为梯台地，土层较厚，质地偏黏，排水性好，耕作层土壤pH值在7.0~7.5，有机质和氮、磷、钾等养分含量中等，无明显缺素症，土壤水、肥、气、热基本协调，能满足烤烟栽培需求。剑川县的羊岑至老君山一带种烟土壤为黄红壤和少量冲积性水稻土（水改旱），土层较厚无障碍层次，质地偏轻，通透性好，但水改旱种烟田地下水位高易产生涝渍危害，耕作层土壤有机质含量丰富，速效氮、磷、钾和有效锌含量偏低，水、肥、气、热不够协调，栽培烤烟易产生前期供肥不足。

水利条件：剑川县羊岑乡、马登镇、老君山镇3个乡镇水资源丰富，基本能满足烤烟移栽，而鹤庆县龙开口镇降水少，烤烟移栽期雨季尚未开始，干旱严重，难以保证适时移栽。

植被条件：森林覆盖率高，空气清新。

（4）不适宜区

不适宜区指海拔高于2400m的高山森林、冷凉地区，年平均气温小于11℃，大田生长期平均气温小于18℃；或海拔低于1100m的低热河谷地带，年平均气温大于20℃，大田生长期平均气温大于25℃，雨量小于300mm。包括洱源县西山乡、剑川县象图乡2个乡。

土壤条件：不适宜区土壤以棕壤和黄棕壤类坡耕地为主，土层浅、耕层薄，虽然有机质和矿物质养分含量较高，但速效养分含量低，加之分布海拔较高，气温、水温低，土壤水、肥、气、热不协调，难以满足烤烟正常生长发育需要。

由于大理州地形地貌特殊，地质状况十分复杂，土壤种类繁多，周围环境变化多端，在大多数土壤、大面积耕地都适宜种植特色优质烟叶的地区，仍有一些局部地区、局部田地不适合种植特色优质烤烟。根据大理州烟草公司多年实践经验，以下10种耕地不适宜种植特色优质烤烟。望各地根据实际情况酌情处理。

一是蔬菜地、大蒜地、速效氮富集的大肥田地不能种植烤烟。此类土壤栽培烤烟植株生长特别旺盛，株高叶大，粗筋暴脉，病害尤其是根茎病害种类多、危害重、损失大，烟叶不能正常成熟，初烤烟外观质量和内在质量低劣，烟厂无法使用。

二是潜育型水稻田及地下水位高的水稻田。此类田低凹易涝，一到雨季无法排除田间积水，烤烟常会被淹或受内涝而死，导致严重减产甚至绝收。

三是偏碱（pH > 7.5）和强碱性（pH > 8.5）的土壤以及含盐分重的水稻田、硝碱田地。此类碱性土壤不仅烟株生长发育不良，单产低，而且所产烟叶品质低劣，卷烟杂气重、刺鼻，刺激呼吸道，常引起咳嗽，余味苦辣，多为熄火烟。

四是山箐间的冷浸田及平坝中低凹易涝田。此类土壤还原性强，土壤缺空气、缺氧，烟株新根少，根系不发达，烟株矮小发黄，产低质差。

五是高山峡谷地形遮挡阳光，每天日照时数很短的土地。这类背阴地种的烟叶干物质积累少，叶片薄，身份差，质量低。

六是土质浅薄的陡坡地不能作为烤烟用地。此类土地水土流失量大，保水保肥力差，三天无雨就小旱。种植的烤烟生长不良，植株矮小，烟叶氮、碱含量低，品质差。

七是零星分散、不便管理的林间空地。

八是土质黏重的重胶泥田。此类田地整地、碎垡、起垄、打塘等农作费工费时，烤烟移栽后前期不长，后期恋青不褪色，不易成熟，属秋发水稻田，不宜种烟。

九是河边、湖边、箐边容易遭受洪水冲、淹的田地。

十是位于煤矿下方的被有毒废水污染的矿毒田，不宜用于种烤烟。

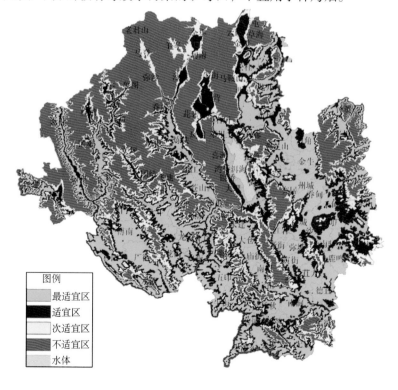

图例
最适宜区
适宜区
次适宜区
不适宜区
水体

大理州

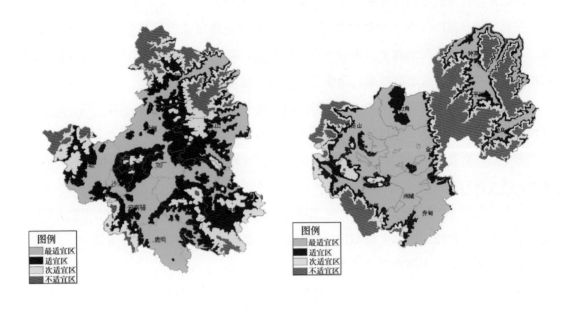

祥云县　　　　　　　　　　　　　宾川县

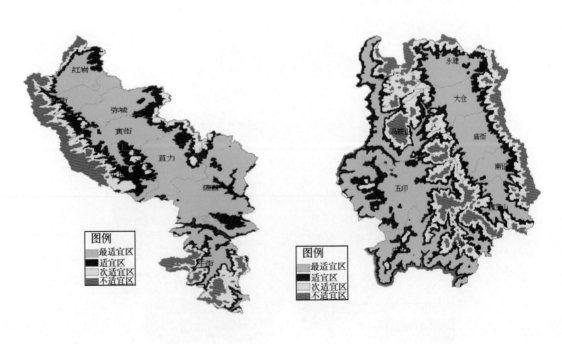

弥渡县　　　　　　　　　　　　　巍山县

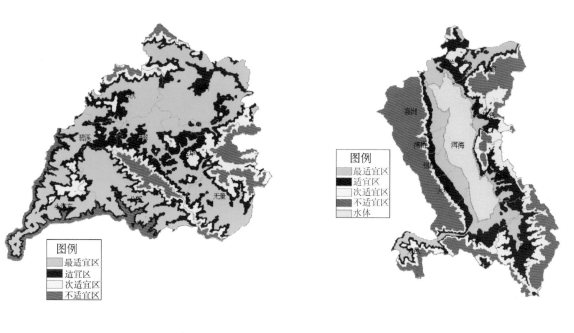

南涧县　　　　　　　　　　　　　大理市

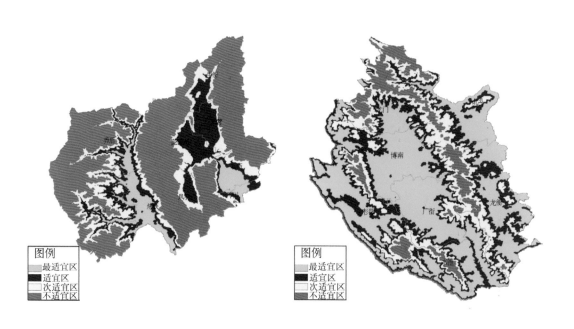

洱源县　　　　　　　　　　　　　永平县

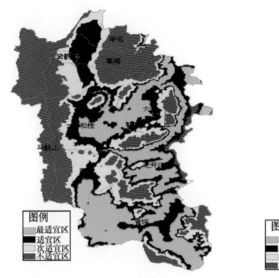

鹤庆县

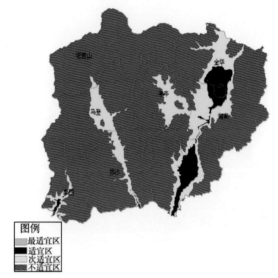

剑川县

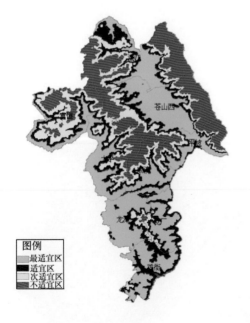

漾濞县

云龙县

图 8.1 大理州特色优质烟叶气候生态区划图

表 8.4　大理州特色优质烟叶气候生态适宜性区划表

类型 县（市）	最适宜区	适宜区	次适宜区	不适宜区
祥云	鹿鸣乡、祥城镇、云南驿沙龙镇、刘厂镇、米甸镇、下庄镇、普棚镇、东山乡、禾甸镇			
宾川	乔甸镇、大营镇、平川镇、钟英乡、拉乌乡、鸡足山镇、宾居镇	力角镇、州城镇、金牛镇		
弥渡	弥城镇、红岩镇、新街镇、寅街镇、密祉乡、牛街乡、苴力镇	德苴乡		
巍山	永建镇、大仓镇、马鞍山乡、庙街镇、南诏镇、五印乡、巍宝山乡、紫金乡	青华乡、牛街乡		
南涧	宝华镇、无量镇、小湾东镇、拥翠乡	南涧镇、乐秋乡、碧溪乡、公郎镇		
大理	下关镇、大理镇、挖色镇、海东镇、凤仪镇、双廊镇、湾桥镇、喜洲镇、银桥镇、上关镇、太邑乡			
洱源	邓川镇、乔后镇、右所镇	炼铁乡、牛街乡、三营镇、茈碧湖镇、凤羽镇		西山乡
永平	杉阳镇、博南镇、龙街镇、厂街乡、龙门乡	北斗乡、水泄乡		
鹤庆	松桂镇、西邑镇、六合乡	云鹤镇、草海镇、金墩乡、黄坪镇、辛屯镇	龙开口镇	
剑川		沙溪镇、金华镇、甸南镇、弥沙乡	羊岑乡、马登镇、老君山镇	象图乡
漾濞	苍山西镇、顺濞乡、瓦厂乡、漾江镇	富恒乡、平坡镇、龙潭乡、鸡街乡、太平乡		
云龙	诺邓镇、宝丰乡、长新乡、功果桥镇	表村乡、民建乡、检槽镇、团结乡、白石镇、漕涧乡、关坪乡		

8.1.3   四大特色优质烟区气候生态区划评述

按照"生态决定特色、品种彰显特色、技术保障特色"的要求，以及一个特色优质烟区要具备基本生产经营规模，满足大品牌对特色烟叶的批量生产需求原则，使大理特色优质烟区生产的烤烟在充分保持云南清香型风格特点的基础上，形成更具代表性和典型性的品牌效应，满足国内中式卷烟高档品牌的差异化（不同风格）发展对个性化特色烟叶原料的需求，同时根据农业气候相似原理和地理位置相近的原则，把大理州特色优质烟生产区域划分为：澜沧江流域特色优质烟区、红河源流域特色优质烟区、金沙江流域特色优质烟区和滨湖高原流域特色优质烟区。为了充分发挥大理低纬高原独特的气候特点，做强、做大、做精大理红花大金元、白肋烟、美引和津引品种等特色优质烟叶品牌，走以"红大"品种为主的"人无我有、人有我优、人优我特"的大理特色优质烟叶持续、稳定发展之路，把大理建设成全国知名的以红大为主的最大特色优质烟叶基地，很有必要对四大特色优质烟区进行区划。

（1）澜沧江流域特色优质烟区的气候生态区划

澜沧江流域特色优质烟区是以温热山地为主的特色优质烟区（见图8.2和表8.5）。

这一区域最适宜种植特色优质烟叶的乡镇有：南涧县宝华镇、无量镇、小湾东镇、拥翠乡，永平县杉阳镇、博南镇、龙街镇、厂街乡、龙门乡，漾濞县苍山西镇、顺濞乡、瓦厂乡、漾江镇，云龙县诺邓镇、宝丰乡、长新乡、功果桥镇，弥渡县密祉乡、牛街乡、苴力镇，巍山县马鞍山乡、五印乡、紫金乡，洱源县乔后镇，共24个乡镇。这些乡镇海拔在1500～2000m之间的山地上，年平均气温在15～17℃，大田期平均气温在19～23℃之间，大田期雨量在400～600mm之间。

适宜种植特色优质烤烟的有：南涧县南涧镇、乐秋乡、碧溪乡、公郎镇，永平县北斗乡、水泄乡，漾濞县富恒乡、平坡镇、龙潭乡、鸡街乡、太平乡，云龙县表村乡、民建乡、检槽镇、团结乡、白石镇、漕涧镇、关坪乡，弥渡县德苴乡，巍山县青华乡、牛街乡，洱源县炼铁乡，共22个乡镇。这些乡镇海拔在1300～1500m的低热河谷地区，年平均气温在17～18℃之间，大田期平均气温在23～25℃之间，大田期雨量在400mm左右；或海拔在2000～2200m之间，年平均气温在12～15℃之间，大田期平均气温在18～19℃之间，大田期雨量在600～800mm之间。

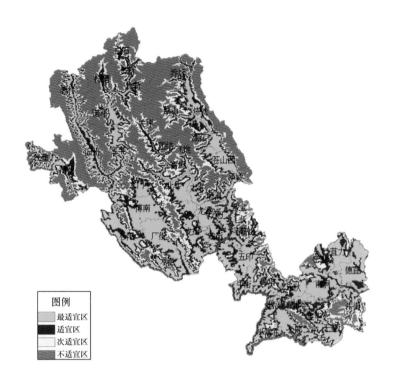

图8.2　澜沧江流域特色优质烟区气候生态区划图

表8.5　澜沧江流域特色优质烟区气候生态适宜性区划表

县名 ＼ 类型	最适宜区	适宜区	次适宜区
南涧	宝华镇、无量镇、小湾东镇、拥翠乡	南涧镇、乐秋乡、碧溪乡、公郎镇	
永平	杉阳镇、博南镇、龙街镇、厂街乡、龙门乡	北斗乡、水泄乡	
漾濞	苍山西镇、漾江镇、顺濞乡、瓦厂乡	富恒乡、平坡镇、龙潭乡、鸡街乡、太平乡	
云龙	诺邓镇、宝丰乡、长新乡、功果桥镇、	表村乡、民建乡、检槽镇、团结乡、白石镇、漕涧镇、关坪乡	
弥渡	密祉乡、牛街乡、苴力镇	德苴乡	
巍山	马鞍山乡、五印乡、紫金乡	青华乡、牛街乡	
洱源	乔后镇	炼铁乡	

（2）红河源流域特色优质烟区的气候生态区划

红河源流域特色优质烟区是以弥渡县和巍山县温热坝区田烟为主的典型特色优质烟区（见图8.3和表8.6）。

这一区域最适宜种植特色优质烤烟的乡镇有弥渡弥城镇、红岩镇、新街镇、寅街镇和巍山永建镇、大仓镇、庙街镇、南诏镇、巍宝山乡，共9个乡镇。这些乡镇海拔在1700m左右，年平均气温在15.5～16.5℃之间，大田期平均气温在20～21.5℃之间，年降水量在700～800mm之间，大田期降水量在500mm左右，8—9月日照时数大于300h。热量丰富，光照充足，冬干夏雨。这一区域生产的烟叶化学成分比较协调，烟叶含钾量高，烟叶评吸后清香型特点较明显，是大理州特色优质烤烟气候生态条件最好的烟区之一，弥渡也是大理州的红花大金元优质烤烟研发基地。

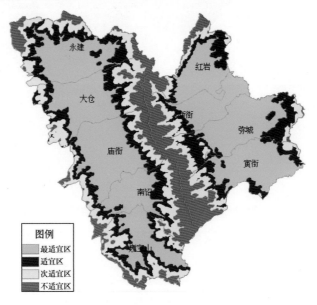

图8.3 红河源流域特色优质烟区气候生态区划图

表8.6 红河源流域特色优质烟区气候生态适宜性区划表

类型 县名	最适宜区	适宜区	次适宜区
弥渡	弥城镇、红岩镇、新街镇、寅街镇		
巍山	永建镇、大仓镇、庙街镇、南诏镇、巍宝山乡		

（3）金沙江流域特色优质烟区的气候生态区划

金沙江流域特色优质烟区是以祥云县、宾川县和鹤庆县六合、黄坪、朵美、中江为主的干热坝区旱地特色优质烟区（见图 8.4 和表 8.7）。

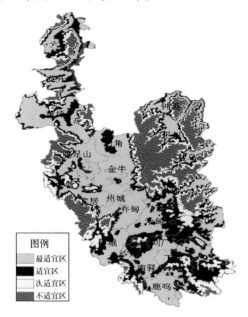

图 8.4　金沙江流域特色优质烟区气候生态区划图

表 8.7　金沙江流域特色优质烟区气候生态适宜性区划表

县名 ＼ 类型	最适宜区	适宜区	次适宜区
祥云	鹿鸣乡、祥城镇、云南驿镇、沙龙镇、刘厂镇、米甸镇、下庄镇、普棚镇、东山乡、禾甸镇		
宾川	乔甸镇、大营镇、平川镇、钟英乡、拉乌乡、鸡足山镇、宾居镇	力角镇、州城镇、金牛镇	
鹤庆	六合乡	黄坪镇	龙开口镇

这一区域最适宜种植特色优质烤烟的乡镇有：祥云县鹿鸣乡、祥城镇、云南驿镇、沙龙镇、刘厂镇、米甸镇、下庄镇、普棚镇、东山乡、禾甸镇，宾川县乔甸镇、大营镇、平川镇、钟英乡、拉乌乡、鸡足山镇、宾居镇和鹤庆县六合乡共 18 个乡镇。这些乡镇海拔在 1450 ~ 2000m 之间的坝区，年平均气温在 15 ~ 19℃ 之间，大田期平均气温在 19 ~ 25℃ 之间，大田期雨量在 400 ~ 600mm 之间。光温充足，雨量前期偏少，后期适中。

适宜种植特色优质烤烟的有：宾川县力角镇、州城镇、金牛镇和鹤庆县黄坪镇，共 4 个乡镇。这些乡镇海拔在 1400 ~ 1500m 之间，年平均气温在 17.7 ~ 18.8℃ 之间，大田期平均气温在 22.9 ~ 23.6℃ 之间，大田期雨量在 489 ~ 738mm 之间气温适当偏高，雨量适中。

次适宜的乡镇有鹤庆县龙开口 1 个镇，海拔在 1200 ~ 1240m 之间，年平均气温在

20.5℃，大田期雨量在300～400mm之间。应该指出的是，这个镇气候干燥炎热，热量资源十分丰富，正好是发展种植白肋烟的最适宜地区。

（4）滨湖高原流域特色优质烟区的气候生态区划

滨湖高原流域烟区是以温凉湿润的大理市、洱源县滨湖坝区为主的特色优质烟区（见图8.5和表8.8）。

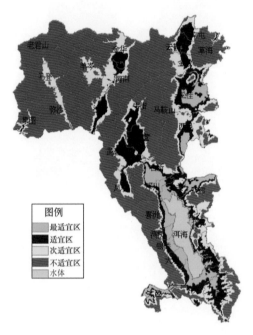

图8.5　滨湖高原流域特色优质烟区气候生态区划图

表8.8　滨湖高原流域特色优质烟区气候生态适宜性区划表

县（市）＼类型	最适宜区	适宜区	次适宜区	不适宜区
大理	下关镇、大理镇、挖色镇、海东镇、凤仪镇、双廊镇、湾桥镇、喜洲镇、银桥镇、上关镇、太邑乡			
洱源	邓川镇、右所镇	牛街乡、三营镇、茈碧湖镇、凤羽镇		西山乡
剑川		沙溪镇、金华镇、甸南镇、弥沙乡	羊岑乡、马登镇、老君山镇	象图乡
鹤庆	松桂镇、西邑镇	云鹤镇、草海镇、金墩乡、辛屯镇		

这一区域最适宜种植特色优质烤烟的乡镇有：大理市下关镇、大理镇、挖色镇、海东镇、凤仪镇、双廊镇、湾桥镇、喜洲镇、银桥镇、太邑乡、上关镇，洱源县邓川镇、右所

镇，鹤庆县松桂镇和西邑镇，共 15 个乡镇，这些乡镇海拔在 1870～2000m 之间的滨湖坝区。年平均气温在 14.8～16.6℃之间，大田期平均气温在 19～21℃之间，大田期雨量在 700～800mm 之间。

适宜种植特色优质烤烟的有：洱源县牛街乡、三营镇、茈碧湖镇、凤羽镇，剑川县沙溪镇、金华镇、甸南镇、弥沙乡，鹤庆县云鹤镇、草海镇、金墩乡和辛屯镇，共 12 个乡镇，这些乡镇海拔在 2000～2210m 之间，年平均气温在 12.3～14.1℃之间，大田期平均气温在 17.7～18.6℃之间，大田期雨量在 500～800mm 之间。

次适宜种植的乡镇有剑川县羊岑乡、马登镇和老君山镇 3 个乡镇，海拔在 2300～2420m 之间，年平均气温在 11.2～11.7℃之间，大田期平均气温在 16.5～17.1℃之间，大田期雨量在 680～750mm 之间。

不适宜的有洱源县西山乡和剑川县的象图乡 2 个乡，海拔在 2500 米以上，年平均气温在 11.6℃，大田期平均气温小于 17℃，成熟期气温小于 16.5℃。

8.2　特色优质烟种植规划及生产建议

国家烟草专卖局在《烟草行业中长期科技发展规划纲要》中明确指出，开发特色优质烟叶是夯实中式卷烟原料基础，形成中式卷烟风格特色的必然要求。不同烟叶产区生态条件差异大，具备生产特色优质烟叶的客观条件。开发特色优质烟叶对于打造中式卷烟核心技术，提高中式卷烟市场竞争力具有重要意义。发展大理特色优质烟叶，符合中式卷烟对烟叶原料的需求，符合国家烟草专卖局、省烟草专卖局对烟叶工作的一系列部署，符合国家烟草专卖局推进的烟叶资源配置方式改革要求，符合大理州烟叶可持续发展的要求。按照大理州烟草专卖局 2009 年《大理发展特色优质烟叶实施方案》，力争用 3～5 年时间使大理烟叶生产规模达到 11 万吨，其中烤烟 10 万吨，白肋烟 1 万吨的总体目标。参考 2004 年《大理州优质烤烟种植区划和规划》，结合近年生产调查和区划，对大理州四个特色优质烟区作出以下规划，以供参考。

8.2.1　澜沧江流域特色优质烟区

澜沧江流域特色优质烟区共有 46 个乡镇适宜种植特色优质烤烟（见表 8.9），面积 49518.8 公顷，按水田两年一轮作，水浇地三年一轮作计，每年可种植烤烟 18823.8 公顷。按平均 160 千克/亩计，每年可生产烤烟 45177.1 吨。其中有 24 个乡镇种植"红大"品种，面积 30037.3 公顷，每年可种植 11146.3 公顷，按平均 160 千克/亩计，可生产红大烟叶 26751.2 吨。其余 22 个乡镇种植 K326，面积 19481.5 公顷，可种植 7677.5 公顷。可生产优质烟叶 18425.9 吨。

这一区域多数烟区热量充足，降水适宜，空气清新，自然环境优美，生产的烟叶不仅清香可口，而且是天然的环保型产品。但是由于种植特色优质烟区多数地区是山区，建议要加强水利设施建设，加强对冰雹、洪涝等灾害性天气的防御；加强对新区的开发和技术培训工作。

表8.9　澜沧江流域特色优质烟区各乡镇烤烟适宜种植面积（单位：公顷）

乡镇	适宜种植面积	轮作面积	乡镇	适宜种植面积	轮作面积	乡镇	适宜种植面积	轮作面积
拥翠乡	1267.5	740.0	苍山西	896.2	298.4	检槽镇	614.0	200.0
南涧镇	1538.0	512.7	平坡镇	178.8	57.3	漕涧镇	736.0	220.0
乐秋乡	1533.0	488.7	太平乡	285.4	93.2	关坪乡	309.0	103.0
小湾镇	1346.0	553.3	富恒乡	478.9	165.9	苣力镇	1099.5	438.7
宝华镇	2004.0	1040.9	鸡街乡	375.7	136.2	密祉乡	740.0	303.3
碧溪乡	1204.0	466.7	瓦厂乡	353.3	123.5	德苣乡	1666.7	696.0
公郎镇	1744.7	539.3	龙潭乡	454.5	172.5	牛街乡*	1066.7	533.3
无量镇	2076.4	717.4	顺濞乡	462.9	153.3	青华乡	1596.7	573.3
厂街乡	2587.9	951.8	宝丰乡	1360.0	433.3	牛街乡**	866.7	300.0
水泄乡	1487.3	653.3	长新乡	2846.7	705.3	五印乡	2340.0	687.4
龙街镇	1143.2	600.0	诺邓镇	666.7	200.0	马鞍乡	1033.3	376.7
杉阳镇	1802.7	786.7	功果桥镇	1404.1	566.7	紫金乡	666.7	300.0
北斗乡	816.8	407.1	白石镇	700.2	333.3	炼铁乡	1086.7	386.7
龙门乡	593.5	285.2	团结乡	564.0	336.0	乔后镇	1000.0	253.3
博南镇	1347.4	520.0	表村乡	334.0	126.7			
漾江镇	676.8	230.6	民建乡	166.7	56.7			
合计							49518.8	18823.8

备注：*弥渡县牛街乡，**巍山县牛街乡

8.2.2　红河源流域特色优质烟区

红河源流域特色优质烟区共有9个乡镇最适宜种植特色优质烤烟（见表8.10），面积有14423.5公顷。按2～3年轮作计，可种植烤烟5729.3公顷。该区品种选择好，栽培烘烤技术水平高，气候资源非常适宜红大烤烟的生长发育。以每160千克/亩计，每年可生产烟叶13750.4吨。生产的烟叶化学成份比较协调，烟叶含钾量高，烟叶评吸后清香型特点明显，是质量较高的主料烟区。建议要加强对干旱、洪涝、冰雹、大风等灾害性天气的防御。

表 8.10　红河源流域特色优质烟区各乡镇烤烟适宜种植面积（单位：公顷）

乡镇	适宜种植面积	轮作面积	乡镇	适宜种植面积	轮作面积	乡镇	适宜种植面积	轮作面积
红岩镇	1613.3	558.7	寅街镇	696.1	361.3	庙街镇	3161.7	1333.3
新街镇	2013.3	716.0	永建镇	1175.5	526.7	南诏镇	736.3	436.7
弥城镇	2085.3	666.7	大仓镇	2011.9	753.3	魏宝乡	930.0	376.7
合计							14423.5	5729.3

8.2.3　金沙江流域特色优质烟区

金沙江流域特色优质烟区共有 23 个乡镇适宜种植特色优质烤烟（见表 8.11），面积 35409.5 公顷。按 2～3 年轮作计，可种植烤烟 14227.7 公顷。其中适宜种植白肋烟的乡镇有州城、宾居、金牛、力角、乔甸、大营、鸡足、平川、钟英和鹤庆的龙开口镇，共 10 个乡镇，面积 15448.9 公顷。每年可轮作白肋烟 5813.0 公顷。按平均 160 千克/亩计，可生产白肋烟 13951.2 吨。适宜种植红大烤烟的有云驿镇、鹿鸣乡、东山乡、米甸镇、普棚镇 5 个乡镇，面积 5986.6 公顷，每年可轮作 2408.7 公顷。可生产红大烟叶 5781 吨。其余 13974.0 公顷主要适宜种植云 87 品种，每年可轮作 6006.0 公顷，可生产优质烟叶 14414.4 吨。这一区域属亚热带季风干热河谷气候，热量资源十分丰富，烤烟生长前期降雨量少，进入旺长至成熟期期雨量适中，是发展白肋烟的主要产区。生产的烟叶化学成分较协调，多为清香型，吃味醇和，是较好的调味型主料烟区。建议生产上重点做好烤烟移栽后的苗期抗旱工作，加强水利建设，确保移栽后苗齐苗壮。

表 8.11　金沙江流域特色优质烟区各乡镇烤烟适宜种植面积（单位：公顷）

乡镇	适宜种植面积	轮作面积	乡镇	适宜种植面积	轮作面积	乡镇	适宜种植面积	轮作面积
祥城镇	2690.8	1293.3	云驿镇	3644.9	1206.5	力角镇	1847.4	800.0
下庄镇	2184.7	1133.3	鹿鸣乡	662.2	233.9	平川镇	1879.7	830.0
普棚镇	944.9	486.7	乔甸镇	1415.3	540.0	钟英乡	685.3	369.7
东山乡	455.5	220.0	州城镇	1770.0	653.3	拉乌乡	724.7	320.7
禾甸镇	2057.6	954.7	宾居镇	1100.7	420.0	黄坪镇	1373.3	626.7
沙龙镇	698.5	274.0	金牛镇	2219.3	770.0	六合乡	960.0	333.3
刘厂镇	1842.6	666.7	大营镇	1752.8	600.0	龙开口	1466.7	500.0
米甸镇	1265.9	441.6	鸡足镇	1766.7	553.3			
合计							35409.5	14227.7

8.2.4 滨湖高原流域特色优质烟区

滨湖高原流域特色优质烟区共有 28 个乡镇适宜种植特色优质烤烟（见表 8.12），适宜种植面积有 29313.7 公顷，按 2~3 年轮作计，可种植烤烟 9892.1 公顷。其中适宜种植红大烤烟的面积有 20070.8 公顷，每年可轮作 6405.5 公顷，按 160 千克/亩计，可生产红大烟叶 15373.3 吨。其余 9242.9 公顷适宜种植云 85 和 K326 品种，每年可轮作 3487.0 公顷，可生产优质烟叶 8367.7 吨。

这一区域是以大理、洱源、鹤庆、剑川的坝区为主体，气候温凉湿润，土壤有机质含量高，水利条件较好。所产的烟叶多为清香型，可作为高档卷烟主料烟使用。建议生产上重点做好防御"两头低温"的工作，即育苗期防御"倒春寒"，烟叶成熟期防御"八月低温"。

表 8.12 滨湖高原流域特色优质烟区各乡镇烤烟适宜种植面积 （单位：公顷）

乡镇	适宜种植面积	轮作面积	乡镇	适宜种植面积	轮作面积	乡镇	适宜种植面积	轮作面积
挖色镇	680.0	230.0	右所镇	1246.7	560.0	老君山	818.7	51.3
湾桥镇	1067.0	491.3	三营镇	2733.3	1080.0	羊岑乡	625.6	25.3
喜洲镇	800.0	300.0	凤羽镇	720.0	333.3	西邑镇	506.7	204.0
上关镇	418.1	169.2	茈碧镇	2623.8	666.7	松桂镇	1826.7	773.3
双廊镇	578.8	266.7	牛街乡	1834.8	502.7	辛屯镇	666.7	200.0
凤仪镇	1033.6	466.7	甸南镇	2180.3	713.3	草海镇	533.3	133.3
海东镇	440.0	166.7	沙溪镇	1403.3	606.7	金墩乡	1000.0	333.3
银桥镇	1065.3	378.7	金华镇	1615.7	454.2	云鹤镇	133.3	46.7
太邑乡	320.0	100.0	弥沙乡	773.2	218.7			
邓川镇	540.0	226.7	马登镇	1128.8	193.3			
合计							29313.7	9892.1

8.2.5 大理州四大特色优质烟区规划及产量预测

（1）种植乡镇及面积

综上所述，大理州 12 个县（市）都规划种植特色优质烤烟，共有 106 个乡镇，占全州 110 个乡镇的 96%。规划适宜种植烤烟的面积有 128665.5 公顷（见表 8.13），占全州总耕地面积 193560 公顷的 66%。每年轮作的烤烟面积 48673 公顷，占全州总耕地面积的 25%。从全州农业生产的全局来看，可以通过合理轮作，不影响全州粮食、蔬菜和其他经济作物的生产。在全州适宜种植烤烟的 106 个乡镇中，最适宜的有 64 个乡镇，占全州种植乡镇的

58%，适宜种植的有 38 个乡镇，占全州种植乡镇的 35%，次适宜种植的有 4 个乡镇，占全州种植乡镇的 4%，不适宜种植的有 2 个乡，占全州种植乡镇的 2%。

（2）烟叶产量预测

按全州每年轮作 48673 公顷，按 160 千克/亩计，每年总产烟叶可达 116815 吨。其中：每年轮作红大烤烟 25690 公顷，总产红大烟叶 61655.9 吨。每年轮作白肋烟 5813 公顷，总产白肋烟叶可达 13951.2 吨，每年轮作 K328、云 87 烤烟 17170 公顷，总产烟叶可达 41208 吨。

表 8.13　四大特色优质烟区烤烟种植面积和产量汇总表

四大特色优质烟区		澜沧江流域	红河源流域	金沙江流域	滨湖高原流域	合　计
红大	可种面积（公顷）	30037.3	14423.5	5986.6	20070.8	70518.2
	轮作面积（公顷）	11146.3	5729.3	2408.7	6405.5	25689.9
	总产（吨）	26751.2	13750.4	5781.0	15373.3	61655.9
K326 和云 87	可种面积（公顷）	19481.5	0.0	13974.0	9242.9	42698.4
	轮作面积（公顷）	7677.5	0.0	6006.0	3486.5	17170.0
	总产（吨）	18425.9		14414.4	8367.7	41208.0
白肋烟	可种面积（公顷）			15448.9		15448.9
	轮作面积（公顷）			5813.0		5813.0
	总产（吨）			13951.2		13951.2
合计	可种面积（公顷）	49518.8	14423.5	35409.5	29313.7	128665.5
	轮作面积（公顷）	18823.8	5729.3	14227.7	9892.1	48672.9
	总产（吨）	45177.1	13750.4	34146.6	23741.0	116815.0

8.2.6　大理特色优质烟叶发展对策和建议

（1）择优布局、合理开发，走持续稳健发展之路

虽然烤烟对气候土壤的适应性较强，但品种之间对生态环境的要求仍有较大差异。应根据各品种对生态环境的要求，选择最适宜区和适宜区种植，因地制宜、合理布局，在"特"和"优"上狠下工夫，使大理州特色优质烟叶走可持续的稳健发展之路。

例如宾川县的金牛、力角、宾居、州城、钟英，云龙县的表村、旧州，鹤庆县的黄坪、龙开口，永平县的杉阳、水泄，漾濞县的鸡街、瓦厂，这些乡镇海拔低、热量条件好，生态环境是发展白肋烟最适宜或适宜的区域。在这些区域内建立合理的长期稳定的轮作机制，确保白肋烟每年生产优质烟叶 1 万吨是没有问题的。以红河源流域特色优质烟区弥渡县、巍山县温热坝区田烟为主的类似乡镇，以南涧县为主的山地气候生态环境最佳的类似乡镇，是最适宜种植红大特色优质烟叶的地区。以洱源、剑川类似的温凉坝区是红大特色优质烟叶的适

宜种植区。这些地区气候温热或温凉，空气清新，生态环境优越，只要积极推广先进的栽培管理、烘烤科学技术，每年生产优质红大烟叶6.2万吨是可以达到的。以大理、祥云的温凉坝区为主，及部分山地的乡镇，土层深厚、土壤肥沃，是种植K326和云87最适宜区或适宜区，只要精心管理，合理布局，每年生产3.8万吨优质烟叶完全可以实现。

建议加强对新区的开发力度，尽力在上述区划中的最适宜区和适宜区内种植，对次适宜区的开发应慎重，因为在次适宜区内有的年份因气象条件较好，会获得较好的收成，但多数年份气象条件难以满足，会导致减产。

（2）遵循优质、适产、高效的原则发展特色优质烟叶生产

根据大理州烤烟历年产量、质量分析，从1994年以来全州生产的烤烟，上中等烟的比例占80%以上，但总体来看产量呈明显上升趋势，质量却年际间波动幅度较大。为了进一步提高市场竞争力，更好地走向国内外市场，要在烤烟生产上加大投入，实施科技兴烟战略，按照优质、适产、高效的原则发展特色优质烟叶，一是严格落实种植规划和计划，强化科技措施，抓好良种推广、培育壮苗、适时移栽等各个生产环节。二是实施科技创新，必需加强科技攻关力度，方能确保大理特色优质烟叶产量和品质稳定提高。

（3）防灾减灾，趋利避害发展特色优质烟叶生产

大理州地处低纬高原季风气候区，在太阳辐射、大气环流以及特定的地理、地形、地貌环境综合影响下，一方面气候资源极其丰富。另一方面气象灾害较为频发，具有种类多、范围广的特点，群众常有"无灾不成年"之说。因此，防灾减灾，趋利避害，是大理州发展特色优质烟叶的重要保证。一是进一步完善烟水配套工程，增强防御干旱的能力。二是全面普及地膜覆盖栽培技术，特别是气温偏低，气候干燥的地区，既能提高土温，又能保水、保肥、改善土壤理化性状。三是选择土层深厚、排灌条件好、保水保肥、透气性好的田地种植烤烟，有利于提高烟叶产量和质量。四是加强人工防雹工作，力争减少冰雹灾害造成的损失。五是遇有多雨年份要及时开沟排湿防涝害。六是科学防治病虫害，确保烟叶质量和产量。

附录：旬积温、雨量、日照时数累积查算表

旬积温、雨量、日照时数累积查算表，在农业及烤烟生产中用处很多，如某年5月1日—6月10日，降雨量为30毫米，由于干旱少雨，严重影响了烤烟按节令移栽和烤烟成活。问这一时段的雨量比历年平均少多少，比最多年少多少，与最少年比较如何？用累积查算表就能在一两分钟内准确地回答这一问题，以便生产部门及时掌握各时段气象要素及气象灾害与历年、最多（高）年、最少（低）年的比较状况，有针对性地采用生产对策和抗灾措施。这是一种工具表格，使用起来非常方便。

一般查算可按下列两种方法进行：

1. 在确定需要查算的时间范围内，先查出时间范围前一旬表中竖行最高一格的数值，再查出时间范围内最末一旬竖行最高一格的数值，然后用后数减前数，即得所要查的数值。

2. 以需要查算的最后一旬为准，横行向前数其时间范围的旬数（格数），然后再从原来的最后一旬（格）竖行向上数其相等的格数，相等格数内的数值即为要查的数值。

例：查算大理市5月上旬—6月中旬的积温是多少？

方法：横行5月上旬—6月中旬共有5旬，以6月中旬为基准格，竖行向上数5格为980.5℃·d，即为大理市5月上旬—6月中旬的积温。

注：累积查算表的气象资料为1971—2005年的多年平均值。

附表1　大理市烤烟生育期累年平均旬大于0℃积温累积查算表（单位：℃·d）

起始旬＼终止旬	2月下	3月上	3月中	3月下	4月上	4月中	4月下	5月上	5月中	5月下	6月上	6月中	6月下	7月上	7月中	7月下	8月上	8月中	8月下	9月上	9月中	9月下
2月下	93.2	212.9	347.7	503.4	655.0	813.8	982.5	1157.9	1344.3	1562.1	1761.0	1963.1	2167.5	2371.2	2568.1	2783.2	2979.3	3172.1	3380.6	3565.8	3744.8	3914.7
3月上		119.7	254.5	410.2	561.8	720.6	889.3	1064.7	1251.1	1468.9	1667.8	1869.9	2074.3	2278.0	2474.9	2690.0	2886.1	3078.9	3287.4	3472.6	3651.6	3821.5
3月中			134.8	290.5	442.1	600.9	769.6	945.0	1131.4	1349.2	1548.1	1750.2	1954.6	2158.3	2355.2	2570.3	2766.3	2959.2	3167.7	3352.9	3531.9	3701.8
3月下				155.7	307.3	466.1	634.8	810.2	996.6	1214.4	1413.3	1615.4	1819.8	2023.5	2220.4	2435.5	2631.6	2824.4	3032.9	3218.1	3397.2	3567.0
4月上					151.6	310.4	479.1	654.5	840.9	1058.7	1257.6	1459.7	1664.1	1867.8	2064.7	2279.8	2475.8	2668.7	2877.2	3062.4	3241.4	3411.3
4月中						158.8	327.5	502.9	689.3	907.1	1106.0	1308.1	1512.5	1716.2	1913.1	2128.2	2324.3	2517.1	2725.6	2910.8	3089.9	3259.7
4月下							168.7	344.1	530.5	748.3	947.2	1149.3	1353.7	1557.4	1754.3	1969.4	2165.5	2358.3	2566.8	2752.0	2931.1	3100.9
5月上								175.4	361.8	579.5	778.5	980.5	1185.0	1388.7	1585.5	1800.7	1996.7	2189.6	2398.1	2583.3	2762.3	2932.2
5月中									186.3	404.1	603.1	805.1	1009.6	1213.3	1410.1	1625.3	1821.3	2014.2	2222.7	2407.9	2586.9	2756.8
5月下										217.8	416.7	618.8	823.3	1026.9	1223.8	1439.0	1635.0	1827.8	2036.3	2221.5	2400.6	2570.5
6月上											198.9	401.0	605.5	809.1	1006.0	1221.2	1417.2	1610.0	1818.5	2003.7	2182.8	2352.7
6月中												202.1	406.5	610.2	807.1	1022.2	1218.2	1411.1	1619.6	1804.8	1983.8	2153.7
6月下													204.5	408.1	605.0	820.2	1016.2	1209.0	1417.5	1602.7	1781.8	1951.7
7月上														203.7	400.5	615.7	811.7	1004.6	1213.1	1398.3	1577.3	1747.2
7月中															196.9	412.0	608.0	800.9	1009.4	1194.6	1373.6	1543.5
7月下																215.2	411.2	604.0	812.5	997.7	1176.8	1346.7
8月上																	196.0	388.9	597.4	782.6	961.6	1131.5
8月中																		192.9	401.3	586.5	765.6	935.5
8月下																			208.5	393.7	572.7	742.6
9月上																				185.2	364.3	534.1
9月中																					179.1	348.9
9月下																						169.9
节令	雨水	惊蛰	春分		清明	谷雨		立夏	小满		芒种	夏至		小暑	大暑		立秋	处暑		白露	秋分	
生育期	播种期	苗期	苗期	苗期	苗期	苗期	移栽期	移栽期	伸根—团棵期	伸根—团棵期	伸根—团棵期	旺长期	旺长期	旺长期	旺长期	旺长期	成熟采烤期	成熟采烤期	成熟采烤期	成熟采烤期	成熟采烤期	成熟采烤期

附表2　宾川县烤烟生育期累年平均旬大于0℃积温累积查算表（单位：℃·d）

起始旬\终止旬	2下	3上	3中	3下	4上	4中	4下	5上	5中	5下	6上	6中	6下	7上	7中	7下	8上	8中	8下	9上	9中	9下
2下	112.2	258.7	420.7	611.8	799.8	1001.0	1214.6	1437.9	1672.8	1942.2	2186.0	2431.3	2677.3	2922.6	3158.0	3412.1	3644.1	3872.8	4121.4	4344.9	4563.6	4773.1
3上		146.5	308.5	499.6	687.6	888.8	1102.4	1325.7	1560.6	1830.0	2073.8	2319.1	2565.1	2810.4	3045.8	3299.9	3531.9	3760.6	4009.2	4232.7	4451.4	4660.9
3中			162.0	353.1	541.1	742.3	955.9	1179.3	1414.1	1683.5	1927.3	2172.7	2418.6	2663.9	2899.3	3153.4	3385.4	3614.2	3862.7	4086.2	4305.0	4514.4
3下				191.1	379.1	580.3	793.9	1017.2	1252.1	1521.5	1765.3	2010.6	2256.5	2501.9	2737.3	2991.4	3223.4	3452.1	3700.7	3924.2	4142.9	4352.4
4上					188.0	389.2	602.8	826.1	1061.0	1330.4	1574.2	1819.5	2065.5	2310.8	2546.2	2800.3	3032.3	3261.0	3509.6	3733.1	3951.8	4161.3
4中						201.1	414.7	638.1	873.0	1142.4	1386.2	1631.5	1877.4	2122.8	2358.2	2612.3	2844.3	3073.0	3321.6	3545.0	3763.8	3973.3
4下							213.6	437.0	671.8	941.2	1185.1	1430.4	1676.3	1921.7	2157.0	2411.1	2643.1	2871.9	3120.4	3343.9	3562.7	3772.2
5上								223.4	458.2	727.6	971.5	1216.8	1462.7	1708.1	1943.4	2197.5	2429.5	2658.3	2906.8	3130.3	3349.1	3558.6
5中									234.9	504.3	748.1	993.4	1239.3	1484.7	1720.1	1974.2	2206.2	2434.9	2683.4	2906.9	3125.7	3335.2
5下										269.4	513.2	758.5	1004.5	1249.8	1485.2	1739.3	1971.3	2200.0	2448.6	2672.1	2890.8	3100.3
6上											243.8	489.1	735.1	980.4	1215.8	1469.9	1701.9	1930.6	2179.2	2402.7	2621.4	2830.9
6中												245.3	491.2	736.3	972.0	1226.1	1458.1	1686.8	1935.4	2158.8	2377.6	2587.1
6下													245.9	491.3	726.7	980.8	1212.8	1441.5	1690.0	1913.5	2132.3	2341.8
7上														245.4	480.7	734.8	966.8	1195.6	1444.1	1667.6	1886.4	2095.9
7中															235.4	489.5	721.5	950.2	1198.8	1422.2	1641.0	1850.5
7下																254.1	486.1	714.8	963.4	1186.9	1405.6	1615.1
8上																	232.0	460.7	709.3	932.8	1151.5	1361.0
8中																		228.7	477.3	700.8	919.5	1129.0
8下																			248.5	472.0	690.8	900.3
9上																				223.5	442.3	651.7
9中																					218.8	428.3
9下																						209.5

节令与生育期对照：

旬	月份	节令	生育期
下	2月	雨水	播种期
上	3月	惊蛰	
中	3月	春分	
下	3月		苗期
上	4月	清明	
中	4月	谷雨	
下	4月		
上	5月	立夏	移栽期
中	5月	小满	
下	5月		伸根—团棵期
上	6月	芒种	
中	6月	夏至	
下	6月		
上	7月	小暑	旺长期
中	7月	大暑	
下	7月		
上	8月	立秋	
中	8月	处暑	
下	8月		成熟采烤期
上	9月	白露	
中	9月	秋分	
下	9月		

附表3 祥云县烤烟生育期累年平均旬大于0℃积温累积查算表 （单位：℃·d）

起始旬	2月下	3月上	3月中	3月下	4月上	4月中	4月下	5月上	5月中	5月下	6月上	6月中	6月下	7月上	7月中	7月下	8月上	8月中	8月下	9月上	9月中	9月下
2月下	87.8	200.9	329.5	478.8	626.0	783.7	953.5	1130.6	1318.9	1537.6	1735.9	1936.6	2138.2	2339.0	2533.6	2744.1	2935.9	3125.5	3330.8	3513.7	3691.7	3860.5
3月上		113.1	241.7	391.0	538.2	695.9	865.7	1042.8	1231.1	1449.8	1648.1	1848.8	2050.4	2251.2	2445.8	2656.3	2848.1	3037.7	3243.0	3425.9	3603.9	3772.7
3月中			128.6	277.9	425.1	582.8	752.7	929.7	1118.1	1336.7	1535.0	1735.8	1937.4	2138.2	2332.8	2543.2	2735.0	2924.6	3130.0	3312.8	3490.8	3659.6
3月下				149.3	296.5	454.1	624.0	801.1	989.4	1208.0	1406.4	1607.1	1808.7	2009.5	2204.1	2414.6	2606.4	2796.0	3001.3	3184.2	3362.2	3531.0
4月上					147.2	304.9	474.8	651.8	840.2	1058.8	1257.1	1457.9	1659.5	1860.3	2054.9	2265.4	2457.2	2646.7	2852.1	3034.9	3212.9	3381.8
4月中						157.7	327.5	504.6	692.9	911.6	1109.9	1310.6	1512.2	1713.0	1907.6	2118.1	2309.5	2499.5	2704.8	2887.7	3065.7	3234.5
4月下							169.9	346.9	535.3	753.9	952.2	1153.0	1354.6	1555.4	1750.0	1960.5	2152.0	2341.8	2547.2	2730.0	2908.0	3076.9
5月上								177.0	365.4	584.0	782.4	983.1	1184.7	1385.5	1580.1	1790.6	1982.4	2172.0	2377.3	2560.2	2738.2	2907.0
5月中									188.4	407.0	605.3	806.1	1007.7	1208.5	1403.2	1613.6	1805.4	1994.9	2200.3	2383.1	2561.1	2730.0
5月下										218.6	417.0	617.7	819.3	1020.1	1214.7	1425.2	1617.0	1806.6	2011.9	2194.8	2372.8	2541.6
6月上											198.3	399.1	600.7	801.5	996.1	1206.6	1398.4	1587.9	1793.3	1976.1	2154.1	2323.0
6月中												200.7	402.3	603.1	797.7	1008.2	1200.0	1389.6	1594.9	1777.8	1955.8	2124.6
6月下													201.6	402.4	597.0	807.5	999.3	1188.8	1394.2	1577.1	1755.1	1923.9
7月上														200.8	395.4	605.9	797.7	987.2	1192.6	1375.5	1553.5	1722.3
7月中															194.6	405.1	597.0	786.4	991.8	1174.7	1352.7	1521.5
7月下																210.5	402.3	591.8	797.2	980.1	1158.1	1326.9
8月上																	191.8	381.4	586.7	769.6	947.6	1116.4
8月中																		189.6	394.9	577.8	755.8	924.6
8月下																			205.4	388.2	566.2	735.0
9月上																				182.9	360.9	529.7
9月中																					178.0	346.8
9月下																						168.8

节令：雨水(2月下)、惊蛰(3月上)、春分(3月)、清明(4月上)、谷雨(4月)、立夏(5月上)、小满(5月)、芒种(6月上)、夏至(6月)、小暑(7月上)、大暑(7月)、立秋(8月上)、处暑(8月)、白露(9月上)、秋分(9月)

生育期：播种期、苗期、移栽期、伸根—团棵期、旺长期、成熟采烤期

附表 4　弥渡县烤烟生育期累年平均旬大于 0℃积温累计查算表（单位：℃·d）

起始旬＼终止旬	2月下	3月上	3月中	3月下	4月上	4月中	4月下	5月上	5月中	5月下	6月上	6月中	6月下	7月上	7月中	7月下	8月上	8月中	8月下	9月上	9月中	9月下
2月下	99.1	228.7	375.9	549.3	719.8	902.3	1097.2	1300.3	1511.6	1753.1	1971.7	2191.5	2412.8	2632.7	2846.8	3079.5	3291.3	3500.1	3727.1	3929.1	4126.5	4316.0
3月上		129.6	276.8	450.2	620.7	803.2	998.1	1201.2	1412.5	1654.0	1872.6	2092.4	2313.7	2533.6	2747.7	2980.4	3192.2	3401.0	3628.0	3830.0	4027.4	4216.9
3月中			147.2	320.5	491.1	673.6	868.5	1071.5	1282.9	1524.4	1742.9	1962.8	2184.0	2404.0	2618.0	2850.7	3062.6	3271.3	3498.4	3700.4	3897.8	4087.3
3月下				173.3	343.9	526.4	721.3	924.3	1135.7	1377.2	1595.7	1815.6	2036.8	2256.8	2470.8	2703.5	2915.4	3124.1	3351.2	3553.2	3750.6	3940.1
4月上					170.6	353.1	548.0	751.0	962.4	1203.9	1422.4	1642.3	1863.5	2083.4	2297.5	2530.2	2742.0	2950.8	3177.9	3379.9	3577.3	3766.7
4月中						182.5	377.4	580.4	791.8	1033.3	1251.8	1471.7	1692.9	1912.9	2126.9	2359.6	2571.5	2780.2	3007.3	3209.3	3406.7	3596.2
4月下							194.9	397.9	609.3	850.8	1069.3	1289.2	1510.4	1730.4	1944.4	2177.1	2388.9	2597.7	2824.8	3026.8	3224.2	3413.6
5月上								203.0	414.4	655.9	874.4	1094.3	1315.5	1535.5	1749.5	1982.2	2194.1	2402.8	2629.9	2831.9	3029.3	3218.8
5月中									211.4	452.9	671.4	891.3	1112.5	1332.4	1546.5	1779.2	1991.0	2199.8	2426.9	2628.9	2826.3	3015.7
5月下										241.5	460.0	679.9	901.1	1121.1	1335.1	1567.8	1779.7	1988.4	2215.5	2417.5	2614.9	2804.4
6月上											218.5	438.4	659.6	879.6	1093.6	1326.3	1538.2	1746.9	1974.0	2176.0	2373.4	2562.9
6月中												219.9	441.1	661.0	875.1	1107.8	1319.6	1528.4	1755.5	1957.5	2154.9	2344.3
6月下													221.2	441.2	655.2	887.9	1099.8	1308.5	1535.6	1737.6	1935.0	2124.5
7月上														219.9	434.0	666.7	878.5	1087.3	1314.4	1516.4	1713.8	1903.2
7月中															214.1	446.8	658.6	867.4	1094.4	1296.4	1493.8	1683.3
7月下																232.7	444.5	653.3	880.4	1082.4	1279.8	1469.2
8月上																	211.8	420.6	647.7	849.7	1047.1	1236.5
8月中																		208.8	435.8	637.8	835.2	1024.7
8月下																			227.1	429.1	626.5	815.9
9月上																				202.0	399.4	588.9
9月中																					197.4	386.9
9月下																						189.5

节令对应：雨水（2月下）；惊蛰、春分（3月）；清明、谷雨（4月）；立夏、小满（5月）；芒种、夏至（6月）；小暑、大暑（7月）；立秋、处暑（8月）；白露、秋分（9月）。

生育期：播种期、苗期、移栽期、伸根—团棵期、旺长期、成熟采烤期。

附表5 巍山县烤烟生育期累年平均旬大于0℃积温累积查算表（单位：℃·d）

节令与生育期对应：雨水（2月下）、惊蛰、春分（3月）—播种期；清明（4月上）、谷雨（4月中下）—苗期；立夏（5月上）—移栽期；小满（5月中下）、芒种（6月上）、夏至（6月中下）—伸根—团棵期；小暑（7月上）、大暑（7月中下）—旺长期；立秋（8月上）、处暑（8月中下）、白露（9月上）、秋分（9月中下）—成熟采烤期。

起始旬	2月下	3月上	3月中	3月下	4月上	4月中	4月下	5月上	5月中	5月下	6月上	6月中	6月下	7月上	7月中	7月下	8月上	8月中	8月下	9月上	9月中	9月下
2月下	92.1	213.2	348.4	508.6	666.3	836.1	1016.3	1205.9	1407.3	1640.6	1853.7	2069.1	2286.1	2501.7	2711.8	2940.9	3149.4	3356.2	3581.0	3780.8	3975.8	4161.5
3月上		121.1	256.3	416.5	574.2	744.0	924.2	1113.8	1315.2	1548.5	1761.6	1977.0	2194.0	2409.6	2619.7	2848.8	3057.3	3264.1	3488.9	3688.7	3883.7	4069.4
3月中			135.2	295.4	453.2	622.9	803.1	992.7	1194.1	1427.5	1640.6	1855.9	2072.9	2288.5	2498.6	2727.7	2936.3	3143.1	3367.8	3567.6	3762.6	3948.3
3月下				160.2	317.9	487.7	667.9	857.5	1058.9	1292.2	1505.3	1720.7	1937.7	2153.3	2363.4	2592.5	2801.0	3007.9	3232.6	3432.4	3627.4	3813.1
4月上					157.7	327.5	507.7	697.3	898.7	1132.0	1345.2	1560.5	1777.5	1993.1	2203.2	2432.3	2640.8	2847.7	3072.4	3272.2	3467.2	3652.9
4月中						169.7	349.9	539.5	741.0	974.3	1187.4	1402.8	1619.8	1835.4	2045.4	2274.6	2483.1	2689.9	2914.7	3114.5	3309.4	3495.2
4月下							180.2	369.8	571.2	804.6	1017.7	1233.0	1450.0	1665.6	1875.7	2104.8	2313.4	2520.2	2744.9	2944.7	3139.7	3325.4
5月上								189.6	391.0	624.4	837.5	1052.8	1269.8	1485.4	1695.5	1924.6	2133.2	2340.0	2564.7	2764.5	2959.5	3145.2
5月中									201.4	434.8	647.9	863.2	1080.2	1295.8	1505.9	1735.0	1943.6	2150.4	2375.5	2574.9	2769.9	2955.6
5月下										233.3	446.4	661.8	878.8	1094.4	1304.5	1533.6	1742.1	1949.0	2173.7	2373.5	2568.5	2754.2
6月上											213.1	428.5	645.5	861.1	1071.1	1300.3	1508.8	1715.6	1940.4	2140.2	2335.1	2520.9
6月中												215.3	432.3	648.0	858.0	1087.1	1295.7	1502.5	1727.3	1927.1	2122.0	2307.8
6月下													217.0	432.6	642.7	871.8	1080.3	1287.2	1511.9	1711.7	1906.7	2092.4
7月上														215.6	425.7	654.8	863.3	1070.2	1294.9	1494.7	1689.7	1875.4
7月中															210.1	439.2	647.7	854.5	1079.3	1279.1	1474.1	1659.8
7月下																229.1	437.7	644.5	869.2	1069.0	1264.0	1449.7
8月上																	208.5	415.4	640.1	839.9	1034.9	1220.6
8月中																		206.8	431.6	631.4	826.3	1012.1
8月下																			224.7	424.5	619.5	805.3
9月上																				199.8	394.8	580.5
9月中																					195.0	380.7
9月下																						185.7

附表6　南涧县烤烟生育期累年平均旬大于0℃积温累积查算表（单位：℃·d）

累积积温为由"起始旬"累积到"终止旬"的数值。

起始旬 \ 终止旬	2月下	3月上	3月中	3月下	4月上	4月中	4月下	5月上	5月中	5月下	6月上	6月中	6月下	7月上	7月中	7月下	8月上	8月中	8月下	9月上	9月中	9月下
2月下	129.3	294.8	477.2	686.7	886.7	1094.7	1311.5	1535.6	1769.2	2035.5	2277.2	2518.9	2762.6	3005.6	3242.5	3500.8	3736.9	3971.6	4226.6	4454.1	4677.2	4890.9
3月上		165.5	347.9	557.4	757.4	965.4	1182.2	1406.3	1639.9	1906.2	2147.9	2389.6	2633.3	2876.3	3113.2	3371.5	3607.6	3842.3	4097.3	4324.8	4547.9	4761.6
3月中			182.3	391.9	591.8	799.9	1016.7	1240.8	1474.4	1740.7	1982.4	2224.1	2467.8	2710.7	2947.7	3206.0	3442.1	3676.7	3931.8	4159.2	4382.4	4596.1
3月下				209.5	409.5	617.6	834.4	1058.4	1292.1	1558.4	1800.1	2041.7	2285.5	2528.4	2765.3	3023.7	3259.7	3494.4	3749.5	3976.9	4200.0	4413.8
4月上					200.0	408.0	624.9	848.9	1082.5	1348.8	1590.5	1832.2	2075.9	2318.9	2555.8	2814.1	3050.2	3284.9	3539.9	3767.4	3990.5	4204.2
4月中						208.1	424.9	648.9	882.6	1148.9	1390.6	1632.2	1876.0	2118.9	2355.8	2614.2	2850.2	3084.9	3340.0	3567.4	3790.5	4004.3
4月下							216.8	440.9	674.5	940.8	1182.5	1424.2	1667.9	1910.8	2147.8	2406.1	2642.2	2876.8	3131.9	3359.3	3582.5	3796.2
5月上								224.1	457.7	724.0	965.7	1207.4	1451.1	1694.0	1930.9	2189.3	2425.3	2660.0	2915.1	3142.5	3365.6	3579.4
5月中									233.6	499.9	741.6	983.3	1227.0	1470.0	1706.9	1965.2	2201.3	2436.0	2691.0	2918.5	3141.6	3355.3
5月下										266.3	508.0	749.7	993.4	1236.3	1473.2	1731.6	1967.6	2202.3	2457.4	2684.8	2907.9	3121.7
6月上											241.7	483.4	727.1	970.0	1206.9	1465.3	1701.3	1936.0	2191.1	2418.5	2641.6	2855.4
6月中												241.7	485.4	728.3	965.3	1223.6	1459.7	1694.3	1949.4	2176.8	2400.0	2613.7
6月下													243.7	486.7	723.6	981.9	1218.0	1452.7	1707.7	1935.2	2158.3	2372.0
7月上														242.9	479.9	738.2	974.3	1208.9	1464.0	1691.4	1914.6	2128.3
7月中															236.9	495.3	731.3	966.0	1221.1	1448.5	1671.6	1885.4
7月下																258.3	494.4	729.1	984.2	1211.6	1434.7	1648.4
8月上																	236.1	470.7	725.8	953.2	1176.4	1390.1
8月中																		234.7	489.8	717.2	940.3	1154.0
8月下																			255.1	482.5	705.6	919.4
9月上																				227.4	450.5	664.3
9月中																					223.1	436.9
9月下																						213.7

对应节令与生育期：

月份	旬	节令	生育期
2月	下	雨水	播种期
3月	上	惊蛰	苗期
3月	中	春分	苗期
3月	下	春分	苗期
4月	上	清明	苗期
4月	中	谷雨	苗期
4月	下	谷雨	移栽期
5月	上	立夏	移栽期
5月	中	小满	伸根—团棵期
5月	下	小满	伸根—团棵期
6月	上	芒种	伸根—团棵期
6月	中	夏至	伸根—团棵期
6月	下	夏至	伸根—团棵期
7月	上	小暑	旺长期
7月	中	大暑	旺长期
7月	下	大暑	旺长期
8月	上	立秋	成熟采烤期
8月	中	处暑	成熟采烤期
8月	下	处暑	成熟采烤期
9月	上	白露	成熟采烤期
9月	中	秋分	成熟采烤期
9月	下	秋分	成熟采烤期

附表7　云龙县烤烟生育期累年平均旬大于0℃积温累积查算表（单位：℃·d）

结束旬＼起始旬	下	上	中	下	上	中	下	上	中	下	上	中	下	上	中	下	上	中	下	上	中	下
月份	2月	3月			4月			5月			6月			7月			8月			9月		
节令	雨水	惊蛰	春分		清明	谷雨		立夏	小满		芒种	夏至		小暑	大暑		立秋	处暑		白露	秋分	
生育期	播种期		苗期					移栽期	伸根—团棵期			旺长期					成熟采烤期					
9月下（秋分）	4146.8	4056.7	3937.6	3806.2	3650.4	3497.2	3334.8	3161.6	2978.8	2783.9	2552.7	2339.0	2121.1	1901.4	1682.1	1468.7	1236.0	1024.2	815.4	588.1	385.9	189.0
9月中（秋分）	3957.7	3867.6	3748.5	3617.2	3461.4	3308.2	3145.7	2972.6	2789.8	2594.9	2363.7	2150.0	1932.1	1712.4	1493.1	1279.7	1047.0	835.2	626.4	399.3	196.9	
9月上（白露）	3760.9	3670.8	3551.7	3420.4	3264.6	3111.4	2948.9	2775.8	2593.0	2398.0	2166.8	1953.1	1735.2	1515.5	1296.2	1082.8	850.1	638.3	429.5	202.4		
8月下	3558.5	3468.4	3349.2	3217.9	3062.1	2908.9	2746.4	2573.3	2390.5	2195.6	1964.4	1750.7	1532.8	1313.1	1093.8	880.4	647.7	435.9	227.1			
8月中（处暑）	3331.4	3241.3	3122.2	2990.9	2835.1	2681.9	2519.4	2346.3	2163.5	1968.5	1737.3	1523.6	1305.7	1086.0	866.7	653.3	420.6	208.8				
8月上（立秋）	3122.6	3032.5	2913.4	2782.1	2626.3	2473.1	2310.6	2137.5	1954.7	1759.7	1528.5	1314.8	1096.9	877.2	657.9	444.5	211.8					
7月下	2910.8	2820.7	2701.5	2570.2	2414.4	2261.2	2098.7	1925.6	1742.8	1547.9	1316.7	1103.0	885.1	665.4	446.1	232.7						
7月中（大暑）	2678.1	2588.0	2468.8	2337.5	2181.7	2028.5	1866.0	1692.9	1510.1	1315.2	1084.0	870.3	652.4	432.7	213.4							
7月上（小暑）	2464.7	2374.6	2255.4	2124.1	1968.3	1815.1	1652.6	1479.5	1296.7	1101.8	870.6	656.9	439.0	219.3								
6月下	2245.3	2155.2	2036.1	1904.8	1749.0	1595.8	1433.3	1260.2	1077.4	882.5	651.3	437.6	219.7									
6月中（夏至）	2025.7	1935.6	1816.5	1685.2	1529.4	1376.2	1213.7	1040.6	857.8	662.8	431.6	217.9										
6月上（芒种）	1807.7	1717.6	1598.5	1467.2	1311.4	1158.2	995.7	822.6	639.8	444.9	213.7											
5月下	1594.1	1504.0	1384.8	1253.5	1097.7	944.5	782.0	608.9	426.1	231.2												
5月中（小满）	1362.8	1272.7	1153.6	1022.3	866.5	713.3	550.8	377.7	194.9													
5月上（立夏）	1167.9	1077.8	958.7	827.4	671.6	518.4	355.9	182.8														
4月下	985.1	895.0	775.9	644.6	488.8	335.6	173.1															
4月中（谷雨）	812.0	721.9	602.8	471.5	315.7	162.5																
4月上（清明）	649.5	559.4	440.3	309.0	153.2																	
3月下	496.3	406.2	287.1	155.8																		
3月中（春分）	340.5	250.4	131.3																			
3月上（惊蛰）	209.2	119.1																				
2月下（雨水）	90.1																					

附表8　永平县烤烟生育期累年平均旬大于0℃积温累积查算表（单位：℃·d）

下表为累积查算表。纵向为起始旬，横向为终止旬，表中数值为自起始旬累积至终止旬的大于0℃积温（℃·d）。

起始\终止	2月下	3月上	3月中	3月下	4月上	4月中	4月下	5月上	5月中	5月下	6月上	6月中	6月下	7月上	7月中	7月下	8月上	8月中	8月下	9月上	9月中	9月下
2月下	90.3	207.8	338.6	494.5	647.4	811.8	987.2	1173.1	1372.4	1605.4	1819.2	2035.2	2252.4	2468.7	2680.5	2913.0	3125.6	3335.8	3564.0	3767.2	3965.2	4156.6
3月上		117.5	248.3	404.2	557.1	721.5	896.9	1082.8	1282.1	1515.1	1728.9	1944.9	2162.1	2378.4	2590.2	2822.7	3035.3	3245.5	3473.7	3676.9	3874.9	4066.3
3月中			130.9	286.7	439.6	604.0	779.4	965.4	1164.6	1397.6	1611.4	1827.4	2044.7	2260.9	2472.7	2705.2	2917.9	3128.0	3356.2	3559.4	3757.5	3948.8
3月下				152.9	308.7	473.1	648.6	834.5	1033.8	1266.7	1480.5	1696.6	1913.8	2130.1	2341.9	2574.4	2787.0	2997.2	3225.4	3428.6	3626.6	3817.9
4月上					155.9	317.3	492.7	678.7	877.9	1110.9	1324.7	1540.7	1758.0	1974.2	2186.0	2418.5	2631.2	2841.3	3069.5	3272.7	3470.8	3662.1
4月中						164.4	339.8	525.8	725.0	958.0	1171.8	1387.8	1605.1	1821.3	2033.1	2265.6	2478.3	2688.4	2916.6	3119.8	3317.9	3509.2
4月下							175.4	361.4	560.6	793.6	1007.4	1223.4	1440.7	1656.9	1868.7	2101.2	2313.9	2524.0	2752.6	2955.4	3153.5	3344.8
5月上								185.9	385.2	618.2	832.0	1048.0	1265.2	1481.5	1693.3	1925.7	2138.5	2348.6	2576.8	2780.0	2978.1	3169.4
5月中									199.3	432.2	646.0	862.1	1079.3	1295.6	1507.4	1730.4	1952.5	2162.7	2390.9	2594.1	2792.1	2983.4
5月下										233.0	446.8	662.8	880.0	1096.3	1308.1	1540.6	1744.8	1963.4	2191.6	2394.8	2592.9	2784.2
6月上											213.8	429.8	647.1	863.3	1075.1	1307.6	1520.6	1753.3	1958.6	2161.8	2359.9	2551.2
6月中												216.0	433.3	649.5	861.3	1093.8	1306.5	1516.6	1739.9	1948.0	2146.1	2337.4
6月下													217.2	433.5	645.3	877.8	1090.5	1300.6	1528.8	1732.0	1930.1	2121.4
7月上														216.3	428.1	660.6	873.2	1083.4	1311.6	1514.8	1712.8	1904.1
7月中															211.8	444.3	657.0	867.1	1095.3	1298.5	1496.6	1687.9
7月下																232.5	445.2	655.3	883.5	1086.7	1284.8	1476.1
8月上																	212.7	422.8	651.0	854.2	1052.3	1243.6
8月中																		210.1	438.3	641.5	839.6	1030.9
8月下																			228.2	431.4	629.5	820.8
9月上																				203.2	401.3	592.6
9月中																					198.1	389.4
9月下																						191.3

横向旬、月份、节令及生育期对照：

旬	下	上	中	下	上	中	下	上	中	下	上	中	下	上	中	下	上	中	下	上	中	下
月份	2月		3月			4月			5月			6月			7月			8月			9月	
节令	雨水	惊蛰		春分	清明		谷雨	立夏		小满	芒种		夏至	小暑		大暑	立秋		处暑	白露		秋分
生育期	播种期			苗期				移栽期		伸根—团棵期				旺长期			成熟采烤期					

附表9　漾濞县烤烟生育期年平均旬大于0℃积温累积查算表（单位：℃·d）

表中数据为以各旬（起始旬）为起点累积至各结束旬的大于0℃积温（℃·d）。列为结束旬，行为起始旬。

起始旬＼结束旬	2月下	3月上	3月中	3月下	4月上	4月中	4月下	5月上	5月中	5月下	6月上	6月中	6月下	7月上	7月中	7月下	8月上	8月中	8月下	9月上	9月中	9月下
2月下	100.2	230.7	375.0	543.1	706.0	878.9	1062.5	1254.7	1459.3	1697.7	1915.4	2134.4	2354.9	2573.9	2786.0	3019.3	3233.1	3444.5	3673.8	3878.6	4076.9	4268.2
3月上		130.5	274.8	442.9	605.8	778.7	962.3	1154.5	1359.1	1597.5	1815.2	2034.4	2254.7	2473.7	2685.8	2919.1	3132.9	3344.3	3573.6	3778.4	3976.7	4168.0
3月中			144.3	312.4	475.4	648.3	831.8	1024.0	1228.6	1467.0	1684.8	1903.8	2124.2	2343.2	2555.3	2788.6	3002.5	3213.8	3443.2	3647.9	3846.2	4037.6
3月下				168.1	331.1	503.9	687.5	879.7	1084.3	1322.7	1540.4	1759.5	1979.9	2198.9	2411.0	2644.3	2858.4	3069.5	3298.9	3503.6	3701.9	3893.3
4月上					162.9	335.8	519.4	711.6	916.2	1154.6	1372.3	1591.4	1811.8	2030.8	2242.9	2476.2	2690.1	2901.4	3130.8	3335.5	3533.8	3725.2
4月中						172.9	356.5	548.6	753.2	991.6	1209.4	1428.4	1648.9	1867.8	2079.9	2313.2	2527.1	2738.4	2967.8	3172.5	3370.9	3562.2
4月下							183.5	375.7	580.3	818.8	1036.5	1255.5	1476.0	1695.0	1907.0	2140.3	2354.2	2565.5	2794.9	2999.7	3198.0	3389.3
5月上								192.2	396.8	635.2	852.9	1072.0	1292.4	1511.4	1723.5	1956.8	2170.7	2382.0	2611.4	2816.1	3014.4	3205.8
5月中									204.6	443.0	660.8	879.8	1100.2	1319.2	1531.3	1764.6	1978.5	2189.8	2419.2	2623.9	2822.2	3013.6
5月下										238.4	456.2	675.2	895.6	1114.6	1326.7	1560.0	1773.9	1985.2	2214.6	2419.3	2617.6	2809.0
6月上											217.7	436.8	657.2	876.2	1088.3	1321.6	1535.5	1746.8	1976.2	2180.9	2379.2	2570.6
6月中												219.0	439.5	658.5	870.6	1103.8	1317.7	1529.0	1758.4	1963.1	2161.5	2352.8
6月下													220.5	439.5	651.5	884.8	1098.7	1310.0	1539.4	1744.1	1942.4	2133.8
7月上														219.0	431.0	664.4	878.2	1089.6	1318.9	1523.7	1722.0	1913.3
7月中															212.1	445.4	659.3	870.6	1100.0	1304.7	1503.0	1694.4
7月下																233.3	447.2	658.5	887.9	1092.6	1290.9	1482.3
8月上																	213.9	425.2	654.6	859.3	1057.6	1249.0
8月中																		211.3	440.7	645.4	843.7	1035.1
8月下																			229.4	434.1	632.4	823.8
9月上																				204.7	403.0	594.4
9月中																					198.3	389.7
9月下																						191.4

节令对应：雨水（2月下）、惊蛰（3月上—中）、春分（3月下）、清明（4月上）、谷雨（4月下）、立夏（5月上）、小满（5月中—下）、芒种（6月上）、夏至（6月中—下）、小暑（7月上）、大暑（7月中—下）、立秋（8月上）、处暑（8月中—下）、白露（9月上—中）、秋分（9月下）。

生育期对应：播种期（2月下—3月中）、苗期（3月下—4月下）、移栽期（5月上）、伸根—团棵期（5月中—6月下）、旺长期（7月）、成熟采烤期（8月—9月）。

附表10　洱源县烤烟生育期累年平均大于0℃积温累查算表（单位：℃·d）

起始旬\截止旬	2月下	3月上	3月中	3月下	4月上	4月中	4月下	5月上	5月中	5月下	6月上	6月中	6月下	7月上	7月中	7月下	8月上	8月中	8月下	9月上	9月中	9月下
2月下	82.1	189.4	308.8	447.7	585.2	731.6	890.2	1058.3	1240.3	1455.3	1653.8	1857.0	2063.0	2268.2	2465.3	2680.3	2875.8	3067.0	3274.1	3457.5	3634.9	3803.2
3月上		107.3	226.7	365.6	503.1	649.5	808.1	976.2	1158.2	1373.2	1571.7	1774.9	1980.9	2186.1	2383.2	2598.2	2793.7	2984.9	3192.0	3375.4	3552.8	3721.1
3月中			119.4	258.3	395.8	542.2	700.8	868.9	1050.9	1265.9	1464.4	1667.7	1873.6	2078.8	2275.9	2490.9	2686.4	2877.6	3084.7	3268.1	3445.5	3613.9
3月下				138.9	276.4	422.8	581.4	749.5	931.5	1146.5	1345.0	1548.3	1754.2	1959.4	2156.5	2371.5	2567.0	2758.2	2965.3	3148.7	3326.1	3494.5
4月上					137.5	283.9	442.5	610.7	792.6	1007.6	1206.1	1409.4	1615.3	1820.5	2017.6	2232.6	2428.1	2619.3	2826.5	3009.8	3187.2	3355.6
4月中						146.4	305.0	473.5	655.1	870.1	1068.6	1271.9	1477.8	1683.0	1880.1	2095.1	2290.6	2481.8	2688.9	2872.3	3049.7	3218.1
4月下							158.6	326.8	508.7	723.7	922.2	1125.5	1331.5	1536.6	1733.7	1948.7	2144.2	2335.5	2542.6	2725.9	2903.3	3071.7
5月上								168.2	350.1	565.1	763.6	966.9	1172.9	1378.0	1575.1	1790.1	1985.6	2176.9	2384.0	2567.3	2744.7	2913.1
5月中									182.0	396.9	595.5	798.7	1004.7	1209.9	1407.0	1622.0	1817.5	2008.7	2215.8	2399.2	2576.5	2744.9
5月下										215.0	413.5	616.7	822.7	1027.9	1225.0	1440.0	1635.5	1826.7	2033.8	2217.2	2394.6	2562.9
6月上											198.5	401.8	607.7	812.9	1010.0	1225.0	1420.5	1611.7	1818.9	2002.2	2179.6	2348.0
6月中												203.3	409.2	614.4	811.5	1026.5	1222.0	1413.2	1620.1	1803.7	1981.1	2149.5
6月下													206.0	411.1	608.3	823.3	1018.7	1210.0	1417.1	1600.5	1777.8	1946.2
7月上														205.2	402.3	617.3	812.8	1004.0	1211.1	1394.5	1571.9	1740.2
7月中															197.1	412.1	607.6	798.8	1005.9	1189.3	1366.7	1535.1
7月下																215.0	410.5	601.7	808.8	992.2	1169.6	1337.9
8月上																	195.5	386.7	593.8	777.2	954.6	1122.9
8月中																		191.2	398.3	581.7	759.1	927.5
8月下																			207.1	390.5	567.9	736.2
9月上																				183.4	360.7	529.1
9月中																					177.4	345.7
9月下																						168.4

节令：雨水（2月下）、惊蛰（3月上）、春分（3月下）、清明（4月上）、谷雨（4月中）、立夏（5月上）、小满（5月中）、芒种（6月上）、夏至（6月中）、小暑（7月上）、大暑（7月中）、立秋（8月上）、处暑（8月中）、白露（9月上）、秋分（9月下）

生育期：播种期、苗期、移栽期、伸根—团棵期、旺长期、成熟采烤期

附表11　剑川县烤烟生育期累年平均旬大于0℃积温累积查算表（单位：℃·d）

节令与生育期对应：雨水（播种期）、惊蛰·春分（苗期）、清明·谷雨（苗期）、立夏（移栽期）、小满·芒种（伸根-团棵期）、夏至·小暑·大暑（旺长期）、立秋·处暑·白露·秋分（成熟采烤期）

起始旬＼终止旬	2月下	3月上	3月中	3月下	4月上	4月中	4月下	5月上	5月中	5月下	6月上	6月中	6月下	7月上	7月中	7月下	8月上	8月中	8月下	9月上	9月中	9月下
2月下	62.8	147.1	242.4	356.3	470.1	592.1	726.8	872.2	1033.7	1232.1	1418.2	1609.4	1802.7	1995.5	2181.3	2385.4	2570.7	2753.7	2951.1	3125.3	3292.8	3450.9
3月上		84.3	179.6	293.5	407.3	529.3	664.0	809.4	970.9	1169.3	1355.4	1546.6	1739.9	1932.7	2118.5	2322.6	2507.9	2690.9	2888.3	3062.5	3230.0	3388.1
3月中			95.3	209.2	323.0	445.0	579.7	725.2	886.6	1085.0	1271.1	1462.3	1655.6	1848.4	2034.2	2238.3	2423.6	2606.6	2804.0	2978.3	3145.7	3303.9
3月下				113.9	227.7	349.7	484.4	629.8	791.3	989.7	1175.8	1367.0	1560.3	1753.1	1938.9	2143.0	2328.3	2511.3	2708.7	2882.9	3050.4	3208.5
4月上					113.8	235.8	370.5	516.0	677.5	875.8	1061.9	1253.1	1446.4	1639.2	1825.1	2029.1	2214.5	2397.4	2594.8	2769.1	2936.5	3094.7
4月中						122.0	256.7	402.2	563.7	762.0	948.1	1139.3	1332.6	1525.4	1711.3	1915.3	2100.7	2283.6	2481.0	2655.3	2822.7	2980.9
4月下							134.7	280.1	441.6	640.0	826.1	1017.3	1210.6	1403.4	1589.2	1793.3	1978.6	2161.6	2359.6	2533.2	2700.7	2858.8
5月上								145.5	307.0	505.3	691.4	882.6	1075.9	1268.7	1454.6	1658.6	1844.0	2026.9	2224.3	2398.6	2566.0	2724.2
5月中									161.5	359.8	545.9	737.1	930.4	1123.3	1309.1	1513.2	1698.5	1881.4	2078.8	2253.1	2420.6	2578.7
5月下										198.3	384.5	575.7	768.9	961.8	1147.6	1351.7	1537.0	1720.0	1917.4	2091.6	2259.1	2417.2
6月上											186.1	377.3	570.6	763.4	949.3	1153.3	1338.7	1521.6	1719.0	1893.3	2060.7	2218.9
6月中												191.2	384.5	577.3	763.1	967.2	1152.6	1335.5	1532.9	1707.2	1874.6	2032.8
6月下													193.3	386.1	571.9	776.0	961.4	1144.3	1341.7	1516.0	1683.4	1841.6
7月上														192.8	378.7	582.7	768.1	951.0	1148.4	1322.7	1490.1	1648.3
7月中															185.8	389.4	575.2	758.2	955.6	1129.8	1297.3	1455.4
7月下																204.1	389.4	572.4	769.8	944.0	1111.5	1269.6
8月上																	185.8	368.3	565.7	739.9	907.4	1065.5
8月中																		182.9	380.3	554.6	722.1	880.2
8月下																			197.4	371.7	539.1	697.3
9月上																				174.3	341.7	499.9
9月中																					167.5	325.6
9月下																						158.1

节令对应（按旬）：2月下 雨水；3月上 惊蛰；3月中 春分；3月下 清明；4月中 谷雨；4月下 立夏；5月中 小满；5月下 芒种；6月中 夏至；7月上 小暑；7月中 大暑；8月上 立秋；8月中 处暑；9月上 白露；9月下 秋分

附表12　鹤庆县烤烟生育期累年平均旬大于0℃积温累积查算表（单位：℃·d）

月份→ 起始旬↓	2月下	3月上	3月中	3月下	4月上	4月中	4月下	5月上	5月中	5月下	6月上	6月中	6月下	7月上	7月中	7月下	8月上	8月中	8月下	9月上	9月中	9月下
2月下	79.2	182.5	299.9	435.4	569.9	712.4	869.1	1034.9	1214.3	1425.7	1618.7	1816.1	2014.0	2211.2	2399.5	2605.8	2793.6	2977.7	3175.9	3351.4	3519.2	3678.7
3月上		103.3	220.7	356.2	490.7	633.2	789.9	955.7	1135.1	1346.5	1539.5	1736.9	1934.8	2132.0	2320.3	2526.6	2714.4	2898.5	3096.7	3272.2	3440.0	3599.5
3月中			117.4	252.9	387.4	529.9	686.6	852.4	1031.8	1243.2	1436.2	1633.6	1831.5	2028.7	2217.1	2423.3	2611.1	2795.3	2993.4	3168.9	3336.7	3496.2
3月下				135.5	270.0	412.5	569.2	735.0	914.4	1125.8	1318.8	1516.2	1714.1	1911.3	2099.7	2305.9	2493.7	2677.9	2876.0	3051.5	3219.3	3378.8
4月上					134.5	277.0	433.7	599.5	778.9	990.2	1183.2	1380.6	1578.6	1775.8	1964.1	2170.4	2358.2	2542.3	2740.5	2916.0	3083.8	3243.3
4月中						142.5	299.2	465.0	644.4	855.8	1048.8	1246.2	1444.1	1641.3	1829.6	2035.9	2223.7	2407.9	2606.0	2781.5	2949.3	3108.8
4月下							156.7	322.5	501.9	713.2	906.2	1103.6	1301.6	1498.8	1687.1	1893.4	2081.2	2265.3	2463.5	2639.0	2806.8	2966.3
5月上								165.8	345.1	556.5	749.5	946.9	1144.9	1342.1	1530.4	1736.7	1924.5	2108.6	2306.8	2482.2	2650.0	2809.6
5月中									179.4	390.8	583.8	781.2	979.1	1176.3	1364.6	1570.9	1758.7	1942.9	2141.0	2316.5	2484.3	2643.8
5月下										211.4	404.4	601.8	799.7	996.9	1185.3	1391.5	1579.3	1763.5	1961.6	2137.1	2304.9	2464.5
6月上											193.0	390.4	588.3	785.5	973.9	1180.1	1367.9	1552.1	1750.2	1925.7	2093.5	2253.1
6月中												197.4	395.3	592.5	780.9	987.1	1174.9	1359.1	1557.2	1732.7	1900.5	2060.1
6月下													197.9	395.1	583.5	789.7	977.5	1161.7	1359.8	1535.3	1703.1	1862.7
7月上														197.2	385.5	591.8	779.6	963.7	1161.9	1337.4	1505.2	1664.7
7月中															188.3	394.6	582.4	766.5	964.7	1140.2	1308.0	1467.5
7月下																206.2	394.0	578.2	776.4	951.8	1119.6	1279.2
8月上																	187.8	372.0	570.1	745.6	913.4	1073.0
8月中																		184.2	382.3	557.8	725.6	885.2
8月下																			198.2	373.6	541.4	701.0
9月上																				175.5	343.3	502.8
9月中																					167.8	327.4
9月下																						159.6

节令（按旬对应）：2月下—雨水，3月上—惊蛰，3月下—春分，4月上—清明，4月下—谷雨，5月上—立夏，5月下—小满，6月上—芒种，6月下—夏至，7月上—小暑，7月下—大暑，8月上—立秋，8月下—处暑，9月上—白露，9月下—秋分

生育期（按旬对应）：播种期（2月下—3月下），苗期（4月），移栽期（5月），伸根—团棵期（6月），旺长期（7月），成熟采烤期（8月—9月）

附表13　大理市烤烟生育期累年平均旬降雨量累积查算表（单位：mm）

表中行为起始旬，列为终止旬，数值为自起始旬至终止旬的累积降雨量。

起始旬＼终止旬	2月下	3月上	3月中	3月下	4月上	4月中	4月下	5月上	5月中	5月下	6月上	6月中	6月下	7月上	7月中	7月下	8月上	8月中	8月下	9月上	9月中	9月下
2月下	8.9	21.5	31.9	49.0	56.2	65.6	73.7	87.3	116.3	148.1	195.1	255.0	307.1	350.1	418.5	496.2	571.8	637.9	708.4	765.4	823.4	876.6
3月上		12.6	23.0	40.1	47.3	56.7	64.8	78.4	107.4	139.2	186.2	246.1	298.2	341.2	409.6	487.3	562.9	629.0	699.5	756.5	814.5	867.7
3月中			10.4	27.5	34.7	44.1	52.2	65.8	94.9	126.6	173.6	233.5	285.6	328.7	397.0	474.7	550.3	616.5	686.9	744.0	801.9	855.1
3月下				17.1	24.4	33.8	41.9	55.4	84.5	116.3	163.2	223.2	275.2	318.3	386.6	464.4	539.9	606.1	676.6	733.6	791.5	844.8
4月上					7.2	16.6	24.7	38.3	67.4	99.1	146.1	206.1	258.1	301.2	369.5	447.2	522.8	589.0	659.4	716.5	774.4	827.6
4月中						9.4	17.5	31.1	60.1	91.9	138.9	198.8	250.8	293.9	362.3	440.0	515.5	581.7	652.2	709.2	767.1	820.4
4月下							8.1	21.7	50.7	82.5	129.5	189.4	241.4	284.5	352.9	430.6	506.2	572.3	642.8	699.8	757.8	811.0
5月上								13.6	42.6	74.4	121.4	181.3	233.4	276.4	344.8	422.5	498.1	564.2	634.7	691.7	749.7	802.9
5月中									29.1	60.8	107.8	167.7	219.8	262.9	331.2	408.9	484.5	550.7	621.1	678.2	736.1	789.3
5月下										31.8	78.7	138.7	190.7	233.8	302.1	379.9	455.4	521.6	592.1	649.1	707.0	760.3
6月上											47.0	106.9	158.9	202.0	270.4	348.1	423.7	489.8	560.3	617.3	675.3	728.5
6月中												59.9	112.0	155.0	223.4	301.1	376.7	442.9	513.3	570.3	628.3	681.5
6月下													52.0	95.1	163.5	241.2	316.7	382.9	453.4	510.4	568.3	621.6
7月上														43.1	111.4	189.2	264.7	330.9	401.3	458.4	516.3	569.6
7月中															68.4	146.1	221.6	287.8	358.3	415.3	473.2	526.5
7月下																77.7	153.3	219.5	289.9	346.9	404.9	458.1
8月上																	75.6	141.7	212.2	269.2	327.2	380.4
8月中																		66.2	136.6	193.7	251.6	304.8
8月下																			70.5	127.5	185.4	238.7
9月上																				57.0	115.0	168.2
9月中																					57.9	111.2
9月下																						53.2

节令与生育期对照：

月份	旬	节令	生育期
2月	下	雨水	播种期
3月	上	惊蛰	苗期
3月	中/下	春分	苗期
4月	上	清明	移栽期
4月	中/下	谷雨	移栽期
5月	上	立夏	伸根—团棵期
5月	中/下	小满	伸根—团棵期
6月	上	芒种	伸根—团棵期
6月	中/下	夏至	旺长期
7月	上	小暑	旺长期
7月	中/下	大暑	旺长期
8月	上	立秋	成熟采烤期
8月	中/下	处暑	成熟采烤期
9月	上	白露	成熟采烤期
9月	中/下	秋分	成熟采烤期

附表14　宾川烤烟生育期累年平均旬降雨量累积查算表（单位：mm）

说明：表中行为累积终止旬，列为累积起始旬。节令与生育期对应如下——节令：雨水（2月下）、惊蛰（3月上）、春分（3月中—下）、清明（4月上）、谷雨（4月中—下）、立夏（5月上）、小满（5月中—下）、芒种（6月上）、夏至（6月中—下）、小暑（7月上）、大暑（7月中—下）、立秋（8月上）、处暑（8月中—下）、白露（9月上）、秋分（9月中—下）；生育期：播种期（2—3月）、苗期（4月）、移栽期（5月上）、伸根—团棵期（5月中—6月上）、旺长期（6月中—7月）、成熟采烤期（8—9月）。

终止旬	2月下	3月上	3月中	3月下	4月上	4月中	4月下	5月上	5月中	5月下	6月上	6月中	6月下	7月上	7月中	7月下	8月上	8月中	8月下	9月上	9月中	9月下
2月下	1.2																					
3月上	3.6	2.4																				
3月中	4.5	3.3	1.0																			
3月下	8.4	7.2	4.9	3.9																		
4月上	10.1	8.9	6.6	5.6	1.7																	
4月中	13.0	11.8	9.4	8.4	4.5	2.8																
4月下	16.0	14.8	12.4	11.4	7.5	5.8	3.0															
5月上	22.5	21.3	19.0	18.0	14.1	12.4	9.6	6.6														
5月中	37.5	36.3	34.0	33.0	29.1	27.4	24.6	21.5	15.0													
5月下	52.3	51.1	48.7	47.8	43.9	42.2	39.3	36.3	29.8	14.8												
6月上	77.3	76.1	73.8	72.8	68.9	67.2	64.4	61.4	54.8	39.8	25.1											
6月中	108.0	106.8	104.5	103.5	99.6	97.9	95.1	92.0	85.5	70.5	55.7	30.7										
6月下	140.4	139.2	136.9	135.9	132.0	130.3	127.5	124.5	117.9	102.9	88.1	63.1	32.4									
7月上	170.3	169.1	166.7	165.8	161.9	160.2	157.3	154.3	147.8	132.8	118.0	93.0	62.3	29.9								
7月中	217.9	216.7	214.3	213.4	209.5	207.7	204.9	201.9	195.4	180.4	165.6	140.5	109.9	77.5	47.6							
7月下	275.7	274.5	272.1	271.1	267.3	265.5	262.7	259.7	253.1	238.2	223.4	198.3	167.7	135.2	105.4	57.8						
8月上	317.3	316.1	313.8	312.8	308.9	307.2	304.4	301.4	294.8	279.8	265.0	240.0	209.3	176.9	147.0	99.4	41.7					
8月中	358.9	357.7	355.3	354.4	350.5	348.7	345.9	342.9	336.3	321.4	306.6	281.5	250.9	218.5	188.6	141.0	83.2	41.5				
8月下	402.5	401.3	398.9	398.0	394.1	392.4	389.5	386.5	380.0	365.0	350.2	325.1	294.5	262.1	232.2	184.6	126.8	85.2	43.6			
9月上	439.4	438.2	435.8	434.9	431.0	429.2	426.4	423.4	416.9	401.9	387.1	362.0	331.4	299.0	269.1	221.5	163.7	122.0	80.5	36.9		
9月中	469.2	468.0	465.7	464.7	460.8	459.1	456.3	453.2	446.7	431.7	416.9	391.9	361.2	328.8	298.9	251.3	193.5	151.9	110.3	66.7	29.8	
9月下	495.1	493.9	491.6	490.6	486.7	485.0	482.2	479.2	472.6	457.6	442.8	417.8	387.1	354.7	324.8	277.2	219.5	177.8	136.3	92.6	55.7	25.9

附表15　祥云县烤烟生育期累年平均旬降雨量累积查算表（单位：mm）

下表中，行标题为累积起始旬，列标题为累积终止旬；节令、生育期对应各旬如下：

旬份	节令	生育期
2月下	雨水	播种期
3月上	惊蛰	苗期
3月中	春分	苗期
3月下	春分	苗期
4月上	清明	苗期
4月中	谷雨	苗期
4月下	谷雨	移栽期
5月上	立夏	移栽期
5月中	小满	伸根—团棵期
5月下	小满	伸根—团棵期
6月上	芒种	伸根—团棵期
6月中	夏至	伸根—团棵期
6月下	夏至	旺长期
7月上	小暑	旺长期
7月中	大暑	旺长期
7月下	大暑	旺长期
8月上	立秋	成熟采烤期
8月中	处暑	成熟采烤期
8月下	处暑	成熟采烤期
9月上	白露	成熟采烤期
9月中	白露	成熟采烤期
9月下	秋分	成熟采烤期

起\终	2月下	3月上	3月中	3月下	4月上	4月中	4月下	5月上	5月中	5月下	6月上	6月中	6月下	7月上	7月中	7月下	8月上	8月中	8月下	9月上	9月中	9月下
2月下	5.5	11.7	15.9	24.3	30.1	36.2	41.8	51.7	73.4	99.7	136.1	187.0	234.5	268.6	318.3	382.3	435.3	488.4	548.3	597.0	630.2	671.2
3月上		6.2	10.4	18.8	24.6	30.7	36.3	46.2	67.9	94.2	130.6	181.5	229.0	263.1	312.8	376.8	429.8	482.9	542.8	591.5	624.7	665.7
3月中			4.2	12.6	18.4	24.5	30.1	40.0	61.7	87.9	124.4	175.2	222.8	256.9	306.6	370.6	423.6	476.6	536.6	585.2	618.5	659.5
3月下				8.4	14.2	20.4	25.9	35.8	57.5	83.8	120.2	171.1	218.6	252.7	302.4	366.4	419.4	472.5	532.4	581.1	614.3	655.3
4月上					5.8	12.0	17.5	27.4	49.1	75.4	111.8	162.7	210.2	244.3	294.0	358.0	411.0	464.1	524.0	572.7	605.9	646.9
4月中						6.2	11.7	21.6	43.3	69.6	106.0	156.9	204.4	238.5	288.2	352.2	405.2	458.3	518.2	566.9	600.1	641.1
4月下							5.5	15.5	37.1	63.4	99.9	150.7	198.3	232.3	282.0	346.1	399.1	452.1	512.0	560.7	594.0	634.9
5月上								9.9	31.6	57.9	94.3	145.2	192.7	226.8	276.5	340.5	393.5	446.6	506.5	555.2	588.4	629.4
5月中									21.7	48.0	84.4	135.3	182.8	216.9	266.6	330.6	383.6	436.7	496.6	545.3	578.5	619.5
5月下										26.3	62.7	113.6	161.1	195.2	244.9	308.9	361.9	415.0	474.9	523.6	556.8	597.8
6月上											36.5	87.3	134.9	168.9	218.6	282.7	335.7	388.7	448.6	497.3	530.6	571.5
6月中												50.8	98.4	132.5	182.2	246.2	299.2	352.2	412.2	460.8	494.1	535.1
6月下													47.6	81.6	131.3	195.3	248.4	301.4	361.3	410.0	443.3	484.2
7月上														34.1	83.8	147.8	200.8	253.8	313.8	362.4	395.7	436.7
7月中															49.7	113.7	166.7	219.8	279.7	328.4	361.6	402.6
7月下																64.0	117.0	170.1	230.0	278.7	312.0	352.9
8月上																	53.0	106.1	166.0	214.7	247.9	288.9
8月中																		53.1	113.0	161.6	194.9	235.9
8月下																			59.9	108.6	141.9	182.8
9月上																				48.7	81.9	122.9
9月中																					33.3	74.2
9月下																						41.0

附表 16　弥渡县烤烟生育期累年平均旬降雨量累积查算表（单位：mm）

起始旬	2月下	3月上	3月中	3月下	4月上	4月中	4月下	5月上	5月中	5月下	6月上	6月中	6月下	7月上	7月中	7月下	8月上	8月中	8月下	9月上	9月中	9月下
2月下	4.8	11.7	15.7	23.5	28.5	33.9	41.0	49.9	71.2	102.4	144.6	191.4	234.2	269.4	316.7	374.4	426.0	476.1	526.4	574.0	609.8	644.3
3月上		6.9	10.9	18.7	23.7	29.1	36.2	45.1	66.4	97.6	139.8	186.6	229.4	264.6	311.9	369.6	421.2	471.3	521.6	569.2	605.0	639.5
3月中			4.0	11.8	16.8	22.2	29.3	38.1	59.5	90.6	132.9	179.6	222.4	257.6	305.0	362.6	414.2	464.4	514.6	562.3	598.1	632.6
3月下				7.8	12.8	18.2	25.3	34.1	55.5	86.6	128.9	175.6	218.4	253.6	301.0	358.6	410.2	460.4	510.6	558.3	594.1	628.6
4月上					5.0	10.4	17.5	26.4	47.7	78.9	121.1	167.9	210.7	245.9	293.2	350.9	402.5	452.6	502.9	550.5	586.3	620.8
4月中						5.4	12.5	21.4	42.7	73.8	116.1	162.8	205.6	240.9	288.2	345.9	397.4	447.6	497.8	545.5	581.3	615.8
4月下							7.1	16.0	37.3	68.4	110.7	157.4	200.3	235.5	282.8	340.5	392.0	442.2	492.5	540.1	575.9	610.4
5月上								8.9	30.2	61.4	103.6	150.4	193.2	228.4	275.7	333.4	385.0	435.1	485.4	533.0	568.8	603.3
5月中									21.3	52.5	94.7	141.5	184.3	219.5	266.8	324.5	376.1	426.2	476.5	524.2	559.9	594.4
5月下										31.1	73.4	120.1	162.9	198.2	245.5	303.2	354.7	404.9	455.2	502.8	538.6	573.1
6月上											42.3	89.0	131.8	167.0	214.4	272.0	323.6	373.7	424.0	471.7	507.4	541.9
6月中												46.7	89.5	124.8	172.1	229.8	281.3	331.5	381.7	429.4	465.2	499.7
6月下													42.8	78.0	125.4	183.0	234.6	284.7	335.0	382.7	418.4	452.9
7月上														35.2	82.6	140.2	191.8	241.9	292.2	339.9	375.6	410.1
7月中															47.3	105.0	156.6	206.7	257.0	304.7	340.4	374.9
7月下																57.7	109.2	159.4	209.7	257.3	293.1	327.6
8月上																	51.6	101.7	152.0	199.7	235.4	269.9
8月中																		50.1	100.4	148.1	183.8	218.3
8月下																			50.3	97.9	133.7	168.2
9月上																				47.7	83.4	117.9
9月中																					35.8	70.3
9月下																						34.5

旬份	下	上	中	下	上	中	下	上	中	下	上	中	下	上	中	下	上	中	下	上	中	下
月份	2月	3月			4月			5月			6月			7月			8月			9月		
节令	雨水	惊蛰	春分		清明	谷雨		立夏		小满	芒种		夏至	小暑		大暑	立秋		处暑	白露		秋分
生育期	播种期	苗期						移栽期			伸根—团棵期			旺长期			成熟采烤期					

附表17　巍山县烤烟生育期累年平均旬降雨量累积查算表（单位：mm）

起始旬 ＼ 结束旬	2月下	3月上	3月中	3月下	4月上	4月中	4月下	5月上	5月中	5月下	6月上	6月中	6月下	7月上	7月中	7月下	8月上	8月中	8月下	9月上	9月中	9月下
2月下	7.3	14.9	21.8	32.9	40.6	49.5	56.8	67.4	89.8	117.3	157.7	197.0	239.3	274.0	322.8	388.7	442.5	488.2	538.0	582.6	616.2	654.3
3月上		7.6	14.5	25.6	33.3	42.2	49.5	60.1	82.5	110.0	150.4	189.7	232.0	266.7	315.5	381.4	435.2	480.9	530.7	575.3	608.9	647.0
3月中			6.9	18.0	25.7	34.6	42.0	52.5	74.9	102.4	142.8	182.1	224.5	259.1	308.0	373.8	427.6	473.4	523.1	567.7	601.3	639.4
3月下				11.1	18.7	27.7	35.0	45.6	67.9	95.5	135.9	175.2	217.5	252.2	301.0	366.9	420.6	466.4	516.2	560.8	594.4	632.5
4月上					7.6	16.6	23.9	34.5	56.8	84.4	124.8	164.1	206.4	241.1	289.9	355.8	409.5	455.3	505.1	549.7	583.3	621.4
4月中						8.9	16.3	26.9	49.2	76.7	117.1	156.4	198.8	233.4	282.3	348.2	401.9	447.7	497.5	542.0	575.6	613.7
4月下							7.3	17.9	40.3	67.8	108.2	147.5	189.8	224.5	273.3	339.2	393.0	438.7	488.5	533.1	566.7	604.8
5月上								10.6	32.9	60.5	100.9	140.2	182.5	217.2	266.0	331.9	385.6	431.4	481.2	525.8	559.4	597.4
5月中									22.3	49.9	90.3	129.6	171.9	206.6	255.4	321.3	375.0	420.8	470.6	515.2	548.8	586.9
5月下										27.5	67.9	107.2	149.6	184.2	233.1	299.0	352.7	398.5	448.3	492.8	526.4	564.5
6月上											40.4	79.7	122.0	156.7	205.5	271.4	325.2	370.9	420.7	465.3	498.9	537.0
6月中												39.3	81.6	116.3	165.1	231.0	284.8	330.5	380.3	424.9	458.5	496.6
6月下													42.3	77.0	125.8	191.7	245.5	291.2	341.0	385.6	419.2	457.3
7月上														34.7	83.5	149.4	203.1	248.9	298.7	343.3	376.9	414.9
7月中															48.8	114.7	168.5	214.2	264.0	308.6	342.2	380.3
7月下																65.9	119.6	165.4	215.2	259.8	293.4	331.4
8月上																	53.7	99.5	149.3	193.9	227.5	265.6
8月中																		45.8	95.6	140.1	173.7	211.8
8月下																			49.8	94.4	128.0	166.0
9月上																				44.6	78.2	116.3
9月中																					33.6	71.7
9月下																						38.1

节令对应：雨水（2月下）、惊蛰（3月上）、春分（3月中）、清明（4月上）、谷雨（4月下）、立夏（5月上）、小满（5月下）、芒种（6月上）、夏至（6月下）、小暑（7月上）、大暑（7月中）、立秋（8月上）、处暑（8月下）、白露（9月中）、秋分（9月下）

生育期：播种期、苗期、移栽期、伸根—团棵期、旺长期、成熟采烤期

附表18　南涧县烤烟生育期累年平均旬降雨量累积查算表（单位：mm）

下表为累积降雨量查算表，行表示起始旬，列表示终止旬，表中数值为该起止区间的累年平均累积降雨量（mm）。

起始旬＼终止旬	2月下	3月上	3月中	3月下	4月上	4月中	4月下	5月上	5月中	5月下	6月上	6月中	6月下	7月上	7月中	7月下	8月上	8月中	8月下	9月上	9月中	9月下
2月下	8.3	14.9	20.2	29.6	37.1	46.4	54.3	63.0	84.1	112.4	145.8	183.8	223.5	254.4	303.2	358.0	405.3	452.0	498.1	539.9	567.6	600.0
3月上		6.6	11.9	21.3	28.8	38.1	46.0	54.7	75.8	104.1	137.5	175.5	215.2	246.1	294.9	349.7	397.0	443.7	489.8	531.6	559.3	591.7
3月中			5.3	14.7	22.2	31.4	39.4	48.1	69.2	97.5	130.8	168.9	208.6	239.5	288.2	343.0	390.3	437.0	483.2	525.0	552.7	585.0
3月下				9.4	16.9	26.2	34.1	42.8	63.9	92.2	125.6	163.6	203.3	234.2	283.0	337.8	385.1	431.7	477.9	519.7	547.4	579.8
4月上					7.6	16.8	24.7	33.4	54.5	82.8	116.2	154.2	193.9	224.8	273.6	328.4	375.7	422.4	468.5	510.4	538.0	570.4
4月中						9.2	17.2	25.9	47.0	75.2	108.6	146.7	186.3	217.3	266.0	320.8	368.1	414.8	461.0	502.8	530.5	562.8
4月下							7.9	16.6	37.7	66.0	99.4	137.4	177.1	208.1	256.8	311.6	358.9	405.6	451.7	493.6	521.2	553.6
5月上								8.7	29.8	58.1	91.4	129.5	169.2	200.1	248.9	303.7	350.9	397.6	443.8	485.6	513.3	545.7
5月中									21.1	49.4	82.8	120.8	160.5	191.4	240.2	295.0	342.3	388.9	435.1	476.9	504.6	537.0
5月下										28.3	61.7	99.7	139.4	170.3	219.1	273.9	321.2	367.9	414.0	455.8	483.5	515.9
6月上											33.4	71.4	111.1	142.0	190.8	245.6	292.9	339.6	385.7	427.6	455.2	487.6
6月中												38.1	77.7	108.7	157.4	212.2	259.5	306.2	352.3	394.2	421.9	454.2
6月下													39.7	70.6	119.4	174.2	221.4	268.1	314.3	356.1	383.8	416.2
7月上														30.9	79.7	134.5	181.8	228.5	274.6	316.5	344.1	376.5
7月中															48.8	103.5	150.8	197.5	243.7	285.5	313.2	345.5
7月下																54.8	102.1	148.8	194.9	236.8	264.4	296.8
8月上																	47.3	94.0	140.1	182.0	209.7	242.0
8月中																		46.7	92.8	134.7	162.4	194.7
8月下																			46.2	88.0	115.7	148.0
9月上																				41.8	69.5	101.9
9月中																					27.7	60.0
9月下																						32.3

节令（终止旬对应）： 雨水、惊蛰、春分、清明、谷雨、立夏、小满、芒种、夏至、小暑、大暑、立秋、处暑、白露、秋分

生育期： 播种期、苗期、移栽期、伸根—团棵期、旺长期、成熟采烤期

附表19　云龙县烤烟生育期累年平均旬降雨量累积查算表（单位：mm）

说明：本表为累积查算表，行表示起始旬，列表示终止旬，交叉处数值为该起止旬之间的累年平均累积降雨量（mm）。各旬对应的节令与生育期如下。

月份	旬份	节令	生育期
2月	下	雨水	播种期
3月	上	惊蛰	苗期
3月	中	春分	苗期
3月	下	春分	苗期
4月	上	清明	苗期
4月	中	清明	苗期
4月	下	谷雨	苗期
5月	上	立夏	移栽期
5月	中	小满	移栽期
5月	下	小满	移栽期
6月	上	芒种	伸根—团棵期
6月	中	夏至	伸根—团棵期
6月	下	夏至	伸根—团棵期
7月	上	小暑	旺长期
7月	中	小暑	旺长期
7月	下	大暑	旺长期
8月	上	立秋	成熟采烤期
8月	中	处暑	成熟采烤期
8月	下	处暑	成熟采烤期
9月	上	白露	成熟采烤期
9月	中	白露	成熟采烤期
9月	下	秋分	成熟采烤期

累积降雨量查算表（行=起始旬，列=终止旬）：

起始旬＼终止旬	2下	3上	3中	3下	4上	4中	4下	5上	5中	5下	6上	6中	6下	7上	7中	7下	8上	8中	8下	9上	9中	9下
2月下	31.3	74.4	119.6	171.3	225.1	286.4	354.7	409.4	446.9	487.6	523.6	557.4	582.0	599.7	608.6	614.5	625.9	632.9	646.4	655.2	665.5	670.1
3月上		43.1	88.3	140.0	193.8	255.1	323.4	378.1	415.6	456.3	492.3	526.1	550.7	568.4	577.3	583.1	594.6	601.6	615.1	623.9	634.2	638.8
3月中			45.2	96.9	150.7	211.9	280.3	335.0	372.4	413.2	449.2	483.0	507.5	525.3	534.2	540.0	551.5	558.5	572.0	580.8	591.1	595.7
3月下				51.7	105.5	166.8	235.1	289.8	327.3	368.0	404.0	437.8	462.4	480.1	489.0	494.8	506.3	513.3	526.8	535.6	545.9	550.5
4月上					53.8	115.0	183.4	238.1	275.5	316.3	352.3	386.1	410.6	428.3	437.3	443.1	454.5	461.6	475.1	483.9	494.2	498.8
4月中						61.3	129.6	184.3	221.8	262.5	298.5	332.3	356.9	374.6	383.5	389.4	400.8	407.8	421.3	430.1	440.4	445.0
4月下							68.3	123.0	160.5	201.3	237.2	271.1	295.6	313.3	322.2	328.1	339.5	346.5	360.0	368.9	379.2	383.8
5月上								54.7	92.2	132.9	168.9	202.7	227.3	245.0	253.9	259.7	271.2	278.2	291.7	300.5	310.8	315.4
5月中									37.5	78.2	114.2	148.0	172.6	190.3	199.2	205.0	216.5	223.5	237.0	245.8	256.1	260.7
5月下										40.8	76.7	110.6	135.1	152.8	161.7	167.6	179.0	186.0	199.5	208.4	218.7	223.3
6月上											36.0	69.8	94.3	112.1	121.0	126.8	138.2	145.3	158.8	167.6	177.9	182.5
6月中												33.8	58.4	76.1	85.0	90.9	102.3	109.3	122.8	131.6	141.9	146.5
6月下													24.5	42.3	51.2	57.0	68.5	75.5	89.0	97.8	108.1	112.7
7月上														17.7	26.6	32.5	43.9	50.9	64.4	73.3	83.6	88.2
7月中															8.9	14.8	26.2	33.2	46.7	55.5	65.8	70.4
7月下																5.9	17.3	24.3	37.8	46.6	56.9	61.5
8月上																	11.4	18.5	31.9	40.8	51.1	55.7
8月中																		7.0	20.5	29.3	39.7	44.3
8月下																			13.5	22.3	32.6	37.2
9月上																				8.8	19.1	23.7
9月中																					10.3	14.9
9月下																						4.6

附表20　永平县烤烟生育期累年平均旬降雨量累积查算表（单位：mm）

起\止	2月下	3月上	3月中	3月下	4月上	4月中	4月下	5月上	5月中	5月下	6月上	6月中	6月下	7月上	7月中	7月下	8月上	8月中	8月下	9月上	9月中	9月下
2月下	5.7	13.8	20.8	31.7	39.2	49.4	56.9	68.2	89.2	117.0	158.5	203.0	251.9	294.4	360.1	440.8	513.3	573.1	642.6	696.4	751.4	799.3
3月上		8.1	15.1	26.0	33.5	43.7	51.2	62.5	83.5	111.3	152.8	197.3	246.2	288.7	354.4	435.1	507.6	567.4	636.9	690.7	745.7	793.6
3月中			7.0	17.9	25.4	35.6	43.1	54.4	75.4	103.2	144.7	189.2	238.1	280.6	346.3	427.0	499.5	559.3	628.8	682.6	737.6	785.5
3月下				10.9	18.4	28.6	36.1	47.4	68.4	96.2	137.7	182.2	231.1	273.6	339.3	420.0	492.5	552.3	621.8	675.6	730.6	778.5
4月上					7.5	17.7	25.2	36.5	57.5	85.3	126.8	171.3	220.2	262.7	328.4	409.1	481.6	541.4	610.8	664.7	719.6	767.6
4月中						10.2	17.7	29.0	50.0	77.8	119.3	163.8	212.7	255.2	320.9	401.6	474.1	533.9	603.3	657.2	712.1	760.1
4月下							7.5	18.8	39.8	67.6	109.1	153.6	202.5	245.0	310.7	391.4	463.9	523.7	593.2	647.0	702.0	749.9
5月上								11.3	32.3	60.1	101.6	146.1	195.0	237.5	303.2	383.9	456.4	516.2	585.7	639.5	694.5	742.4
5月中									21.0	48.8	90.3	134.8	183.7	226.2	291.9	372.6	445.1	504.9	574.3	628.2	683.2	731.1
5月下										27.8	69.3	113.8	162.7	205.2	270.9	351.6	424.1	483.9	553.4	607.2	662.2	710.1
6月上											41.5	86.0	134.9	177.4	243.1	323.8	396.3	456.1	525.6	579.4	634.4	682.3
6月中												44.5	93.4	135.9	201.6	282.3	354.8	414.6	484.0	537.9	592.8	640.8
6月下													48.9	91.4	157.1	237.8	310.3	370.1	439.6	493.4	548.4	596.3
7月上														42.5	108.2	188.9	261.4	321.2	390.7	444.5	499.5	547.4
7月中															65.7	146.4	218.9	278.7	348.2	402.0	457.0	504.9
7月下																80.7	153.2	213.0	282.5	336.3	391.3	439.2
8月上																	72.5	132.3	201.8	255.6	310.6	358.5
8月中																		59.8	129.3	183.2	238.1	286.0
8月下																			69.4	123.3	178.2	226.2
9月上																				53.9	108.8	156.8
9月中																					54.9	102.9
9月下																						47.9

节令：雨水（2月下）、惊蛰（3月上）、春分（3月中）、清明（4月上）、谷雨（4月中）、立夏（5月上）、小满（5月中）、芒种（6月上）、夏至（6月中）、小暑（7月上）、大暑（7月中）、立秋（8月上）、处暑（8月中）、白露（9月上）、秋分（9月下）

生育期：播种期（2月下—3月上）、苗期（3月中—4月下）、移栽期（5月上—5月中）、伸根—团棵期（5月下—6月下）、旺长期（7月）、成熟采烤期（8月—9月）

附表21　漾濞县烤烟生育期累年平均旬降雨量累积查算表（单位：mm）

终\始	2月下	3月上	3月中	3月下	4月上	4月中	4月下	5月上	5月中	5月下	6月上	6月中	6月下	7月上	7月中	7月下	8月上	8月中	8月下	9月上	9月中	9月下
9月下	871.4	866.2	858.5	852.7	841.7	835.7	828.5	821.2	809.6	787.7	758.1	717.3	659.7	603.2	548.5	463.3	380.0	311.6	251.9	179.7	118.6	54.5
9月中	816.9	811.7	804.1	798.2	787.2	781.2	774.0	766.7	755.1	733.2	703.6	662.8	605.2	548.7	494.0	408.8	325.5	257.1	197.4	125.2	64.1	
9月上	752.8	747.6	739.9	734.1	723.1	717.1	709.9	702.6	691.0	669.1	639.5	598.7	541.1	484.6	429.9	344.7	261.4	193.0	133.3	61.1		
8月下	691.7	686.5	678.8	673.0	662.0	656.0	648.8	641.5	629.9	608.0	578.4	537.6	480.0	423.5	368.8	283.6	200.3	131.9	72.2			
8月中	619.5	614.3	606.6	600.8	589.8	583.8	576.6	569.3	557.7	535.8	506.2	465.4	407.8	351.3	296.6	211.4	128.1	59.7				
8月上	559.7	554.5	546.9	541.0	530.1	524.0	516.9	509.6	498.0	476.1	446.5	405.7	348.1	291.5	236.9	151.7	68.3					
7月下	491.4	486.2	478.6	472.7	461.8	455.7	448.5	441.2	429.6	407.7	378.1	337.3	279.7	223.2	168.5	83.3						
7月中	408.1	402.9	395.2	389.3	378.4	372.4	365.2	357.9	346.3	324.4	294.8	254.0	196.4	139.9	85.2							
7月上	322.9	317.7	310.0	304.2	293.2	287.2	280.0	272.7	261.1	239.2	209.6	168.8	111.2	54.7								
6月下	268.2	263.0	255.4	249.5	238.5	232.5	225.3	218.0	206.4	184.5	154.9	114.1	56.5									
6月中	211.7	206.5	198.8	193.0	182.0	176.0	168.8	161.5	149.9	128.0	98.4	57.6										
6月上	154.1	148.9	141.2	135.4	124.4	118.4	111.2	103.9	92.3	70.4	40.8											
5月下	113.3	108.1	100.4	94.6	83.6	77.6	70.4	63.1	51.5	29.6												
5月中	83.7	78.5	70.8	65.0	54.0	48.0	40.8	33.5	21.9													
5月上	61.8	56.6	48.9	43.1	32.1	26.1	18.9	11.6														
4月下	50.2	45.0	37.3	31.5	20.5	14.5	7.3															
4月中	42.9	37.7	30.0	24.2	13.2	7.2																
4月上	35.7	30.5	22.9	17.0	6.0																	
3月下	29.7	24.5	16.8	10.9																		
3月中	18.7	13.5	5.9																			
3月上	12.8	7.6																				
2月下	5.2																					

旬份与节令、生育期对应：

旬	月份	节令	生育期
下	2月	雨水	播种期
上	3月	惊蛰	苗期
中		春分	
下			
上	4月	清明	
中			
下		谷雨	
上	5月	立夏	移栽期
中		小满	
下			
上	6月	芒种	伸根—团棵期
中		夏至	
下			
上	7月	小暑	旺长期
中			
下		大暑	
上	8月	立秋	成熟采烤期
中			
下		处暑	
上	9月	白露	
中			
下		秋分	

附表22　洱源县烤烟生育期累年平均旬降雨量累积查算表（单位：mm）

	9月下	9月中	9月上	8月下	8月中	8月上	7月下	7月中	7月上	6月下	6月中	6月上	5月下	5月中	5月上	4月下	4月中	4月上	3月下	3月中	3月上	2月下
	613.1																					
	610.6	576.9																				
	605.4	574.4	537.0																			
	601.4	569.2	534.5	493.2																		
	593.9	565.2	529.2	490.7	441.4																	
	590.0	557.6	525.3	485.4	438.9	391.0																
	583.3	553.8	517.7	481.5	433.6	388.5	341.5															
	579.0	547.1	513.8	473.9	429.6	383.2	339.0	277.2														
	570.2	542.8	507.1	470.0	422.1	379.2	333.7	274.7	225.6													
	552.9	534.0	502.8	463.4	418.2	371.7	329.8	269.4	223.1	187.7												
	531.4	516.7	494.0	459.0	411.5	367.8	322.2	265.5	217.8	185.2	152.2											
	498.7	495.2	476.8	450.2	407.2	361.1	318.3	257.9	213.8	179.9	149.7	114.4										
	461.0	462.5	455.2	433.0	398.4	356.8	311.7	254.0	206.3	176.0	144.4	111.9	81.8									
	425.5	424.8	422.6	411.4	381.2	348.0	307.3	247.4	202.4	168.4	140.4	106.6	79.3	60.2								
	387.6	389.3	384.8	378.8	359.6	330.8	298.6	243.0	195.7	164.5	132.9	102.7	74.0	57.7	42.9							
	336.0	351.4	349.3	341.0	327.0	309.2	281.3	234.2	191.4	157.8	129.0	95.1	70.1	52.4	40.4	34.2						
	271.6	299.7	311.4	305.5	289.2	276.6	259.7	217.0	182.6	153.5	122.3	91.2	62.5	48.5	35.2	31.7	29.8					
	222.2	235.4	259.8	267.6	253.7	238.8	227.1	195.4	165.4	144.7	118.0	84.6	58.6	40.9	31.2	26.4	27.3	23.2				
	171.8	186.0	195.5	216.0	215.8	203.3	189.2	162.8	143.8	127.5	109.2	80.3	51.9	37.0	23.7	22.4	22.1	20.7	19.3			
	120.0	135.6	146.0	151.7	164.2	165.4	153.8	125.0	111.2	105.9	91.9	71.5	47.6	30.4	19.8	14.9	18.1	15.4	16.8	11.7		
	76.2	83.7	95.6	102.2	113.8	115.9	99.9	89.5	73.4	73.3	70.4	54.2	38.8	26.1	13.1	11.0	10.5	11.5	11.5	9.2	7.8	
	36.2	40.0	43.8	51.8	50.4	49.5	64.3	51.6	37.9	35.5	37.8	32.6	21.6	17.3	8.8	4.3	6.7	3.9	7.6	3.9	5.3	2.5
旬	下	中	上	下	中	上	下	中	上	下	中	上	下	中	上	下	中	上	下	中	上	下
月份	9月			8月			7月			6月			5月			4月			3月			2月
节令	秋分	白露		处暑		立秋	大暑		小暑	夏至		芒种	小满		立夏	谷雨		清明		春分	惊蛰	雨水
生育期	成熟采烤期						旺长期					伸根—团棵期			移栽期			苗期				播种期

附表23　剑川县烤烟生育期累年平均旬降雨量累积查算表（单位：mm）

起始旬	2月下	3月上	3月中	3月下	4月上	4月中	4月下	5月上	5月中	5月下	6月上	6月中	6月下	7月上	7月中	7月下	8月上	8月中	8月下	9月上	9月中	9月下
2月下	2.0	8.1	12.0	21.4	26.3	33.2	39.8	48.5	65.4	85.1	117.1	153.3	195.4	239.3	299.7	372.1	427.8	475.7	528.5	575.4	612.3	647.9
3月上		6.1	10.0	19.4	24.3	31.2	37.8	46.5	63.4	83.1	115.1	151.3	193.4	237.3	297.7	370.1	425.8	473.7	526.5	573.4	610.3	645.9
3月中			3.9	13.3	18.2	25.1	31.7	40.4	57.3	77.0	109.0	145.2	187.3	231.2	291.6	364.0	419.7	467.6	520.4	567.3	604.2	639.8
3月下				9.5	14.4	21.2	27.8	36.6	53.5	73.2	105.1	141.4	183.4	227.4	287.8	360.1	415.9	463.7	516.6	563.4	600.4	636.0
4月上					4.9	11.8	18.3	27.1	44.0	63.7	95.7	131.9	173.9	217.9	278.3	350.6	406.4	454.3	507.1	554.0	590.9	626.5
4月中						6.9	13.4	22.2	39.1	58.8	90.8	127.0	169.0	213.0	273.4	345.7	401.5	449.3	502.2	549.1	586.0	621.6
4月下							6.6	15.3	32.2	51.9	83.9	120.1	162.2	206.1	266.5	338.9	394.6	442.5	495.3	542.2	579.1	614.7
5月上								8.7	25.6	45.4	77.3	113.5	155.6	199.5	260.0	332.3	388.1	435.9	488.8	535.6	572.6	608.2
5月中									16.9	36.6	68.6	104.8	146.8	190.8	251.2	323.5	379.3	427.2	480.0	526.9	563.8	599.4
5月下										19.7	51.7	87.9	129.9	173.9	234.3	306.6	362.4	410.3	463.1	510.0	546.9	582.5
6月上											32.0	68.2	110.2	154.2	214.6	286.9	342.7	390.5	443.4	490.3	527.2	562.8
6月中												36.2	78.3	122.2	182.6	255.0	310.7	358.6	411.4	458.3	495.2	530.8
6月下													42.0	86.0	146.4	218.7	274.5	322.4	375.2	422.1	459.0	494.6
7月上														43.9	104.4	176.7	232.5	280.3	333.2	380.0	417.0	452.6
7月中															60.4	132.8	188.5	236.4	289.2	336.1	373.0	408.6
7月下																72.3	128.1	176.0	228.8	275.7	312.6	348.2
8月上																	55.8	103.6	156.5	203.3	240.3	275.9
8月中																		47.8	100.7	147.6	184.5	220.1
8月下																			52.8	99.7	136.6	172.2
9月上																				46.9	83.8	119.4
9月中																					36.9	72.5
9月下																						35.6
旬份	下	上	中	下	上	中	下	上	中	下	上	中	下	上	中	下	上	中	下	上	中	下
月份	2月	3月			4月			5月			6月			7月			8月			9月		
节令	雨水	惊蛰	春分		清明	谷雨		立夏	小满		芒种	夏至		小暑	大暑		立秋	处暑		白露		秋分
生育期	播种期		苗期					移栽期			伸根—团棵期			旺长期			成熟采烤期					

附表24　鹤庆县烤烟生育期累年平均旬降雨量累积查算表（单位：mm）

起始旬＼终止旬	2月下	3月上	3月中	3月下	4月上	4月中	4月下	5月上	5月中	5月下	6月上	6月中	6月下	7月上	7月中	7月下	8月上	8月中	8月下	9月上	9月中	9月下
2月下	0.9	3.8	5.5	10.6	12.9	18.1	24.1	33.1	49.0	73.2	114.1	166.4	227.1	300.1	378.3	478.3	555.5	633.3	715.9	778.3	839.2	881.9
3月上		2.9	4.6	9.7	12.0	17.2	23.2	32.2	48.1	72.3	113.2	165.5	226.2	299.2	377.4	477.4	554.6	632.4	715.0	777.4	838.3	881.0
3月中			1.6	6.8	9.1	14.3	20.3	29.3	45.2	69.4	110.2	162.6	223.2	296.3	374.4	474.4	551.7	629.4	712.0	774.5	835.3	878.0
3月下				5.2	7.5	12.7	18.7	27.7	43.6	67.8	108.6	161.0	221.6	294.7	372.8	472.8	550.1	627.8	710.4	772.9	833.7	876.4
4月上					2.3	7.5	13.5	22.5	38.4	62.6	103.4	155.8	216.4	289.5	367.6	467.6	544.9	622.6	705.2	767.7	828.5	871.2
4月中						5.2	11.2	20.2	36.1	60.3	101.1	153.5	214.2	287.2	365.3	465.4	542.6	620.4	702.9	765.4	826.2	869.0
4月下							6.0	15.0	30.9	55.1	95.9	148.3	208.9	282.0	360.1	460.1	537.4	615.1	697.7	760.2	821.0	863.7
5月上								9.0	24.9	49.1	89.9	142.3	202.9	276.0	354.1	454.1	531.4	609.1	691.7	754.2	815.0	857.7
5月中									15.9	40.1	80.9	133.3	193.9	267.0	345.1	445.1	522.4	600.1	682.7	745.2	806.0	848.7
5月下										24.2	65.0	117.4	178.1	251.1	329.2	429.3	506.5	584.3	666.8	729.3	790.1	832.9
6月上											40.8	93.2	153.9	226.9	305.0	405.1	482.3	560.1	642.6	705.1	765.9	808.7
6月中												52.4	113.0	186.1	264.2	364.2	441.5	519.2	601.8	664.3	725.1	767.8
6月下													60.7	133.7	211.8	311.9	389.1	466.9	549.4	611.9	672.7	715.5
7月上														73.0	151.2	251.2	328.4	406.2	488.8	551.2	612.1	654.8
7月中															78.1	178.2	255.4	333.2	415.8	478.2	539.0	581.8
7月下																100.0	177.3	255.0	337.6	400.1	460.9	503.6
8月上																	77.2	155.0	237.6	300.0	360.9	403.6
8月中																		77.8	160.3	222.8	283.6	326.4
8月下																			82.6	145.0	205.9	248.6
9月上																				62.5	123.3	166.0
9月中																					60.8	103.6
9月下																						42.7

旬份	节令	生育期
2月下	雨水	播种期
3月上	惊蛰	苗期
3月中	春分	苗期
3月下	春分	苗期
4月上	清明	苗期
4月中	谷雨	移栽期
4月下	谷雨	移栽期
5月上	立夏	移栽期
5月中	小满	伸根—团棵期
5月下	小满	伸根—团棵期
6月上	芒种	伸根—团棵期
6月中	夏至	伸根—团棵期
6月下	夏至	旺长期
7月上	小暑	旺长期
7月中	大暑	旺长期
7月下	大暑	旺长期
8月上	立秋	成熟采烤期
8月中	处暑	成熟采烤期
8月下	处暑	成熟采烤期
9月上	白露	成熟采烤期
9月中	秋分	成熟采烤期
9月下	秋分	成熟采烤期

附表25　大理市烤烟生育期累年平均旬日照时数累积查算表（单位：h）

旬份与节令、生育期对照

旬份	2月下	3月上	3月中	3月下	4月上	4月中	4月下	5月上	5月中	5月下	6月上	6月中	6月下	7月上	7月中	7月下	8月上	8月中	8月下	9月上	9月中	9月下
节令	雨水	惊蛰	春分		清明	谷雨		立夏	小满		芒种	夏至		小暑	大暑		立秋	处暑		白露	秋分	
生育期	播种期	播种期	播种期	苗期	苗期	苗期	移栽期	移栽期	伸根—团棵期	伸根—团棵期	伸根—团棵期	伸根—团棵期	伸根—团棵期	旺长期	旺长期	旺长期	成熟采烤期	成熟采烤期	成熟采烤期	成熟采烤期	成熟采烤期	成熟采烤期

累积查算表（起始旬为行，终止旬为列）

起始旬	2月下	3月上	3月中	3月下	4月上	4月中	4月下	5月上	5月中	5月下	6月上	6月中	6月下	7月上	7月中	7月下	8月上	8月中	8月下	9月上	9月中	9月下
2月下	61.4	135.7	212.1	288.7	358.1	426.0	494.2	559.6	624.5	695.3	750.1	802.5	852.5	899.2	941.7	988.3	1042.9	1089.6	1139.9	1188.0	1233.6	1278.1
3月上		74.3	150.7	227.3	296.7	364.6	432.8	498.2	563.1	633.9	688.7	741.1	791.1	837.8	880.3	926.9	981.5	1028.2	1078.5	1126.6	1172.2	1216.7
3月中			76.4	152.9	222.3	290.3	358.5	423.9	488.8	559.6	614.4	666.8	716.8	763.5	806.0	852.6	907.2	953.9	1004.1	1052.2	1097.9	1142.4
3月下				76.6	146.0	213.9	282.1	347.5	412.4	483.2	538.0	590.4	640.4	687.1	729.6	776.2	830.8	877.5	927.8	975.9	1021.5	1066.0
4月上					69.4	137.3	205.5	270.9	335.9	406.7	461.4	513.8	563.8	610.5	653.1	699.6	754.3	801.0	851.2	899.3	944.9	989.4
4月中						67.9	136.1	201.5	266.5	337.3	392.0	444.4	494.4	541.1	583.6	630.2	684.9	731.6	781.8	829.9	875.5	920.0
4月下							68.2	133.6	198.5	269.3	324.1	376.5	426.5	473.2	515.7	562.3	616.9	663.6	713.9	762.0	807.6	852.1
5月上								65.4	130.3	201.1	255.9	308.3	358.3	405.0	447.5	494.1	548.7	595.4	645.7	693.8	739.4	783.9
5月中									64.9	135.7	190.5	242.9	292.9	339.6	382.1	428.7	483.3	530.0	580.3	628.4	674.0	718.5
5月下										70.8	125.5	178.0	227.9	274.7	317.2	363.8	418.4	465.1	515.3	563.4	609.1	653.6
6月上											54.8	107.2	157.2	203.9	246.4	293.0	347.6	394.3	444.5	492.6	538.3	582.8
6月中												52.4	102.4	149.1	191.6	238.2	292.9	339.5	389.8	437.9	483.5	528.0
6月下													50.0	96.7	139.2	185.8	240.4	287.1	337.3	385.5	431.1	475.6
7月上														46.7	89.2	135.8	190.5	237.1	287.4	335.5	381.1	425.6
7月中															42.5	89.1	143.7	190.4	240.7	288.8	334.4	378.9
7月下																46.6	101.2	147.9	198.1	246.3	291.9	336.4
8月上																	54.6	101.3	151.6	199.7	245.3	289.8
8月中																		46.7	96.9	145.0	190.7	235.2
8月下																			50.2	98.4	144.0	188.5
9月上																				48.1	93.7	138.2
9月中																					45.6	90.1
9月下																						44.5

附表26　宾川县烤烟生育期累年平均旬日照时数积累查算表（单位：h）

起始旬	2月下	3月上	3月中	3月下	4月上	4月中	4月下	5月上	5月中	5月下	6月上	6月中	6月下	7月上	7月中	7月下	8月上	8月中	8月下	9月上	9月中	9月下
2月下	72.7	159.0	246.0	333.9	416.1	496.2	577.5	656.2	735.7	819.9	888.1	954.3	1014.5	1072.3	1123.7	1178.1	1239.4	1295.3	1354.9	1416.1	1474.0	1533.5
3月上		86.3	173.3	261.2	343.4	423.5	504.8	583.5	663.0	747.2	815.4	881.6	941.8	999.6	1051.0	1105.4	1166.7	1222.6	1282.2	1343.4	1401.3	1460.8
3月中			87.0	174.9	257.2	337.2	418.5	497.2	576.8	660.9	729.2	795.3	855.5	913.3	964.7	1019.1	1080.5	1136.4	1196.0	1257.2	1315.0	1374.6
3月下				88.0	170.2	250.2	331.5	410.2	489.8	574.0	642.2	708.3	768.5	826.3	877.7	932.2	993.5	1049.4	1109.0	1170.2	1228.0	1287.6
4月上					82.2	162.3	243.5	322.3	401.8	486.0	554.2	620.3	680.6	738.8	789.8	844.2	905.5	961.4	1021.0	1082.2	1140.1	1199.6
4月中						80.1	161.3	240.0	319.6	403.8	472.0	538.1	598.3	656.2	707.5	762.0	823.3	879.2	938.8	1000.0	1057.8	1117.4
4月下							81.3	160.0	239.6	323.7	391.9	458.1	518.3	576.1	627.5	681.9	743.3	799.1	858.7	920.0	977.8	1037.3
5月上								78.7	158.3	242.5	310.7	376.8	437.0	494.9	546.2	600.7	662.0	717.9	777.5	838.7	896.5	956.1
5月中									79.6	163.7	232.0	298.1	358.3	416.1	467.5	521.9	583.3	639.1	698.7	760.0	817.8	877.4
5月下										84.2	152.4	218.5	278.7	336.6	387.9	442.4	503.7	559.6	619.2	680.4	738.2	797.8
6月上											68.2	134.3	194.6	252.4	303.8	358.2	419.5	475.4	535.0	596.2	654.1	713.6
6月中												66.1	126.3	184.2	235.5	290.0	351.3	407.2	466.8	528.0	585.8	645.4
6月下													60.2	118.0	169.4	223.9	285.3	341.1	400.7	461.9	519.7	579.3
7月上														57.8	109.2	163.7	225.0	280.9	340.5	401.7	459.5	519.1
7月中															51.4	105.8	167.1	223.0	282.6	343.8	401.7	461.2
7月下																54.4	115.8	171.7	231.3	292.5	350.3	409.9
8月上																	61.3	117.2	176.8	238.0	295.9	355.4
8月中																		55.9	115.5	176.7	234.5	294.1
8月下																			59.6	120.8	178.7	238.2
9月上																				61.2	119.1	178.6
9月中																					57.8	117.4
9月下																						59.6

节令：雨水（2月下）、惊蛰（3月上）、春分（3月中）、清明（4月上）、谷雨（4月中）、立夏（5月上）、小满（5月下）、芒种（6月上）、夏至（6月下）、小暑（7月上）、大暑（7月下）、立秋（8月上）、处暑（8月下）、白露（9月上）、秋分（9月中）

生育期：播种期、苗期、移栽期、伸根—团棵期、旺长期、成熟采烤期

附表27　祥云县烤烟生育期年平均累积旬日照时数累积查算表（单位：h）

起始旬＼终止旬	2月下	3月上	3月中	3月下	4月上	4月中	4月下	5月上	5月中	5月下	6月上	6月中	6月下	7月上	7月中	7月下	8月上	8月中	8月下	9月上	9月中	9月下
节令	雨水	惊蛰		春分	清明		谷雨	立夏		小满	芒种		夏至	小暑		大暑	立秋		处暑	白露		秋分
生育期	播种期	苗期			移栽期			伸根—团棵期						旺长期			成熟采烤期					
2月下	68.6	151.5	236.4	322.9	403.4	481.4	561.6	637.3	712.9	793.4	857.9	918.8	973.8	1024.7	1069.8	1113.0	1166.2	1213.7	1264.8	1315.8	1367.1	1417.7
3月上		82.9	167.8	254.3	334.8	412.8	493.0	568.7	644.3	724.8	789.3	850.2	905.2	956.1	1001.2	1044.4	1097.6	1145.1	1196.2	1247.2	1298.5	1349.1
3月中			85.0	171.5	251.9	330.0	410.1	485.9	561.4	642.0	706.4	767.3	822.3	873.3	918.3	961.6	1014.7	1062.2	1113.3	1164.3	1215.6	1266.3
3月下				86.5	167.0	245.0	325.1	400.9	476.5	557.0	621.4	682.3	737.3	788.3	833.3	876.6	929.8	977.2	1028.3	1079.3	1130.7	1181.3
4月上					80.5	158.5	238.6	314.4	390.0	470.5	534.9	595.8	650.8	701.8	746.9	790.1	843.3	890.7	941.8	992.8	1044.2	1094.8
4月中						78.0	158.2	233.9	309.5	390.0	454.5	515.4	570.4	621.3	666.4	709.6	762.8	810.3	861.4	912.4	963.7	1014.3
4月下							80.2	155.9	231.5	312.0	376.5	437.3	492.3	543.3	588.4	631.6	684.8	732.3	783.3	834.4	885.7	936.3
5月上								75.8	151.3	231.8	296.3	357.2	412.2	463.1	508.2	551.5	604.6	652.1	703.2	754.2	805.5	856.2
5月中									75.5	156.1	220.5	281.4	336.4	387.4	432.4	475.7	528.8	576.3	627.4	678.4	729.7	780.4
5月下										80.5	145.0	205.9	260.9	311.8	356.9	400.1	453.3	500.8	551.9	602.9	654.2	704.8
6月上											64.5	125.4	180.4	231.3	276.4	319.6	372.8	420.3	471.4	522.4	573.7	624.3
6月中												60.9	115.9	166.9	211.9	255.2	308.3	355.8	406.9	457.9	509.2	559.9
6月下													55.0	106.0	151.0	194.3	247.4	294.9	346.0	397.0	448.3	499.0
7月上														51.0	96.0	139.3	192.4	239.9	291.0	342.0	393.3	444.0
7月中															45.1	88.3	141.5	188.9	240.0	291.0	342.4	393.0
7月下																43.2	96.4	143.9	195.0	246.0	297.3	347.9
8月上																	53.2	100.6	151.7	202.7	254.1	304.7
8月中																		47.5	98.6	149.6	200.9	251.5
8月下																			51.1	102.1	153.4	204.1
9月上																				51.0	102.3	153.0
9月中																					51.3	102.0
9月下																						50.6

附表28　弥渡县烤烟生育期累年平均旬日照时数累积查算表（单位：h）

说明：表中各行为累积起始旬，各列为累积止旬，交叉值为自起始旬累积至止旬的日照时数。

起\止	2月下	3月上	3月中	3月下	4月上	4月中	4月下	5月上	5月中	5月下	6月上	6月中	6月下	7月上	7月中	7月下	8月上	8月中	8月下	9月上	9月中	9月下
2月下	71.9	158.8	248.6	340.3	426.1	509.8	594.8	675.1	754.1	839.6	908.2	972.1	1031.0	1087.6	1137.7	1191.3	1252.6	1308.7	1367.4	1426.3	1481.9	1536.3
3月上		86.9	176.7	268.4	354.2	437.9	522.9	603.2	682.2	767.7	836.3	900.2	959.1	1015.7	1065.8	1119.4	1180.7	1236.8	1295.5	1354.4	1410.0	1464.4
3月中			89.7	181.4	267.2	351.0	435.9	516.3	595.3	680.7	749.4	813.3	872.2	928.7	978.8	1032.5	1093.8	1149.9	1208.6	1267.5	1323.1	1377.4
3月下				91.7	177.5	261.2	346.2	426.5	505.5	591.0	659.7	723.6	782.4	839.0	889.1	942.8	1004.1	1060.1	1118.9	1177.8	1233.3	1287.7
4月上					85.8	169.5	254.5	334.8	413.8	499.3	568.0	631.9	690.7	747.3	797.4	851.1	912.4	968.4	1027.2	1086.1	1141.6	1196.0
4月中						83.7	168.7	249.0	328.0	413.5	482.2	546.0	604.9	661.5	711.6	765.2	826.5	882.6	941.4	1000.2	1055.8	1110.2
4月下							85.0	165.3	244.3	329.8	398.5	462.3	521.2	577.8	627.9	681.5	742.8	798.9	857.7	916.5	972.1	1026.5
5月上								80.4	159.3	244.8	313.5	377.4	436.2	492.8	542.9	596.6	657.9	713.9	772.7	831.6	887.1	941.5
5月中									79.0	164.5	233.1	297.0	355.9	412.5	462.6	516.2	577.5	633.6	692.3	751.2	806.8	861.2
5月下										85.5	154.1	218.0	276.9	333.5	383.6	437.2	498.5	554.6	613.4	672.2	727.8	782.2
6月上											68.7	132.6	191.4	248.0	298.1	351.8	413.1	469.1	527.9	586.8	642.3	696.7
6月中												63.9	122.8	179.3	229.4	283.1	344.4	400.5	459.2	518.1	573.7	628.0
6月下													58.9	115.4	165.6	219.2	280.5	336.6	395.3	454.2	509.8	564.1
7月上														56.6	106.7	160.3	221.6	277.7	336.5	395.3	450.9	505.3
7月中															50.1	103.8	165.1	221.1	279.9	338.8	394.3	448.7
7月下																53.6	114.9	171.0	229.8	288.6	344.2	398.6
8月上																	61.3	117.4	176.1	235.0	290.6	344.9
8月中																		56.1	114.8	173.7	229.3	283.7
8月下																			58.8	117.6	173.2	227.6
9月上																				58.9	114.5	168.8
9月中																					55.6	109.9
9月下																						54.4

节令对应：雨水（2月下）　惊蛰（3月上）　春分（3月中）　清明（4月上）　谷雨（4月中）　立夏（5月上）　小满（5月中）　芒种（6月上）　夏至（6月中）　小暑（7月上）　大暑（7月中）　立秋（8月上）　处暑（8月中）　白露（9月上）　秋分（9月中）

生育期对应：播种期　苗期　移栽期　伸根—团棵期　旺长期　成熟采烤期

附表29　巍山县烤烟生育期累年平均旬日照时数累积查算表（单位：h）

起\止	2月下	3月上	3月中	3月下	4月上	4月中	4月下	5月上	5月中	5月下	6月上	6月中	6月下	7月上	7月中	7月下	8月上	8月中	8月下	9月上	9月中	9月下
2月下	66.3	147.4	229.0	311.1	388.5	464.1	539.6	610.7	679.0	750.5	802.5	846.8	883.1	916.7	948.5	986.1	1031.6	1074.2	1118.9	1165.2	1209.3	1253.8
3月上		81.1	162.7	244.8	322.2	397.8	473.3	544.4	612.7	684.2	736.2	780.5	816.8	850.4	882.2	919.8	965.3	1007.9	1052.6	1098.9	1143.0	1187.5
3月中			81.6	163.7	241.1	316.7	392.2	463.4	531.7	603.1	655.2	699.5	735.7	769.4	801.1	838.7	884.2	926.9	971.5	1017.8	1061.9	1106.4
3月下				82.1	159.5	235.1	310.6	381.8	450.1	521.5	573.6	617.9	654.1	687.8	719.5	757.1	802.6	845.3	889.9	936.2	980.3	1024.8
4月上					77.4	153.0	228.5	299.7	367.9	439.4	491.4	535.7	572.0	605.6	637.4	675.0	720.5	763.1	807.8	854.1	898.2	942.7
4月中						75.6	151.1	222.3	290.5	362.0	414.0	458.4	494.6	528.2	560.0	597.6	643.1	685.7	730.4	776.7	820.8	865.3
4月下							75.5	146.7	214.9	286.4	338.4	382.7	419.0	452.6	484.4	522.0	567.5	610.1	654.8	701.1	745.2	789.7
5月上								71.2	139.4	210.9	262.9	307.2	343.5	377.1	408.9	446.5	492.0	534.6	579.3	625.6	669.7	714.2
5月中									68.3	139.7	191.8	236.1	272.3	306.0	337.7	375.3	420.9	463.5	508.1	554.4	598.5	643.0
5月下										71.5	123.5	167.8	204.1	237.7	269.5	307.1	352.6	395.2	439.9	486.2	530.2	574.8
6月上											52.0	96.4	132.6	166.3	198.0	235.6	281.1	323.8	368.4	414.7	458.8	503.3
6月中												44.3	80.6	114.2	146.0	183.6	229.1	271.7	316.4	362.7	406.2	451.3
6月下													36.2	69.9	101.7	139.2	184.8	227.4	272.1	318.4	362.4	406.9
7月上														33.6	65.4	103.0	148.5	191.1	235.8	282.1	326.2	370.7
7月中															31.8	69.3	114.9	157.5	202.2	248.5	292.5	337.0
7月下																37.6	83.1	125.7	170.4	216.7	260.8	305.3
8月上																	45.5	88.2	132.8	179.1	223.2	267.7
8月中																		42.6	87.3	133.6	177.7	222.2
8月下																			44.7	91.0	135.0	179.5
9月上																				46.3	90.4	134.9
9月中																					44.1	88.6
9月下																						44.5

节令：雨水（2月下）、惊蛰（3月上）、春分（3月中）、清明（4月上）、谷雨（4月中）、立夏（5月上）、小满（5月中）、芒种（6月上）、夏至（6月中）、小暑（7月上）、大暑（7月中）、立秋（8月上）、处暑（8月中）、白露（9月上）、秋分（9月中）

生育期：播种期、苗期、移栽期、伸根-团棵期、旺长期、成熟采烤期

附表30　南涧县烤烟生育期累年平均旬日照时数累积查算表（单位：h）

月份	2月	3月	3月	3月	4月	4月	4月	5月	5月	5月	6月	6月	6月	7月	7月	7月	8月	8月	8月	9月	9月	9月
旬	下	上	中	下	上	中	下	上	中	下	上	中	下	上	中	下	上	中	下	上	中	下
																						1417.6
																					1364.8	1350.4
																				1311.4	1297.6	1268.4
																			1258.5	1244.2	1215.6	1183.6
																		1204.5	1191.3	1162.2	1130.8	1096.3
																	1151.8	1137.3	1109.3	1077.4	1043.5	1014.0
																1097.3	1084.6	1055.2	1024.5	990.1	961.2	932.7
															1049.1	1030.1	1002.6	970.4	937.2	907.8	879.9	850.6
														1006.9	981.9	948.1	917.8	883.2	854.9	826.5	797.8	772.4
													961.9	939.7	899.8	863.3	830.5	800.9	773.6	744.4	719.6	697.0
												915.3	894.7	857.7	815.0	776.0	748.2	719.6	691.5	666.2	644.1	616.6
											862.1	848.1	812.7	772.9	727.7	693.7	666.9	637.5	613.3	590.7	563.8	555.5
									801.0	794.9	766.0	727.9	685.6	645.5	612.4	584.8	559.3	537.9	510.4	502.7	502.3
								720.7	733.8	712.8	681.2	640.6	603.3	564.2	530.3	506.6	483.8	457.5	449.3	449.5	455.7
							645.2	653.5	651.8	628.0	594.0	558.3	522.0	482.0	452.1	431.1	403.4	396.4	396.1	402.9	410.7
						567.0	578.0	571.4	567.0	540.8	511.7	477.0	439.9	403.9	376.7	350.8	342.4	343.2	349.5	357.9	368.6
					484.9	499.8	495.9	486.6	479.7	458.5	430.4	394.9	361.7	328.4	296.3	289.7	289.2	296.6	304.5	315.8	320.3
				403.6	417.7	417.7	411.1	399.4	397.4	377.2	348.3	316.7	286.3	248.0	235.2	236.5	242.6	251.6	262.4	267.5	265.8
			321.3	336.4	335.6	333.0	323.9	317.1	316.1	295.1	270.1	241.3	205.9	187.0	182.0	189.9	197.6	209.5	214.1	213.0	213.1
		234.1	254.1	254.3	250.8	245.7	241.6	235.8	234.0	216.9	194.6	160.9	144.8	133.8	135.4	144.9	155.4	161.2	159.6	160.3	159.1
	149.3	166.9	172.0	169.5	163.6	163.4	160.3	153.6	155.8	141.4	114.2	99.8	91.6	87.1	90.4	102.8	107.2	106.7	106.9	106.3	106.2
67.2	82.1	84.8	87.3	82.3	81.3	82.1	78.2	75.5	80.4	61.0	53.2	46.6	45.0	42.1	48.3	54.5	52.7	54.0	52.9	53.4	52.8
节令	雨水	惊蛰		春分	清明		谷雨	立夏		小满	芒种		夏至	小暑		大暑	立秋		处暑	白露		秋分
生育期	播种期	苗期					移栽期			伸根—团棵期				旺长期		成熟采烤期						

附表31　云龙县烤烟生育期累年平均旬日照时数累积查算表（单位：h）

起始旬的节令·生育期参照：雨水·播种期；惊蛰/春分·苗期；清明/谷雨·苗期；立夏·移栽期；小满/芒种/夏至·伸根—团棵期；小暑/大暑·旺长期；立秋/处暑/白露/秋分·成熟采烤期。

起始\结束	2月下	3月上	3月中	3月下	4月上	4月中	4月下	5月上	5月中	5月下	6月上	6月中	6月下	7月上	7月中	7月下	8月上	8月中	8月下	9月上	9月中	9月下
2月下	59.1	126.8	197.1	268.6	333.3	399.8	460.9	520.2	579.5	645.7	694.3	737.6	776.2	813.1	845.3	885.1	930.8	971.3	1016.2	1060.8	1102.1	1143.6
3月上		67.7	138.0	209.5	274.2	340.7	401.8	461.1	520.4	586.6	635.2	678.5	717.1	754.0	786.2	826.0	871.7	912.2	957.1	1001.7	1043.0	1084.5
3月中			70.3	141.8	206.5	273.0	334.1	393.4	452.7	518.9	567.6	610.8	649.4	686.3	718.5	758.3	804.0	844.5	889.4	934.0	975.4	1016.8
3月下				71.5	136.2	202.7	263.8	323.1	382.4	448.6	497.3	540.5	579.1	616.0	648.2	688.0	733.7	774.2	819.1	863.7	905.0	946.5
4月上					64.7	131.2	192.3	251.6	310.9	377.1	425.8	469.0	507.6	544.5	576.7	616.5	662.2	702.7	747.6	792.2	833.6	875.0
4月中						66.5	127.6	186.9	246.2	312.4	361.0	404.3	442.9	479.8	512.0	551.8	597.5	638.0	682.9	727.5	768.8	810.3
4月下							61.1	120.4	179.7	245.9	294.6	337.8	376.4	413.3	445.5	485.3	531.0	571.5	616.4	661.0	702.4	743.8
5月上								59.3	118.6	184.8	233.4	276.7	315.3	352.2	384.4	424.1	469.9	510.4	555.3	599.9	641.2	682.7
5月中									59.3	125.5	174.2	217.4	256.0	292.9	325.1	364.9	410.6	451.1	496.0	540.6	582.0	623.4
5月下										66.2	114.9	158.1	196.7	233.6	265.8	305.6	351.3	391.8	436.7	481.3	522.7	564.1
6月上											48.6	91.9	130.5	167.4	199.6	239.3	285.1	325.6	370.5	415.1	456.4	497.9
6月中												43.2	81.8	118.7	150.9	190.7	236.4	276.9	321.8	366.5	407.8	449.3
6月下													38.6	75.5	107.7	147.5	193.2	233.7	278.6	323.2	364.6	406.0
7月上														36.9	69.1	108.9	154.6	195.1	240.0	284.7	326.0	367.4
7月中															32.2	72.0	117.7	158.2	203.1	247.7	289.1	330.5
7月下																39.8	85.5	126.0	170.9	215.5	256.8	298.3
8月上																	45.7	86.2	131.1	175.8	217.1	258.5
8月中																		40.5	85.4	130.1	171.4	212.8
8月下																			44.9	89.6	130.9	172.3
9月上																				44.7	86.0	127.4
9月中																					41.3	82.8
9月下																						41.5

月份	节令	生育期
2月	雨水	播种期
3月	惊蛰 / 春分	苗期
4月	清明 / 谷雨	苗期
5月	立夏 / 小满	移栽期 / 伸根—团棵期
6月	芒种 / 夏至	伸根—团棵期
7月	小暑 / 大暑	旺长期
8月	立秋 / 处暑	成熟采烤期
9月	白露 / 秋分	成熟采烤期

附表32　永平县烤烟生育期累年平均旬日照时数累积查算表（单位：h）

起始旬＼终止旬	2月下	3月上	3月中	3月下	4月上	4月中	4月下	5月上	5月中	5月下	6月上	6月中	6月下	7月上	7月中	7月下	8月上	8月中	8月下	9月上	9月中	9月下
2月下	65.1	141.6	220.2	299.7	373.8	448.4	521.4	590.0	658.3	730.9	783.1	829.3	866.9	902.0	933.5	972.4	1019.2	1063.2	1110.6	1158.1	1202.0	1247.2
3月上		76.5	155.1	234.6	308.7	383.3	456.3	524.9	593.3	665.8	718.0	764.2	801.8	836.9	868.4	907.3	954.1	998.1	1045.5	1093.0	1136.9	1182.1
3月中			78.6	158.1	232.2	306.7	379.8	448.4	516.6	589.3	641.5	687.7	725.3	760.4	791.9	830.8	877.5	921.6	969.0	1016.5	1060.4	1105.5
3月下				79.5	153.6	228.2	301.2	369.8	438.0	510.7	562.9	609.1	646.7	681.8	713.3	752.2	798.9	843.0	890.4	937.9	981.8	1026.9
4月上					74.1	148.7	221.7	290.3	358.5	431.2	483.4	529.6	567.2	602.3	633.8	672.7	719.5	763.5	810.9	858.4	902.3	947.4
4月中						74.6	147.6	216.2	284.5	357.1	409.3	455.5	493.1	528.2	559.7	598.6	645.4	689.4	736.8	784.3	828.2	873.4
4月下							73.0	141.7	209.9	282.5	334.7	380.9	418.5	453.6	485.1	524.1	570.8	614.8	662.2	709.7	753.6	798.8
5月上								68.6	136.8	209.5	261.7	307.9	345.5	380.6	412.1	451.0	497.8	541.8	589.2	636.7	680.6	725.7
5月中									68.2	140.9	193.1	239.3	276.9	312.0	343.5	382.4	429.1	473.2	520.6	568.1	612.0	657.1
5月下										72.6	124.9	171.1	208.7	243.7	275.2	314.2	360.9	404.9	452.4	499.9	543.8	588.9
6月上											52.2	98.4	136.0	171.1	202.6	241.5	288.3	332.3	379.7	427.2	471.1	516.3
6月中												46.2	83.8	118.9	150.4	189.3	236.1	280.1	327.5	375.0	418.9	464.0
6月下													37.6	72.7	104.2	143.1	189.9	233.9	281.3	328.8	372.7	417.8
7月上														35.1	66.6	105.5	152.3	196.3	243.7	291.2	335.1	380.2
7月中															31.5	70.4	117.2	161.2	208.6	256.1	300.0	345.2
7月下																38.9	85.7	129.7	177.1	224.6	268.5	313.7
8月上																	46.8	90.8	138.2	185.7	229.6	274.7
8月中																		44.0	91.4	138.9	182.8	228.0
8月下																			47.4	94.9	138.8	184.0
9月上																				47.5	91.4	136.5
9月中																					43.9	89.0
9月下																						45.1

节令对应：雨水（2月下）、惊蛰（3月上）、春分（3月中）、清明（4月上）、谷雨（4月中、下）、立夏（5月上）、小满（5月中）、芒种（6月上）、夏至（6月中、下）、小暑（7月上）、大暑（7月中、下）、立秋（8月上）、处暑（8月中）、白露（9月上）、秋分（9月中）

生育期对应：播种期（2月）、苗期（3月）、移栽期（4月）、伸根—团棵期（5月）、旺长期（6—7月）、成熟采烤期（8—9月）

附表33　漾濞县烤烟生育期累年平均旬日照时数累积查算表（单位：h）

月份	2月	3月			4月			5月			6月			7月			8月			9月		
旬	下	上	中	下	上	中	下	上	中	下	上	中	下	上	中	下	上	中	下	上	中	下
																						1196.6
																					1153.9	1132.6
																				1111.9	1089.9	1057.0
																			1064.6	1047.9	1014.3	981.3
																		1018.8	1000.6	972.3	938.6	905.7
																	975.0	954.8	925.0	896.6	863.0	836.5
																926.3	911.0	879.2	849.3	821.0	793.8	769.1
															885.9	862.3	835.4	803.5	773.7	751.8	726.5	702.9
														852.6	821.9	786.7	759.7	727.9	704.5	684.5	660.2	639.6
													817.4	788.6	746.3	711.0	684.1	658.7	637.1	618.2	596.9	575.6
												780.6	753.4	713.0	670.6	635.4	614.9	591.4	570.9	554.9	532.9	508.2
											737.6	716.6	677.8	637.2	595.0	566.2	547.6	525.1	507.6	490.9	465.6	459.0
										688.3	673.6	641.0	602.1	561.7	525.8	498.8	481.3	461.8	443.6	423.6	416.3	416.0
									621.0	624.3	598.0	565.3	526.6	492.5	458.4	432.6	418.0	397.8	376.2	374.3	373.3	379.1
								557.0	557.0	548.7	522.3	489.7	457.4	425.1	392.2	369.3	354.0	330.5	327.0	331.3	336.5	344.0
							493.7	493.0	481.4	473.0	446.7	420.5	390.0	358.9	328.9	305.3	286.7	281.2	284.0	294.5	301.3	310.7
						427.4	429.7	417.4	405.7	397.5	377.5	353.1	323.7	295.6	264.9	237.9	237.4	238.2	247.1	259.4	268.0	270.3
					360.1	363.4	354.1	341.7	330.1	328.3	310.1	286.9	260.5	231.6	197.5	188.7	194.4	201.4	212.0	226.0	227.6	221.6
				290.9	296.1	287.7	278.4	266.1	260.9	260.9	243.9	223.6	196.4	164.2	148.3	145.7	157.6	166.2	178.7	185.6	178.9	177.8
			215.3	226.9	220.5	212.1	202.3	196.9	193.5	194.6	180.6	159.6	129.1	115.0	105.3	108.8	122.4	132.9	138.3	136.9	135.1	132.0
		139.6	151.3	151.3	144.8	136.6	133.6	129.5	127.3	131.4	116.6	92.2	79.8	72.0	68.4	73.7	89.1	92.5	89.6	93.1	89.3	84.7
	64.0	75.6	75.7	75.6	69.2	67.3	66.2	63.3	64.0	67.3	49.3	43.0	36.9	35.1	33.3	40.4	48.7	43.8	45.8	47.3	42.0	42.7
节令	雨水	惊蛰	春分		清明	谷雨		立夏	小满		芒种	夏至		小暑	大暑		立秋	处暑		白露	秋分	
生育期	播种期	苗期						移栽期			伸根—团棵期			旺长期				成熟采烤期				

附表34　洱源县烤烟生育期累年平均旬日照时数积累查算表（单位：h）

起始旬＼终止旬	2月下	3月上	3月中	3月下	4月上	4月中	4月下	5月上	5月中	5月下	6月上	6月中	6月下	7月上	7月中	7月下	8月上	8月中	8月下	9月上	9月中	9月下
2月下	69.2	150.6	233.4	317.4	393.8	469.1	543.3	613.9	685.5	760.5	817.2	871.9	921.2	967.6	1009.7	1057.2	1112.1	1158.2	1209.5	1259.3	1305.3	1353.2
3月上		81.4	164.2	248.2	324.6	399.9	474.1	544.7	616.3	691.3	748.0	802.7	852.0	898.4	940.5	988.0	1042.9	1089.0	1140.3	1190.1	1236.1	1284.0
3月中			82.9	166.8	243.2	318.5	392.7	463.3	534.9	609.9	666.6	721.3	770.6	817.0	859.1	906.6	961.5	1007.6	1059.0	1108.7	1154.7	1202.6
3月下				83.9	160.4	235.7	309.8	380.4	452.0	527.0	583.7	638.4	687.7	734.2	776.3	823.8	878.7	924.7	976.1	1025.8	1071.9	1119.7
4月上					76.4	151.8	225.9	296.5	368.1	443.1	499.8	554.5	603.8	650.2	692.4	739.8	794.8	840.8	892.2	941.9	988.0	1035.8
4月中						75.3	149.5	220.1	291.7	366.7	423.4	478.1	527.4	573.8	615.9	663.4	718.3	764.4	815.7	865.5	911.5	959.4
4月下							74.1	144.7	216.3	291.3	348.0	402.7	452.0	498.5	540.6	588.1	643.0	689.0	740.4	790.2	836.2	884.0
5月上								70.6	142.2	217.2	273.9	328.6	377.9	424.4	466.5	513.9	568.9	614.9	666.3	716.0	762.1	809.9
5月中									71.6	146.6	203.3	258.0	307.3	353.8	395.9	443.3	498.3	544.3	595.7	645.4	691.5	739.3
5月下										75.0	131.7	186.4	235.7	282.1	324.3	371.7	426.7	472.7	524.1	573.8	619.9	667.7
6月上											56.7	111.4	160.7	207.1	249.3	296.7	351.7	397.7	449.1	498.8	544.9	592.7
6月中												54.7	104.0	150.4	192.6	240.0	294.9	341.0	392.4	442.1	488.1	536.0
6月下													49.3	95.8	137.9	185.3	240.3	286.3	337.7	387.4	433.5	481.3
7月上														46.4	88.6	136.0	190.9	237.0	288.4	338.1	384.1	432.0
7月中															42.1	89.6	144.5	190.6	241.9	291.7	337.7	385.6
7月下																47.5	102.4	148.4	199.8	249.6	295.6	343.4
8月上																	54.9	101.0	152.3	202.1	248.1	296.0
8月中																		46.0	97.4	147.2	193.2	241.1
8月下																			51.4	101.1	147.2	195.0
9月上																				49.7	95.8	143.6
9月中																					46.0	93.9
9月下																						47.9
节令	雨水	惊蛰	春分		清明		谷雨	立夏		小满	芒种		夏至	小暑	大暑		立秋		处暑	白露		秋分
生育期	播种期	苗期					移栽期		伸根一团棵期					旺长期			成熟采烤期					

附表35　剑川县烤烟生育期累年平均旬日照时数累曾算表（单位：h）

起始旬 \ 终止旬：

起始\终止	2月下	3月上	3月中	3月下	4月上	4月中	4月下	5月上	5月中	5月下	6月上	6月中	6月下	7月上	7月中	7月下	8月上	8月中	8月下	9月上	9月中	9月下
2月下	67.3	144.3	221.8	299.3	369.5	439.7	507.6	574.6	641.3	713.1	767.3	815.1	859.4	901.3	937.9	980.0	1028.9	1073.0	1118.0	1163.7	1204.6	1248.1
3月上		77.0	154.5	232.0	302.2	372.4	440.3	507.3	574.0	645.8	700.0	747.8	792.1	834.0	870.6	912.7	961.6	1005.7	1050.7	1096.4	1137.3	1180.8
3月中			77.5	155.0	225.1	295.4	363.3	430.2	497.0	568.8	623.0	670.8	715.1	757.0	793.6	835.7	884.6	928.7	973.7	1019.4	1060.3	1103.8
3月下				77.5	147.7	217.9	285.8	352.8	419.5	491.3	545.5	593.3	637.6	679.5	716.1	758.2	807.1	851.2	896.2	941.9	982.8	1026.3
4月上					70.2	140.4	208.3	275.3	342.0	413.8	468.0	515.8	560.1	602.0	638.6	680.7	729.7	773.7	818.7	864.4	905.3	948.8
4月中						70.2	138.2	205.1	271.8	343.6	397.8	445.6	489.9	531.8	568.5	610.6	659.5	703.6	748.6	794.3	835.1	878.7
4月下							67.9	134.9	201.6	273.4	327.6	375.4	419.7	461.6	498.2	540.3	589.3	633.3	678.3	724.0	764.9	808.4
5月上								66.9	133.7	205.5	259.7	307.5	351.8	393.7	430.3	472.4	521.3	565.4	610.4	656.1	697.0	740.5
5月中									66.7	138.5	192.7	240.5	284.8	326.7	363.4	405.5	454.4	498.5	543.5	589.2	630.0	673.6
5月下										71.8	126.0	173.8	218.1	260.0	296.6	338.7	387.6	431.7	476.7	522.4	563.3	606.8
6月上											54.2	102.0	146.3	188.2	224.8	266.9	315.9	359.9	404.9	450.6	491.5	535.0
6月中												47.8	92.1	134.0	170.6	212.7	261.6	305.7	350.7	396.4	437.3	480.8
6月下													44.3	86.2	122.8	164.9	213.9	257.9	302.9	348.6	389.5	433.0
7月上														41.9	78.5	120.6	169.6	213.6	258.6	304.3	345.2	388.7
7月中															36.6	78.7	127.6	171.7	216.7	262.4	303.3	346.8
7月下																42.1	91.0	135.1	180.1	225.8	266.7	310.2
8月上																	48.9	93.0	138.0	183.7	224.6	268.1
8月中																		44.1	89.1	134.8	175.6	219.2
8月下																			45.0	90.7	131.6	175.1
9月上																				45.7	86.6	130.1
9月中																					40.9	84.4
9月下																						43.5

节令：2月下 雨水；3月上 惊蛰；3月中 春分；4月上 清明；4月中 谷雨；5月上 立夏；5月中 小满；6月上 芒种；6月下 夏至；7月上 小暑；7月下 大暑；8月上 立秋；8月下 处暑；9月上 白露；9月下 秋分

生育期：播种期（2月下）、苗期、移栽期、伸根—团棵期、旺长期、成熟采烤期

附表36　鹤庆县烤烟生育期累年平均旬日照时数积累查算表（单位：h）

起始旬	2月下	3月上	3月中	3月下	4月上	4月中	4月下	5月上	5月中	5月下	6月上	6月中	6月下	7月上	7月中	7月下	8月上	8月中	8月下	9月上	9月中	9月下
2月下	67.5	145.2	223.6	303.2	375.4	447.3	519.1	585.1	652.2	720.9	772.1	819.7	861.3	903.1	940.4	984.5	1035.8	1078.2	1122.6	1167.6	1204.4	1245.3
3月上		77.7	156.1	235.7	307.9	379.8	451.6	517.6	584.7	653.4	704.6	752.2	793.8	835.6	872.9	917.0	968.3	1010.7	1055.1	1100.1	1136.9	1177.8
3月中			78.4	158.0	230.2	302.1	373.9	439.9	507.0	575.7	626.9	674.5	716.1	758.0	795.2	839.3	890.6	933.0	977.5	1022.4	1059.3	1100.1
3月下				79.6	151.9	223.7	295.5	361.5	428.6	497.4	548.5	596.1	637.7	679.6	716.8	760.9	812.2	854.7	899.1	944.0	980.9	1021.7
4月上					72.2	144.0	215.9	281.9	349.0	417.7	468.9	516.4	558.0	599.9	637.1	681.3	732.5	775.0	819.4	864.4	901.2	942.1
4月中						71.9	143.7	209.7	276.8	345.5	396.7	444.2	485.8	527.7	564.9	609.1	660.3	702.8	747.2	792.2	829.0	869.9
4月下							71.8	137.8	204.9	273.7	324.8	372.4	414.0	455.9	497.4	537.2	588.5	630.9	675.4	720.3	757.2	798.0
5月上								66.0	133.1	201.8	253.0	300.6	342.2	384.0	421.3	465.4	516.7	559.1	603.5	648.5	685.3	726.2
5月中									67.1	135.9	187.0	234.6	276.2	318.1	355.3	399.4	450.7	493.1	537.6	582.5	619.4	660.2
5月下										68.8	119.9	167.5	209.1	251.0	288.2	332.3	383.6	426.0	470.5	515.4	552.3	593.1
6月上											51.2	98.7	140.3	182.2	219.4	263.6	314.8	357.3	401.7	446.6	483.5	524.4
6月中												47.6	89.2	131.0	168.3	212.4	263.7	306.1	350.5	395.5	432.3	473.2
6月下													41.6	83.5	120.7	164.9	216.1	258.6	303.0	347.9	384.8	425.7
7月上														41.9	79.1	123.2	174.5	216.9	261.4	306.3	343.2	384.0
7月中															37.2	81.4	132.6	175.1	219.5	264.4	301.3	342.2
7月下																44.1	95.4	137.9	182.3	227.2	264.1	304.9
8月上																	51.3	93.7	138.1	183.1	219.9	260.8
8月中																		42.5	86.9	131.8	168.7	209.5
8月下																			44.4	89.4	126.2	167.1
9月上																				44.9	81.8	122.7
9月中																					36.9	77.7
9月下																						40.9

表脚对应（节令、生育期）：

月份	旬	节令	生育期
2月	下	雨水	播种期
3月	上		播种期
3月	中	春分	苗期
3月	下	清明	苗期
4月	上		苗期
4月	中	谷雨	苗期
4月	下		
5月	上	立夏	移栽期
5月	中	小满	移栽期
5月	下		移栽期
6月	上	芒种	伸根—团棵期
6月	中		
6月	下	夏至	
7月	上	小暑	旺长期
7月	中		
7月	下	大暑	
8月	上	立秋	成熟采烤期
8月	中	处暑	
8月	下		
9月	上	白露	
9月	中	秋分	
9月	下		

参 考 文 献

董贤春，秦铁伟，刘兰明. 2008. 湖北省兴山烟区气候因素与烤烟质量特点分析. 安徽农业科学，**36**（22）:9575-9579.

郭月清，刘国顺，杨铁钊，等. 1992. 烤烟栽培技术. 北京：金盾出版社.

贺升华，任炜. 2001. 烤烟气象. 昆明：云南科技出版社.

黄中艳，朱勇，邓云龙，等. 2008. 云南烤烟大田期气候对烟叶品质的影响. 中国农业气象，**29**（4）：440-445.

姜会飞，陈家豪，孙彦坤，等. 2008. 农业气象学. 北京：科学出版社.

李文林. 2008. 大理白族自治州气象志. 北京：气象出版社.

李琦，胡开棣，史霞，等. 1995. 凤阳烤烟产量和质量波动的气候因素分析. 安徽农业技术师范学院学报，**9**（4）：8-12.

林敬凡，熊杰伟，鲁心正. 1995. 气候条件对烤烟质量的影响. 气象，**21**（1）：44-47.

谈文. 1994. 烟草病虫害防治手册. 北京：金盾出版社.

王建玲. 2007. 浅析大理州冰雹灾害及防御. 大理科技，（1）：29-32.

肖金香，刘正和，王燕，等. 2003. 气候生态因素对烤烟产量与品质的影响及植烟措施研究. 中国生态农业学报，（10）：158-160.

徐正富，王建明，张玉华，等. 2009. 宾川白肋烟与气候. 北京：气象出版社.

杨晓光，李茂松，霍治国. 2010. 农业气象灾害及其减灾技术. 北京：化学工业出版社.

叶世兴，等. 2005. 玉溪烤烟气候. 昆明：云南民族出版社.

云南省科委星火计划办公室，等. 1991. 烤烟栽培与烘烤技术. 昆明：云南科技出版社.

云南省烟草大理州公司. 2005. 大理州烟草志. 昆明：云南民族出版社.

张国，朱列书，王奎武，等. 2005. 湖南烤烟质量与气候因子的关系研究. 作物研究，（4）：226-230.

张玉华. 2008. 试论宾川县发展白肋烟生产的气候优势. 云南农业科技，（5）：10-12.

章国材. 2010. 气象灾害风险评估与区划方法. 北京：气象出版社.

周裕，张德元，汪彬，等. 2010. 气候因子对烟叶品质的影响. 湖南农业科学，（08）：35-36.

朱以维，杨艳军，刘劲松，等. 2010. 大理50年气候变化特征及对农业生态环境的影响. 云南农业科技，（5）：9-14.